高校生からわかる

フーリエ解析

専門数学への懸け橋

涌井 良幸
Yoshiyuki Wakui

ベレ出版

はじめに

　高校を卒業して理工系や医学系、社会科学系に進学すると、まずは、それぞれの世界で使われる専門の数学を学ぶことになる。しかし、専門の数学と高校数学の間の溝は大きく、多くの学生はそのギャップを埋めるのに大変な苦労をする。学問に苦労はつきものではあるが、乗り越えられず学ぶことを放棄してしまう人も少なくない。

　専門の数学を本で学ぶときに苦労するのは、多くの場合、数学そのものの難しさではない。それは、本の記述に原因があることが多い。つまり、説明が省略されたり、解説が不十分であったり、抽象的な事柄に終始したり、論理に飛躍があったり……などである。

　一昔前のように、一部のごく限られた人達が数学を学べばよいときは、このような数学の専門書でも支障はなかったのであろう。逆に、わかりにくいほど価値が高いとみなされたのかもしれない。

　しかし、数学の得手不得手にかかわらず、多くの人が数学を使い高度な文化を支えている現代においては、従来の専門書だけでは十分ではない。今までに出版された数多くの貴重な専門書を活かすには、高校数学と専門数学の橋渡しをする本が必要とされるのである。

　本書は、教員であった著者がその経験をもとに、上記の主旨に沿うように編集を試みたフーリエ解析の入門書である。フーリエ解析が難しいと感じたら、まず、本書でフーリエ解析の基本教養を身につけていただきたい。また、もし、可能ならば、高校在学中、または、大学での講義が始ま

る前に本書でフーリエ解析の基本教養を身につけておくと、その後の、数学の勉強がすごく楽になると思われる。

　なお、高等数学を発展させた専門の数学は、それ自身、大変面白いものである。この本が、数学に興味のある読者の方にも利用していただければ幸いである。

　なお最後になりますが、本書の企画の段階から最後までご指導くださったベレ出版の坂東一郎氏、編集工房シラクサの畑中隆氏の両氏に、この場をお借りして感謝の意を表させていただきます。

　2019 年 4 月

涌井 良幸

本書の使い方

● 時を変え、場所を変え

　数学の学びは、単なる知識の習得とは違い、「考え方そのもの」を学習するものである。そして、新たな考え方に慣れ、これを使えるようになるには、相当な時間とエネルギーが必要とされる。この本ではできる限り丁寧に説明を試みたつもりだが、1〜2回の読書では理解が深まらないことがあるかもしれない。このような時は、すぐに諦めないで、時を変え、場所を変え、何回か挑戦を続けて欲しい。「**読書百遍義自ずから見る**」とまでは言わないが、きっと、フーリエ解析の世界が見えてくるはずである。

● 基本的な考え方を優先

　本書では、フーリエ解析そのものの理解を優先した。このため、数学の厳密さに欠く場合がある。厳密に書くと多くの紙面を要すると共に、初心者には負担が大きすぎると思ったからである。その点はお許し願いたい。また、本書はフーリエ解析の基本となるフーリエ級数、フーリエ変換、ラプラス変換と、その簡単な応用しか扱っていない。したがって、この一冊でフーリエ解析のすべてがわかるわけではない。本書によって基本が理解できたら、必要に応じてフーリエ解析の専門書に挑戦して欲しい。きっと、本書で学んだことによって、比較的すんなりと専門の世界に飛び込んでいけることだろう。

● 重複掲載について

　本書では同じ事柄を、別の項目で何度も掲載していることがある。紙面のムダと思われるかもしれないが、ページをめくって参照するもどかしさを減らすためである。お許し願いたい。

もくじ

はじめに　3
本書の使い方　5
ギリシャ文字と数学の記号　10

プロローグ　フーリエ解析を学ぶ前に　11

- 0-1　フーリエ解析とは　12
- 0-2　フーリエ解析は何の役に立つのか？　16
  - **Excel を使って…**　パソコンと数学の学習　22

第1章　まずは波の造形を体感しよう　23

- 1-1　正弦波を重ね合わせると　24
- 1-2　のこぎり波が cos、sin で表せる　27
- 1-3　とがった三角波も cos、sin で表せる　30
- 1-4　平らな波も cos、sin で表せる　33
- 1-5　放物線も cos、sin で表せる　37
  - **Excel を使って…**　正弦波のグラフを描く　40

第2章　フーリエ解析で使う微分・積分の基本知識　41

- 2-1　微分とは拡大して直線とみなせたときの傾きなのだ　42
- 2-2　積分とは、つまり、和のことである　47
  - **Excel を使って…**　数値積分(1)　54

第3章 フーリエ解析で使う 三角関数の基本知識 55

3-1 正弦波（cos、sin）がフーリエ解析の基本 56

3-2 周期をもつ関数とは 60

3-3 フーリエ解析は周波数の世界 64

3-4 $a\cos n\omega_0 t$、$a\sin n\omega_0 t$ のグラフ 71

3-5 フーリエ解析に欠かせないオイラーの公式 74

3-6 偶関数と奇関数は水と油 80

第4章 フーリエ解析で使う ベクトルの基本知識 83

4-1 ベクトルはいろいろ 84

4-2 すべてのベクトルを表現できるのが基底 91

4-3 ベクトルの掛け算に内積がある 93

4-4 ベクトルの直交は内積でわかる 96

4-5 信じられないが、関数もベクトル？ 97

4-6 関数がベクトルならば内積はどうなる？ 100

4-7 関数の直交は内積でわかる 102

Excel を使って… 数値積分（2） 104

第5章 フーリエ級数ってなんだろう 105

5-1 フーリエ級数ってどんなもの？ 106

5-2 フーリエ級数の公式で何がわかる？ 110

5-3 フーリエ級数の公式を導いてみよう 114

5-4 定義域が $p \leqq t \leqq p+T$ のフーリエ級数 119

5-5　周期関数のフーリエ級数はどうなる？　　125

5-6　偶関数・奇関数のフーリエ級数の公式　　130

5-7　1、$\cos n\omega_0 t$、$\sin n\omega_0 t$（n は自然数）は、
　　　　　　　　　　　　　関数空間の直交基底　　135

5-8　複素フーリエ級数で表現スッキリ　　137

5-9　$\{e^{in\omega_0 t}|n$ は整数$\}$は関数空間の直交基底　　144

　Excel を使って…　行列の掛け算　　148

第6章　フーリエ変換ってなんだろう　149

6-1　フーリエ変換とは　　150

6-2　基底の考えからフーリエ変換を導く　　159

6-3　フーリエ変換の性質　　167

第7章　ラプラス変換ってなんだろう　173

7-1　ラプラス変換とは　　174

7-2　ラプラス変換の逆変換は　　179

7-3　ラプラス変換の性質　　185

7-4　基本的な関数のラプラス変換　　191

第8章　離散データによるフーリエ解析　197

8-1　フーリエ解析にはサンプリングは欠かせない　　198

8-2　サンプリングデータをもとに離散フーリエ変換　　202

8-3　サンプリングに一工夫させた離散コサイン変換　　214

第9章 フーリエ変換やラプラス変換を応用してみよう　229

9-1　微分方程式とは　230

9-2　フーリエの熱伝導方程式を解いてみよう　233

9-3　ラプラス変換で微分方程式を解いてみよう　241

9-4　一瞬の衝撃ですべてがわかる線形応答理論　247

9-5　画像圧縮 JPEG を体験してみよう　259

付　録　265

1　リーマン積分　266

2　三角関数の合成　267

3　三角関数の積和公式　269

4　三角関数の微分・積分　270

5　関数の内積の定義について　272

6　畳み込み積分とは　276

7　デルタ関数 $\delta(x)$ の性質　285

8　2 重積分　288

9　行列とその計算　293

10　積分の考えからフーリエ変換を導く　296

〈エピローグ〉橋渡しの最後に　300

索　引　302

参考文献　306

◎ギリシャ文字と数学の記号

　フーリエ解析では、英語のアルファベットの他にギリシャ文字がよく使われる。一覧表を掲載したので参考にして欲しい。

●ギリシャ文字

大文字	小文字	読み方
A	α	アルファ
B	β	ベータ
Γ	γ	ガンマ
Δ	δ	デルタ
E	ϵ	イプシロン
Z	ζ	ゼータ
H	η	エータ
Θ	θ	シータ
I	ι	イオタ
K	κ	カッパ
Λ	λ	ラムダ
M	μ	ミュー

大文字	小文字	読み方
N	ν	ニュー
Ξ	ξ	グザイ
O	o	オミクロン
Π	π	パイ
P	ρ	ロー
Σ	σ	シグマ
T	τ	タウ
Υ	υ	ウプシロン
Φ	ϕ	ファイ
X	χ	カイ
Ψ	ψ	プサイ
Ω	ω	オメガ

●本書では虚数単位（2乗すると－1になる数）を表す記号としてiを採用している。ただし、他の本ではjを使うことがあるので注意して欲しい。たとえば電磁気学ではjを使うことが多いが、これは電流にiを使うからである。

プロローグ

フーリエ解析を学ぶ前に

理工系や社会科学系の勉強や研究で絶対に欠かせないフーリエ解析。なんだかかなり難しそうであるが、まずは、フーリエ解析とはどんなもので、どんな役に立つのか、その概略を見てみることにしよう。すると身近な現象の多くが cos、sin の重ね合わせにすぎないことがわかってくる。

コーヒー豆A	(15%)
コーヒー豆B	(25%)
コーヒー豆C	(20%)
…………	
コーヒー豆F	(35%)
…………	

ブレンドコーヒーα

分析マシーン
合成マシーン

0-1 フーリエ解析とは

フーリエ解析のフーリエとは、人の名前である。つまり、フーリエ（フランス：1768～1830）さんが考え出した「物事を波の立場で捉えようとする数学の理論」である。この見方は現代の文明を大きく変えることになる。

「複雑な波をいくつかの単純な波に分解したり、単純な波から複雑な波を合成」するのがフーリエ解析だ。しかし、こう説明されてもピンとこない。まずは、コーヒーを例にフーリエ解析を説明しよう。

●ブレンドコーヒーとコーヒー豆

世界中でさまざまな「ブレンドコーヒー」が愛飲されている。ブレンドコーヒーとは、複数の種類のコーヒー豆を材料とし、それらを適当な割合で混ぜた（ブレンドした）コーヒーのことである。材料となるコーヒー豆の種類や、それらが使われる割合によって、さまざまな味わいをもつ。というのも、コーヒー豆は産地ごとに苦味、酸味、こく、香りなどが違うためである。

   …… ……

　コーヒー豆A　　コーヒー豆B　　コーヒー豆C　　コーヒー豆F

これから学ぶ**フーリエ解析は「ブレンドコーヒーをもとに、その材料として使われたコーヒー豆の種類、それらの使用量を知る分析作業」と似ている**。

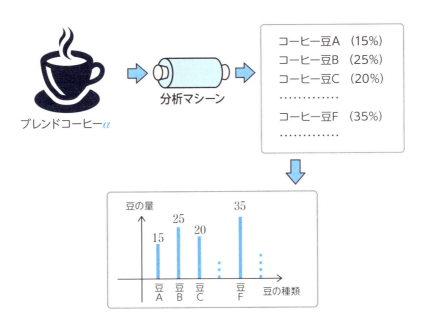

さて、ブレンドコーヒーから使用されたコーヒー豆とそれらの使用量を知る作業も大事だが、**もう一つ、その逆の作業もまた大事である。つまり、いろいろな種類のコーヒー豆を適当な量だけ混ぜ合わせてブレンドコーヒーを合成することである。**

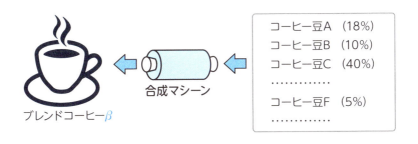

● **フーリエ解析は「波」の解析**

ブレンドコーヒーを例にフーリエ解析の原理を紹介したが、**実際のフーリエ解析が扱うのは「波」**である。つまり、ブレンドコーヒーに相当するのが複雑な波であり、コーヒー豆に相当するのがいろいろな周波数（1秒

間あたりの振動数）をもった **cos 波**、**sin 波**（これらをまとめて**正弦波**という）である。つまり、もとの複雑な波をいろいろな周波数の正弦波の和で表すことによって、それぞれの周波数の波がどのくらいの大きさで含まれているのかを解析するのである。

時間や空間の複雑な世界を周波数の世界へ置き換えて現象を解明しようとするのが**フーリエ解析**なのである。

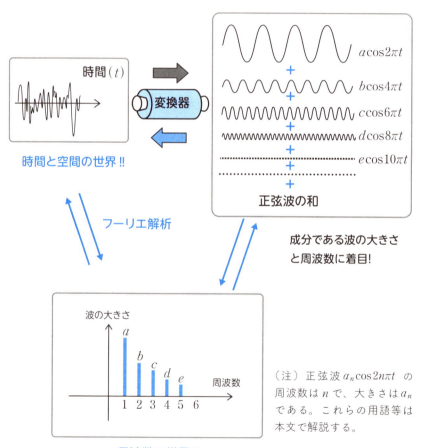

●「波」は身の回りに溢れている

「波」というと、特殊な世界に思えるかもしれないが、実は、我々の世界の多くは波で構成されているといえる。最初はピンと来ないかもしれないが、**時間変化や位置変化にともなう量の多くはまさしく「波」と解釈できる**のだ。たとえば、磁場、地震波、電波、音波、脳波、心電図、声紋、熱伝導、画像データ、株価の変動、気候変動、……などいろいろある。それゆえ、フーリエ解析は極めて重要である。

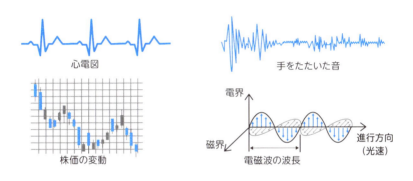

心電図

手をたたいた音

株価の変動

電磁波の波長

もう一歩進んで ▶ フーリエの時代

フーリエはフランス革命期に活躍し、数学や物理学の世界で功績を残した。

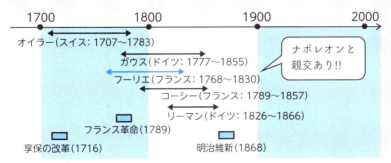

オイラー(スイス:1707〜1783)
ガウス(ドイツ:1777〜1855)
フーリエ(フランス:1768〜1830)
コーシー(フランス:1789〜1857)
リーマン(ドイツ:1826〜1866)

ナポレオンと親交あり!!

享保の改革(1716)
フランス革命(1789)
明治維新(1868)

0-2 フーリエ解析は何の役に立つのか？

フーリエ解析は、世の中のさまざまな現象をcos、sinで表される波（正弦波）の重ね合わせで表すことによって、周波数の世界から見て物事を分析しようという考え方である。不思議かもしれないが、世の中の多くの現象は「大小さまざまな正弦波の寄せ集め」で構成されている。したがってフーリエ解析の応用はいろいろな世界に及んでいる。

光、音、電気、熱、画像、株価、…

$\cos\omega_0 t, \sin\omega_0 t, \cos 2\omega_0 t, \sin 2\omega_0 t,$
$\cos 3\omega_0 t, \sin 3\omega_0 t, ……, \cos n\omega_0 t, \sin n\omega_0 t, ……$

以下に、フーリエ解析の典型的な応用例を紹介しておこう。

● 電話中に車の騒音を減らすのはフーリエ解析

クルマの往来の激しい道路で電話を利用するのは大変である。エンジン音、排気音、タイヤの音などで会話の音声がかき消されてしまうからである。こんなとき、人の音声だけを相手に送信できればトラブルは解決できる。その技術としてフーリエ解析が使われている。フーリエ解析によって、クルマの出す音の周波数分布（上図）を解析する。次に、クルマと人の音声が

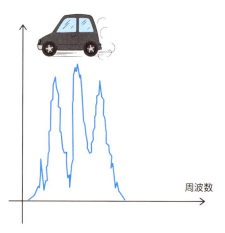

一体となった音の分布を解析する（下図左）。この周波数分布にフィルターをかけ、クルマの音の周波数分布のピークに相当する箇所を削ってしまう。すると、クルマの出す音はあまり聞こえなくなる。いわゆる雑音除去にフーリエ解析は活躍している。

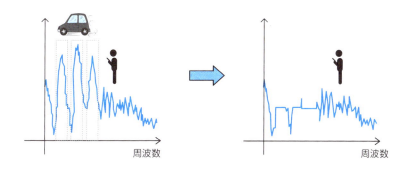

（注）図はいずれもイメージ図で正確な周波数分布ではない。

●スイカの熟度の検査原理はフーリエ解析

スイカを丸ごと一つ買うときには慎重になる。というのも、中身の状態までは見ることができないからだ。そこで、人は面白いこと

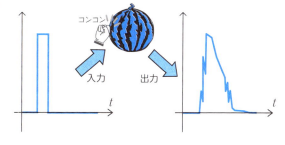

をする。スイカをコンコンと軽く叩いて（割れない程度に）、その反響音で熟度を調べる行動である。この方法、実は**線形応答理論**と呼ばれる極めて利用価値の高いものである。たとえば、音楽ホールの音響効果を調べるには、本来、ピアノ、バイオリン、太鼓、声、……というように多種多様な音源を対象にしなければならない。

ところが、線形応答理論を使えば、音の一瞬の反響効果を調べるだけで、**すべての音に対する反響効果がわかってしまう**。実に不思議である。また、ビルの地震波に対する影響を調べる時もこの理論が使われる。つまり、ビルにいろいろな地震波を与えて調べる必要はないのである。一瞬の衝撃を与え、それがビルに対してどう影響するのかを調べれば、それをもとに、いろいろな地震波に対する影響がわかってしまう。この線形応答理論はフーリエ解析が土台になっているのである。

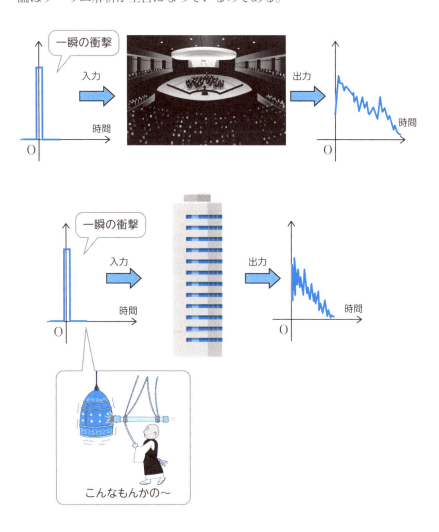

● あの JPEG はフーリエ解析だったんだ

　ネット上で容量の大きい写真ファイルなどをやりとりするとき、ファイルを圧縮して軽くし、スムーズに送受信できるようにする。その技術の一つにお馴染みの JPEG がある。これは、明暗などの画像データをフーリエ変換で周波数データに置き換え、主要な部分だけを採用し、その他はカットするというデータ圧縮を行なう技術である。

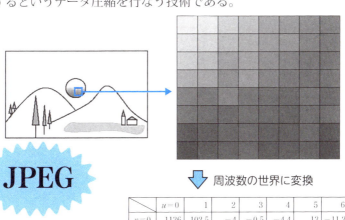

（注）静止画像の圧縮 JPEG に対し、動画の圧縮として MPEG などがある。

●微分方程式も解いてしまうフーリエ解析

　理工学や社会科学の分野では現象を微分方程式で表し、これを解くことによってそのカラクリを解析する方法は欠かせない。しかし、微分や積分の絡んだ方程式を解くのはそう簡単なことではない。

　ところが、**微分方程式をフーリエ変換やラプラス変換した周波数の世界で考えると、単純な四則計算（＋、－、×、÷）に持ち込むことができ、簡単に微分方程式が解けてしまうことがある**。この具体例を第9章で紹介するので楽しみにして欲しい。下図はラプラス変換を利用して微分方程式を解く流れである。

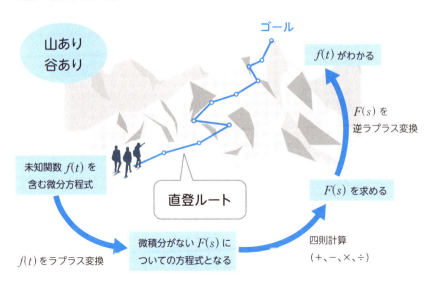

●株価の変動もフーリエ解析

　まさか、株の話にフーリエ解析とは……と思う人も少なくないだろう。しかし、株価の変動も「波」と捉えれば、フーリエ解析が活躍する舞台があるはずだ。「波をもって波を制す」のがフーリエ解析の精神である。次の株価の変動をフーリエ解析で分析したところ、4種類の波の重ね合わせ

であることがわかった。このことから、株価の変動の主要な波はグラフ1であることがわかる。

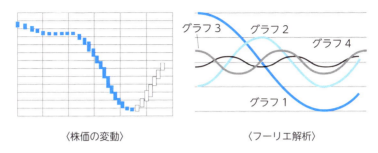

〈株価の変動〉　　〈フーリエ解析〉

以上、フーリエ解析の応用例をいくつかあげてきたが、フーリエ解析は理工系全般にわたって広く応用されている。微分方程式、電磁気学、回路理論、情報理論、量子力学、……実に広範囲にわたっている。

もう一歩進んで　フーリエとはどんな人？

フーリエ（1768 ～ 1830）はフランスで仕立屋（裁縫を仕事とする人）の息子として生まれた。幼い頃、両親を失い孤児となる。しかし、自由・平等・博愛を謳ったフランス革命（1789 年）の直後に開講した師範学校に入学。その後、理工科の学校に移り、そこで教鞭をとるようになった。30 歳の頃にはナポレオンのエジプト遠征に参加し、優れた行政手腕を発揮するとともに『エジプト記』を著す。しかし、これは彼の才能の一端にすぎない。エジプトから帰国後、フランスのイゼール県の知事を勤める傍ら、熱の研究を行ない、その伝導を表現した偏微分方程式を導いた。その解を求める際に「**ほとんどの関数は cos、sin という三角関数の和で表せる**」という、極めて重要な考え方を見いだしたといわれている。つまり、このとき、彼はフーリエ解析の礎を築いたのである。

Excel を使って… パソコンと数学の学習

　数学を学習していると、理論的には理解できても実際にそうなのかなと思うことがよくある。たとえば、フーリエ解析の勉強をすると、2次関数 $f(t)=t^2$ $(-a \leq t \leq a)$ は三角関数 $\cos$、$\sin$ を用いて

$$t^2 = \frac{a^2}{3} + 4\frac{a^2}{\pi^2}\left(-\cos\frac{\pi t}{a} + \frac{\cos\frac{2\pi t}{a}}{2^2} - \frac{\cos\frac{3\pi t}{a}}{3^2} + \cdots + \frac{(-1)^n \cos\frac{n\pi t}{a}}{n^2} + \cdots\right)$$

と表せることが理論的にはわかるようになる。しかし、「なるほどそうなんだ」という実感は湧かないものである。

　一昔前からすれば夢のような話だが、現代ではコンピュータがパソコンという名称で個人に普及し、誰もが使える環境になっている。また、コンピュータは本来、プログラミングのテクニックを知らなければ操作できないものだが、いろいろなソフトウェアが開発され多くの人々がプログラミングの知識がなくてもコンピュータを使って仕事や研究を簡単に行なえるようになっている。このことは、フーリエ解析をはじめ数学の学習にとって極めてありがたいことである。理論の正しさを確認できるし、大変な計算から解放されるからである。

　本書に掲載されたグラフや行列の計算の多くは身近にある Excel という表計算ソフトを利用したものである。プログラミングの知識は一切使っていない。これらのソフトウェアを上手に利用しながら学習を進めれば、数学の理解が確実に深まりその面白さ楽しさは倍増することでしょう。

第 **1** 章

まずは波の造形を体感しよう

三角関数 $a\cos mt$, $b\sin nt$ のグラフは〜〜のような美しい波の形をしている。これらの波は総称して**正弦波（サインカーブ）**と呼ばれるが、この正弦波を何種類も重ねる、つまり、「足し合わせる」といろいろなグラフが実現する。フーリエ解析の基本はいろいろな関数を性質のわかりやすい正弦波の和で表すことである。そのことによって、いろいろな現象を周波数（後述）の観点から解明できることになる。

この第 1 章では、難しい式もいくつか出てくるが、理解しようと努力する必要はない。波の織りなす造形を体感するだけでいい。ただ、フムフムと目を通してもらえればそれでよいのである。

1-1 正弦波を重ね合わせると

フーリエ解析はいろいろな現象を波の気持ちになって理解しようとするものである。ここで、波とは次の cos、sin で表されるカーブのことである。これらは、まとめて<u>正弦波</u>と呼ばれている。

$$y = \cos t, y = \sin t, y = \cos 2t, y = \sin 2t,$$
$$\cdots, y = \cos nt, y = \sin nt, \cdots$$

つまり、いろいろな現象は、これら正弦波の重ね合わせで生じていると考えるのがフーリエ解析の心である。そこで、ここでは、これらの<u>正弦波に適当な数値を掛けて足し合わせたらどんな波になるのか</u>をまず体感してみることにする。

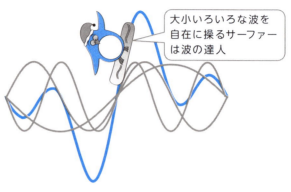

大小いろいろな波を自在に操るサーファーは波の達人

まずは、次の基本的な正弦波の形を確認しよう。

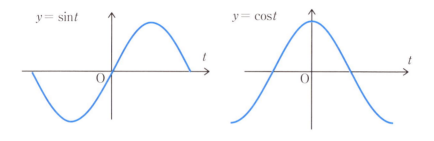

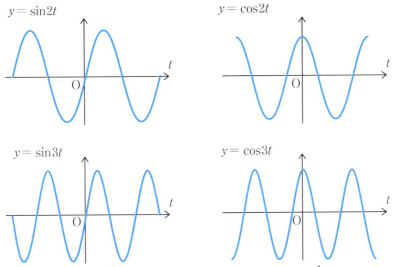

（注）$y = \sin nt$ のグラフは $y = \sin t$ のグラフを「t 軸方向に $\frac{1}{n}$ 倍に拡大したもの」である。$y = \cos nt$ も同様である。その理由については §3−4 を参照して欲しいが、今は、「そうなんだ」で十分。

　それでは、このような個々の正弦波を定数倍し、それらを加えた関数のグラフはどうなるのだろうか。いくつか例を見てみよう。

〔例1〕 $y = \sin t + \sin 2t + \sin 3t$ **のグラフ（青）**

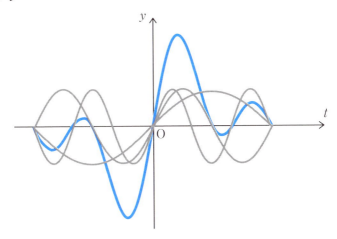

〔例 2〕 $y = -\sin t + \cos 2t + \dfrac{1}{2}\sin 3t$ のグラフ（青）

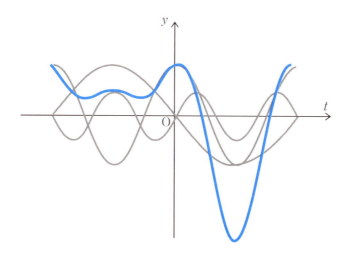

〔例 3〕 $y = \sin t + \cos t + \dfrac{1}{2}\sin 2t + \dfrac{1}{2}\cos 2t + \dfrac{1}{3}\sin 3t + \dfrac{1}{3}\cos 3t$ のグラフ（青）

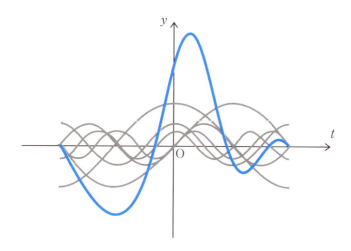

　たった、三つの例だが、正弦波を加えてできる関数のグラフは千変万化。いろいろなグラフに変身する可能性が見えてくる。

1-2 のこぎり波が cos、sin で表せる

関数 $f(t) = t - m\pi$、 $m\pi \leq t < (m+1)\pi$、m は整数 ……①

のグラフは下図のように、のこぎりの刃のような形をしている。そのため「のこぎり波」と呼ばれている。

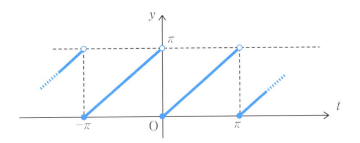

こんなギザギザした関数が滑らかな曲線である正弦波（cos、sin のカーブ）の重ね合わせで表せるって本当だろうか？

正弦波は美しい曲線
ギザギザなんかしてないのだが

不思議かもしれないが、これから学ぶフーリエ級数展開の公式（§5-1）によると、①は次の②式のような cos、sin の和で表されることになる。

$$g(t) = \frac{\pi}{2} - \sin 2t - \frac{1}{2}\sin 4t - \frac{1}{3}\sin 6t - \frac{1}{4}\sin 8t - \cdots - \frac{1}{n}\sin 2nt - \quad \cdots\cdots ②$$

しかし、①と②の式、つまり、$f(t)$ と $g(t)$ は似ても似つかない。

そこで、$g(t)$のグラフを実際にコンピュータで描いてみることにする。ただし、$g(t)$は無限の和なので、これをそのままコンピュータで描くことはできない。そこで、$g(t)$の最初のn項までの和$g_n(t)$を描くことにする。項数nを増やすにつれて$g_n(t)$のグラフがどのように変身していくのかを体感してみよう。

(1) $g(t)$の最初の5項のグラフ

$$g_5(t) = \frac{\pi}{2} - \sin 2t - \frac{1}{2}\sin 4t - \frac{1}{3}\sin 6t - \frac{1}{4}\sin 8t$$

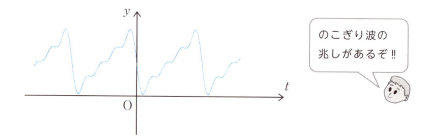

のこぎり波の兆しがあるぞ‼

(2) $g(t)$の最初の20項のグラフ

$$g_{20}(t) = \frac{\pi}{2} - \sin 2t - \frac{1}{2}\sin 4t - \frac{1}{3}\sin 6t - \cdots - \frac{1}{19}\sin 38t$$

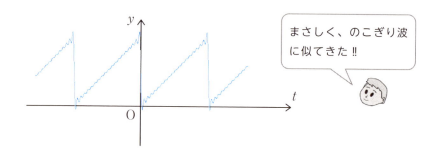

まさしく、のこぎり波に似てきた‼

(3) $g(t)$の最初の100項のグラフ

$$g_{100}(t) = \frac{\pi}{2} - \sin 2t - \frac{1}{2}\sin 4t - \frac{1}{3}\sin 6t - \cdots - \frac{1}{99}\sin 198t$$

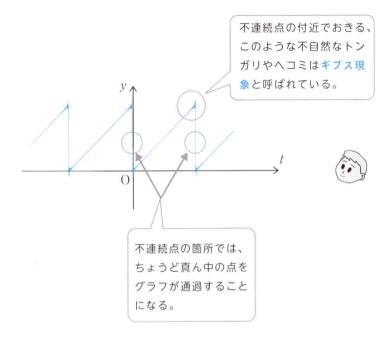

不連続点の付近でおきる、このような不自然なトンガリやヘコミは**ギブス現象**と呼ばれている。

不連続点の箇所では、ちょうど真ん中の点をグラフが通過することになる。

　以上のことから、$g_n(t)$のnをドンドン増やしていけば、$g(t)$の近似である$g_n(t)$のグラフはのこぎり波$f(t)$に近づくことがわかる。つまり、$f(t)$と$g(t)$は同じ関数と考えられる。実に、不思議である。しかし、$f(t)$と$g(t)$が同じということは、波の観点$g(t)$から「のこぎり波$f(t)$」を解釈できるということになる。

1-3 とがった三角波も cos、sin で表せる

区間 $0 \leq t < T$ で定義された次の関数のグラフは三角波と呼ばれるものだ。

$$f(t) = \begin{cases} t & \left(0 \leq t < \dfrac{T}{2}\right) \\ T-t & \left(\dfrac{T}{2} \leq t < T\right) \end{cases} \quad \cdots\cdots ①$$

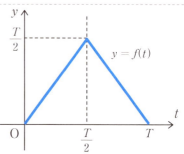

正弦波（cos、sin のカーブ）という、とても滑らかな曲線の重ね合わせで、こんなとんがったグラフを本当に表せるのだろうか、疑問だ！

「柔、よく、剛を制す」という諺があるが「曲、よく、トンガリを制す」かな

　これも不思議かもしれないが、これから学ぶフーリエ級数展開の公式（§5-1）によると、上の①式は次の②式のような cos、sin の和で表されることになるのだ。

$$\begin{aligned} g(t) &= \frac{1}{4}T - \frac{2T}{\pi^2}\left(\frac{\cos\dfrac{2\pi t}{T}}{1^2} + \frac{\cos\dfrac{6\pi t}{T}}{3^2} + \frac{\cos\dfrac{10\pi t}{T}}{5^2} + \cdots + \frac{\cos\dfrac{2(2n-1)\pi t}{T}}{(2n-1)^2} + \cdots\right) \end{aligned}$$
$$\cdots\cdots ②$$

ただし、$0 \leq t < T$

　前節ののこぎり波は sin のみの和であったが、今度は cos のみの和になっている。まだ違いがよくわからないが、前節同様、コンピュータを使って②のグラフを描いてみることにしよう。ただし、$g(t)$ は無限の和なの

で、これをそのままコンピュータで描くことはできない。そこで、$g(t)$ の最初の n 項までの和 $g_n(t)$ を描くことにする。そして、項数を増やすにつれて $g_n(t)$ のグラフがどのように変身していくのかを体感してみよう。

(1) $g(t)$ の最初の 2 項のグラフ

$$g_2(t) = \frac{1}{4}T - \frac{2T}{\pi^2}\cos\frac{2\pi t}{T}$$

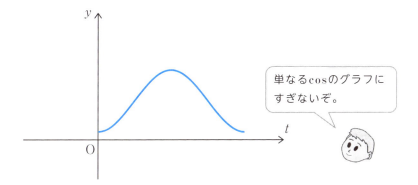

単なる cos のグラフにすぎないぞ。

(2) $g(t)$ の最初の 5 項のグラフ

$$g_5(t) = \frac{1}{4}T - \frac{2T}{\pi^2}\left(\frac{\cos\dfrac{2\pi t}{T}}{1^2} + \frac{\cos\dfrac{6\pi t}{T}}{3^2} + \frac{\cos\dfrac{10\pi t}{T}}{5^2} + \frac{\cos\dfrac{14\pi t}{T}}{7^2}\right)$$

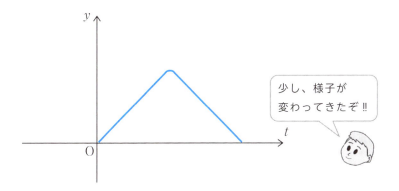

少し、様子が変わってきたぞ‼

(3) $g(t)$ の最初の 20 項のグラフ

$$g_{20}(t) = \frac{1}{4}T - \frac{2T}{\pi^2}\left(\frac{\cos\frac{2\pi t}{T}}{1^2} + \frac{\cos\frac{6\pi t}{T}}{3^2} + \frac{\cos\frac{10\pi t}{T}}{5^2} + \cdots + \frac{\cos\frac{74\pi t}{T}}{37^2}\right)$$

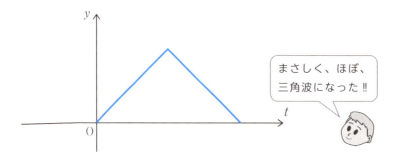

まさしく、ほぼ、三角波になった‼

このようにして、$g_n(t)$ の n をドンドン増やしていけば、$g(t)$ の近似である $g_n(t)$ のグラフは三角波に限りなく近づくことがわかる。実に、不思議である。

もう一歩進んで ②のグラフを $0 \leq t < T$ の範囲外で描いてみると

(1)〜(3) のグラフは $0 \leq t < T$ における $g_n(t)$ のグラフだが、この範囲を広げて $-2.5T \leq t < 2.5T$ の範囲で描くと①のグラフが繰り返し描かれることがわかる。これは、後で学ぶ「周期的拡張」という考え方に発展する。

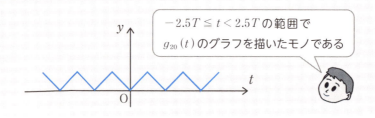

$-2.5T \leq t < 2.5T$ の範囲で $g_{20}(t)$ のグラフを描いたモノである

ことにする。ただし、$g(t)$は無限の和なので、これをそのままコンピュータで描くことはできない。そこで、$g(t)$の最初のn項までの和(t)を描くことにする。

) $g(t)$の最初の2項のグラフ

$$g_2(t) = \frac{1}{2} + \frac{2}{\pi}\sin t$$

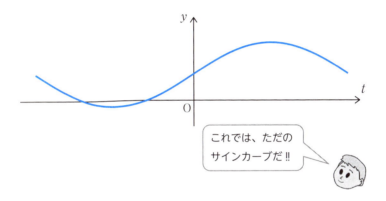

これでは、ただのサインカーブだ!!

(2) $g(t)$の最初の5項のグラフ

$$g_5(t) = \frac{1}{2} + \frac{2}{\pi}\sin t + \frac{2}{3\pi}\sin 3t + \frac{2}{5\pi}\sin 5t + \frac{2}{7\pi}\sin 7t$$

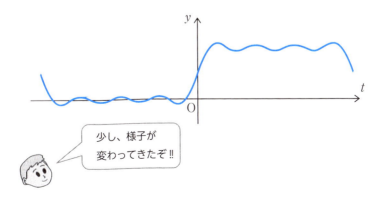

少し、様子が変わってきたぞ!!

1-4 平らな波も cos、sin で表せる

区間 $-\pi \leqq t < \pi$ で定義された次の関数①がある。

$$f(t) = \begin{cases} 0 & (-\pi \leqq t < 0) \\ 1 & (0 \leqq t < \pi) \end{cases} \quad \cdots\cdots ①$$

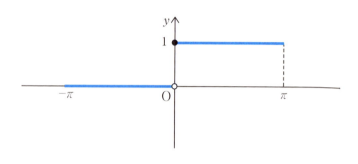

こんな分割された平たい波も、くねくね曲がった正弦波（cos、ーブ）の重ね合わせで表せるのだろうか？

これも不思議かもしれないが、これから学ぶフーリエ級数展開（§5-1）によると、①式は次の②式のような cos、sin の和で表さとになるのだ。

$$g(t) = \frac{1}{2} + \frac{2}{\pi}\sin t + \frac{2}{3\pi}\sin 3t + \frac{2}{5\pi}\sin 5t$$
$$+ \cdots + \frac{2}{(2n-1)\pi}\sin(2n-1)t + \cdots \quad \cdots\cdots ②$$

ただし、$-\pi \leqq t < \pi$

ここでは、①が②で表されることをグラフを描いて体感してみよう。
そこで、$g(t)$ で表される関数のグラフを実際にコンピュータで描いて

(3) $g(t)$ の最初の 10 項のグラフ

$$g_{10}(t) = \frac{1}{2} + \frac{2}{\pi}\sin t + \frac{2}{3\pi}\sin 3t + \frac{2}{5\pi}\sin 5t + \cdots + \frac{2}{17\pi}\sin 17t$$

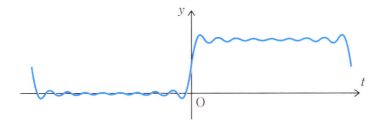

(4) $g(t)$ の最初の 100 項のグラフ

$$g_{100}(t) = \frac{1}{2} + \frac{2}{\pi}\sin t + \frac{2}{3\pi}\sin 3t + \frac{2}{5\pi}\sin 5t + \cdots + \frac{2}{197\pi}\sin 197t$$

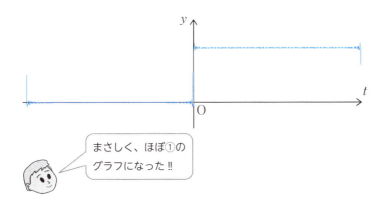

まさしく、ほぼ①のグラフになった!!

　$g_n(t)$ の n をドンドン増やしていけば、$g(t)$ の近似である $g_n(t)$ のグラフは①のグラフに近づくことがわかった。実に、不思議である。

　ここで、(4)のグラフを $-3\pi \leqq t \leqq 3\pi$ の範囲で描くと次のように**矩形波**

と呼ばれるグラフになる。ただし、下記のグラフは横の長さを縦の長さの $\frac{1}{4}$ 倍に縮めて表示している。

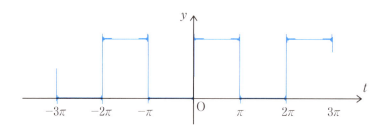

Note のこぎり波、三角波、矩形波は不自然か？

　ここまでに、のこぎり波、三角波、矩形波を紹介してきたが、いずれも中学や高校で学んだグラフとは様相が違う。しかし、これらの波は理工学の分野では頻繁に利用されている、きわめて普通の波である。

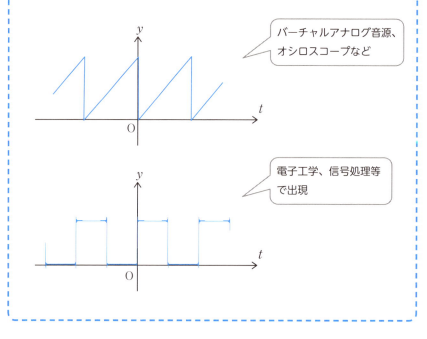

1-5 放物線も cos、sin で表せる

2次関数 $f(t) = t^2$ $(-a \leqq t \leqq a)$ ……① のグラフは、下図のような放物線である。

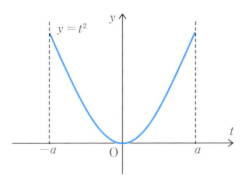

一見、正弦波とは似ても似つかない2次関数のグラフだが、これも正弦波（cos、sin のカーブ）の重ね合わせで表せるのだろうか？

これも不思議かもしれないが、これから学ぶフーリエ級数展開の公式（§5-1）によると、①は次の②式のような cos、sin の和で表されることになるのだ。

$$g(t) = \frac{a^2}{3} + 4\frac{a^2}{\pi^2}\left(-\cos\frac{\pi t}{a} + \frac{\cos\frac{2\pi t}{a}}{2^2} - \frac{\cos\frac{3\pi t}{a}}{3^2} + \cdots\right.$$

$$\left. + \frac{(-1)^n \cos\frac{n\pi t}{a}}{n^2} + \cdots\right) \quad \cdots\cdots ②$$

ただし、$-a \leqq t \leqq a$

さっそく、①が②で表されることをグラフを描いて体感してみよう。まず、$g(t)$ で表される関数のグラフを実際にコンピュータで描いてみるこ

とにする。ただし、$g(t)$は無限の和なので、これをそのままコンピュータで描くことはできない。そこで、$g(t)$の最初の n 項までの和 $g_n(t)$ を描くことにする。

(1) $g(t)$の最初の2項のグラフ

$$g_2(t) = \frac{a^2}{3} + 4\frac{a^2}{\pi^2}\left(-\cos\frac{\pi t}{a}\right)$$

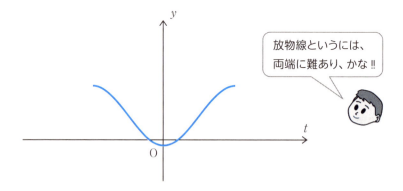

放物線というには、両端に難あり、かな!!

(2) $g(t)$の最初の5項のグラフ

$$g_5(t) = \frac{a^2}{3} + 4\frac{a^2}{\pi^2}\left(-\cos\frac{\pi t}{a} + \frac{\cos\frac{2\pi t}{a}}{2^2} - \frac{\cos\frac{3\pi t}{a}}{3^2} + \frac{\cos\frac{4\pi t}{a}}{4^2}\right)$$

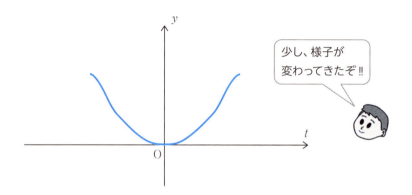

少し、様子が変わってきたぞ!!

(3) $g(t)$ の最初の 20 項のグラフ

$$g_{20}(t) = \frac{a^2}{3} + 4\frac{a^2}{\pi^2}\left(-\cos\frac{\pi t}{a} + \frac{\cos\frac{2\pi t}{a}}{2^2} - \frac{\cos\frac{3\pi t}{a}}{3^2} + \cdots - \frac{\cos\frac{19\pi t}{a}}{19^2}\right)$$

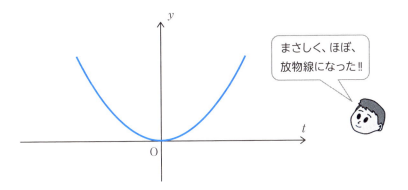

まさしく、ほぼ、放物線になった!!

$g_n(t)$ の n をドンドン増やしていけば、$g(t)$ の近似である $g_n(t)$ のグラフは放物線 $y = t^2$ に近づくことがわかる。つまり、$y = t^2$ と $g(t)$ は同じ関数と考えられる。実に、不思議である。

もう一歩進んで ②のグラフを $-2.5a \leqq t \leqq 2.5a$ の範囲で描く

②のグラフは $-a \leqq t \leqq a$ の範囲で考えられたものだが、cos、sin の周期性から②を $-2.5a \leqq t \leqq 2.5a$ の範囲で $g(t)$ の最初の 20 項のグラフを描くと、次のようになる。

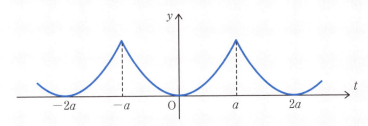

Excelを使って… 正弦波のグラフを描く

　本書では正弦波 (cos、sin で表される波) を重ね合わせたグラフをたくさん掲載してある。そして、フーリエ解析を学び始めるとそのようなグラフを自分で描きたくなってくる。これらのグラフは基本的には C や Java などのプログラミング言語を用いてプログラミングして描くことになる。しかし Excel を使うとプログラミングすることなく正弦波を重ね合わせたグラフを簡単に描くことができる。ここでは、その方法を $y = \cos x + 2\cos 2x$ を例にして紹介しよう。

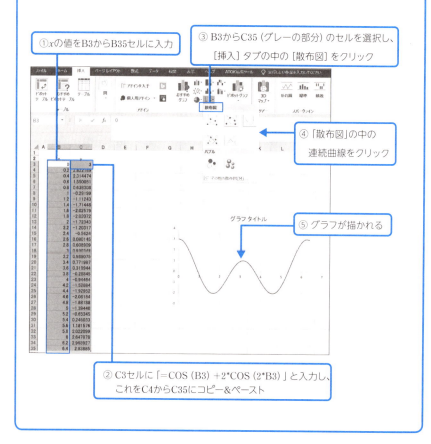

第2章

フーリエ解析で使う微分・積分の基本知識

フーリエ解析は位置 x を変数とする関数 $f(x)$ や時間 t を変数とする関数 $f(t)$ を正弦波（cos、sin で表されるグラフ）の重ね合わせ、つまり、「三角関数の足し合わせ」で表現して分析する。そのため関数に関するいろいろな知識を使うことになる。

そこで、フーリエ解析の話に入る前に、この第2章では、その際に使われる微分・積分に関する基本的な知識をまとめておくことにする。とくに、積分は大事にして欲しい。

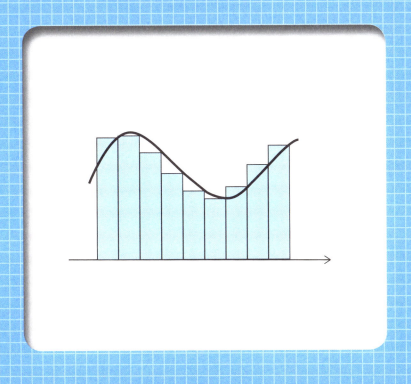

2-1 微分とは拡大して直線とみなしたときの傾きなのだ

ベクトル解析、複素解析、フーリエ解析、……と、「解析」という言葉のつく分野では「微分・積分」の考え方は不可欠である。そこで、まずは、高校で学んだ微分に関する考え方を復習しておこう。

微分とは、関数の変化の様子を調べる数学だった。そのため、まずは関数の復習から始めよう。

●関数 $f(x)$ とは

関数といえば、1次関数 $y = ax + b$ や2次関数 $y = x^2$ などを思い浮かべることができる。しかし、あらためて「関数とは」と問われると答えに詰まる人が少なくない。そこで、関数の定義を確認しよう。

二つの数の集合 X、Y があって、X の要素 x に対して Y の要素 y がただ一つ決まるとき、この対応を**関数**（function）といい、$y = f(x)$ と書く。ここで、f は関数名であるが、必ずしも「f」という名前にこだわらない。他にも、$y = g(x)$、$y = h(x)$、……など、いろいろある。なお、このとき、x のことを**独立変数**、y のことを**従属変数**という。また、集合 X を関数 f の**定義域**、集合 Y の部分集合 $\{y | y = f(x), x \in X\}$ を関数 f の**値域**という。

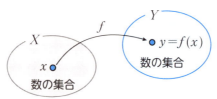

関数 $y = f(x)$ の変化の様子は x の値を横座標、y の値を縦座標とし、x を定義域内で変化させたときの点 $P(x, y)$ の軌跡を描くと一目瞭然である。これが関数 $y = f(x)$ のグラフである。

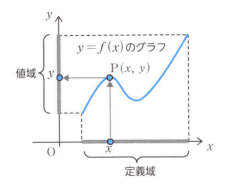

● 微分可能とは

関数 $f(x)$ の定義域内の点 a において、「$\Delta x \to 0$ のとき $\dfrac{f(a+\Delta x)-f(a)}{\Delta x}$ が一定の値に収束すれば、関数 $f(x)$ は $x=a$ で微分可能である」という。

また、この一定の値を関数 $f(x)$ の $x=a$ における微分係数といい $f'(a)$ と書く。つまり、

$$f'(a) = \lim_{\Delta x \to 0} \frac{f(a+\Delta x)-f(a)}{\Delta x}$$

なお、$\Delta x \to 0$ とは、$\Delta x > 0$ で 0 に近づけてもよいし、$\Delta x < 0$ で 0 に近づけてもよい。また、正負が交互に変化して 0 に近づけてもよい。いずれにせよ、$\Delta x \to 0$ のとき、$a+\Delta x$ は数直線上で a に近づくことになる。

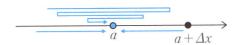

● 微分可能をグラフで見ると

関数 $f(x)$ は $x=a$ の近くで定義されているとする。このとき、

$\Delta y = f(a+\Delta x) - f(a)$ とすると、$\dfrac{\Delta y}{\Delta x}$、つまり、$\dfrac{f(a+\Delta x)-f(a)}{\Delta x}$ は

次ページ図の 2 点 A、B を通る直線 l の傾きを表す。すると、$x=a$ で微

分可能である、つまり、

$$\lim_{\Delta x \to 0} \frac{\Delta y}{\Delta x} = \lim_{\Delta x \to 0} \frac{f(a+\Delta x)-f(a)}{\Delta x}$$

が存在するということは、点 B を点 A に限りなく近づけたとき**直線 l の傾きが一定の値に近づく**ことを意味している。

（注）Δx は正でも負でもよい。
右図は $\Delta x > 0$ の場合。

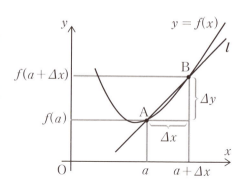

なお、点 B を点 A に限りなく近づけたとき、直線 l の傾きが一定の値に近づくということを視覚的に表現してみよう。このことは、点 A の付近でグラフは滑らかで、グラフをドンドン拡大していくと、グラフはそこで直線とみなせるということである。つまり、**拡大して直線とみなせたときに「微分可能」であり、その直線の傾きが「微分係数」である**。

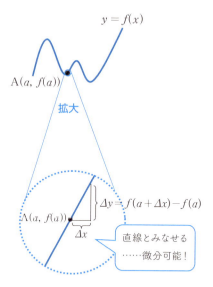

● 導関数

関数 $f(x)$ に対して $\lim_{\Delta x \to 0} \frac{f(a+\Delta x)-f(a)}{\Delta x}$ が存在すれば、その値を関数 $f(x)$ の $x=a$ における**微分係数**といい、$f'(a)$ と書いた。

ここでは、右図のように、$x=a$ に対してその微分係数 $f'(a)$ を対応させる関数を考える。つまり、$x=a$ に対して $f'(a)$ を対応させる関数を $f'(x)$ と書き、$f(x)$ の**導関数**という。

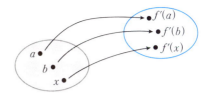

$$f'(x) = \lim_{\Delta x \to 0} \frac{\Delta y}{\Delta x} = \lim_{\Delta x \to 0} \frac{f(x+\Delta x)-f(x)}{\Delta x} \quad \cdots\cdots ①$$

なお、導関数の記号は $f'(x)$ の他にも、y'、$\dfrac{dy}{dx}$、$\dfrac{d}{dx}f(x)$ などいろいろある。また、関数 $f(x)$ の導関数を求めることを、関数 $f(x)$ を**微分する**という。

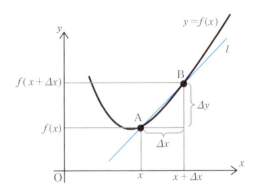

〔例〕 関数 $f(x)=x^2$ の導関数 $f'(x)$ は

$$f'(x) = \lim_{\Delta x \to 0}\frac{\Delta y}{\Delta x} = \lim_{\Delta x \to 0}\frac{f(x+\Delta x)-f(x)}{\Delta x} = \lim_{\Delta x \to 0}\frac{(x+\Delta x)^2-(x)^2}{\Delta x}$$
$$= \lim_{\Delta x \to 0}(2x+\Delta x) = 2x$$

● **合成関数の導関数**

$y=f(u)$ が u について微分可能、$u=g(x)$ が x について微分可能であれば、**合成関数** $y=f(g(x))$ は x について微分可能で、

$$\frac{dy}{dx} = \frac{dy}{du}\frac{du}{dx} \quad \text{となる。}$$

〔例〕 $y = f(u) = u^2$ ……①、$u = g(x) = 5x+3$ ……②

このとき、$y = f(u) = u^2 = (5x+3)^2$ ……③ となり、y は x の関数となる。③を展開して項別に x で微分すれば導関数を得られるが、③は①②を合成した関数だから、次のようになる。

$$\frac{dy}{dx} = \frac{dy}{du}\frac{du}{dx} = 2u \times 5 = 10u = 10(5x+3)$$

● 基本的な関数の導関数

フーリエ解析で使う主な関数の導関数をあげておこう。

$$(\cos x)' = -\sin x \qquad (\sin x)' = \cos x \qquad (e^x)' = e^x$$

ただし、e は「**ネイピアの数**」2.71828……

〔例〕 x を変数、a、b を定数とする。

(1) $y = \cos(ax+b)$ のとき $y = \cos u$、$u = ax+b$ とみなすと

$$\frac{dy}{dx} = \frac{dy}{du}\frac{du}{dx} = (-\sin u) \times a = -a\sin(ax+b)$$

(2) $y = e^{ax}$ のとき $y = e^u$、$u = ax$ とみなすと

$$\frac{dy}{dx} = \frac{dy}{du}\frac{du}{dx} = e^u \times a = ae^{ax}$$

 関数 $f(x)$ の導関数 $f'(x)$ の定義

$$f'(x) = \lim_{\Delta x \to 0}\frac{\Delta y}{\Delta x} = \lim_{\Delta x \to 0}\frac{f(x+\Delta x)-f(x)}{\Delta x}$$

2-2 積分とは、つまり、和のことである

高校数学では積分 $\int_a^b f(x)dx$ が次のように定義された。

$$\int_a^b f(x)dx = [F(x)]_a^b = F(b) - F(a) \cdots\cdots ①\quad ただし、F'(x) = f(x)$$

しかし、この定義でフーリエ解析の理論を理解するには辛いものがある。そこで、積分の本来の定義をここで学んでおくことにしよう。

①の定義の場合、積分記号 $\int_a^b f(x)dx$ における記号 $\int_a^b$ と dx は単なる飾りのような印象を受ける。つまり、$f(x)$ を左右から挟み込み、記号 $\int_a^b$ は積分区間が $[a, b]$、記号 dx は積分変数が x であることを示したものというわけである。

①の定義は積分を計算する上では簡単だが、これでは積分本来の理解は不十分である。そこで、積分について新たな気持ちで学習してみよう。

●多くの専門書による積分の定義

関数 $f(x)$ が区間 $a \leq x \leq b$ で定義されているものとする。ここで、この区間を n 等分し、各区間の境界点に $x_0, x_1, x_2, \cdots\cdots, x_n$ と名前を付けて（下図）、次の n 個の和を考える。

$$\sum_{i=1}^{n} f(x_i)\Delta x = f(x_1)\Delta x + f(x_2)\Delta x + \cdots + f(x_n)\Delta x \quad \cdots\cdots ②$$

ただし、$\Delta x = \dfrac{b-a}{n}$

この分割を限りなく細かくしたとき、つまり、$n \to \infty$ にしたとき②が一定の値に近づけば関数 $f(x)$ は区間 $a \leq x \leq b$ で**積分可能**であるといい、その一定の値を記

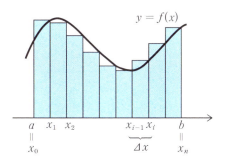

号 $\int_a^b f(x)dx$ で表す。

すなわち、$\int_a^b f(x)dx = \lim_{n\to\infty}\sum_{i=1}^n f(x_i)\Delta x$ ……③

この③で定義した $\int_a^b f(x)dx$ を「関数 $f(x)$ の a から b までの**定積分**」ということにする。この定義からわかるように、定積分 $\int_a^b f(x)dx$ は $f(x) \geqq 0$ のとき、分割を限りなく細かくしたときの前ページ図の長方形の面積の和である。

（注）区間 $a \leqq x \leqq b$ を閉区間といい、記号 $[a, b]$ で表す。また、区間 $a < x < b$ を開区間といい (a, b) で表す。

（注）なお、上記に紹介した定積分は、わかりやすさを優先したため、定義を一部緩和している。正確に知りたい場合は「＜付録1＞リーマン積分」を参照。

●なぜ、記号 $\int_a^b f(x)dx$ が使われたのか

n 分割したときの個々の長方形の面積 $f(x_i)\Delta x$ は、分割を細かくしていくと幅が0に近い微小長方形になる。この長方形を $f(x)dx$ と表現する。これが $\int_a^b f(x)dx$ の $f(x)dx$ である。閉区間 $[a, b]$ にあるこれら微小長方形 $f(x)dx$ を足していくので、S（和の意味の sum の頭文字）を利用し、これを縦に伸ばして $\int_a^b$ と書くことにしたのが、$\int_a^b f(x)dx$ の $\int_a^b$ である。

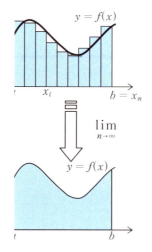

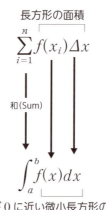

この表記がわかると、極限の計算を積分に置き換えて計算できることがある。

〔例〕

(1) $\displaystyle\lim_{n\to\infty}\left\{\left(\frac{1}{n}\right)^2\frac{1}{n}+\left(\frac{2}{n}\right)^2\frac{1}{n}+\left(\frac{3}{n}\right)^2\frac{1}{n}+\cdots+\left(\frac{n}{n}\right)^2\frac{1}{n}\right\}$

$\displaystyle =\lim_{n\to\infty}\sum_{i=1}^{n}\left(\frac{i}{n}\right)^2\frac{1}{n}=\int_{0}^{1}x^2\,dx$

> 下の図を参照。

(2) $\displaystyle\lim_{n\to\infty}\left\{\left(\frac{2}{n}\right)^3\frac{2}{n}+\left(\frac{4}{n}\right)^3\frac{2}{n}+\left(\frac{6}{n}\right)^3\frac{2}{n}+\cdots+\left(\frac{2n}{n}\right)^3\frac{2}{n}\right\}$

$\displaystyle =\lim_{n\to\infty}\sum_{i=1}^{n}\left(\frac{2i}{n}\right)^3\frac{2}{n}=\int_{0}^{2}x^3\,dx$

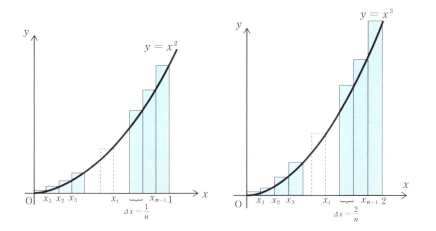

なお、本節で紹介した積分の定義はリーマン（ドイツ：1826～1866）がまとめたもので**リーマン積分**と呼ばれている。これは**関数が連続であるとき積分可能であることが知られている**。

●不定積分を用いた定積分の計算

積分は次の式で定義された。

$$\int_a^b f(x)dx = \lim_{n\to\infty}\sum_{i=1}^n f(x_i)\Delta x = \lim_{n\to\infty}(f(x_1)\Delta x + f(x_2)\Delta x + \cdots + f(x_n)\Delta x)$$

この式からわかるように、定積分は $f(x_i)\Delta x\,(i=1,\,2,\,3,\,\cdots,\,n)$ を無限に足す計算なのである。この定積分の計算は、$f(x)$ の不定積分 $F(x)$ を用いて次のように計算できる。

$$\int_a^b f(x)dx = \bigl[F(x)\bigr]_a^b = F(b) - F(a) \quad \text{ただし、}\ F'(x) = f(x)$$

以下に、証明ではないが、この理由を簡単に説明しよう。

関数 $F(x)$ が区間 $(a,\,b)$ で微分可能で $\dfrac{dF(x)}{dx} = f(x)$ とする。

ここで区間 $[a,\,b]$ を n 等分して各区間の境界点に x_0、x_1、x_2、……、x_n と名前を付け、$\Delta F(x_i) = F(x_i) - F(x_{i-1})$ とする(下図)。このとき、

$$\begin{aligned}
\sum_{i=1}^n \frac{\Delta F(x_i)}{\Delta x}\Delta x &= \sum_{i=1}^n \Delta F(x_i) \\
&= \{F(x_1) - F(x_0)\} + \{F(x_2) - F(x_1)\} \\
&\quad + \{F(x_3) - F(x_2)\} + \cdots + \{F(x_n) - F(x_{n-1})\} \\
&= F(x_n) - F(x_0) = F(b) - F(a)
\end{aligned}$$

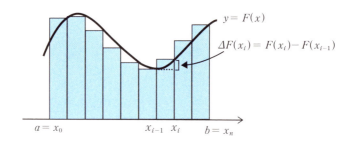

つまり、$\displaystyle\sum_{i=1}^{n}\frac{\Delta F(x_i)}{\Delta x}\Delta x = F(b) - F(a)$

ゆえに、$\displaystyle\lim_{n\to\infty}\sum_{i=1}^{n}\frac{\Delta F(x_i)}{\Delta x}\Delta x = F(b) - F(a)$ ……④

積分の定義より、$\displaystyle\lim_{n\to\infty}\sum_{i=1}^{n}\frac{\Delta F(x_i)}{\Delta x}\Delta x = \int_a^b \frac{dF(x)}{dx}dx = \int_a^b f(x)dx$ ……⑤

④、⑤より、$\displaystyle\int_a^b f(x)dx = F(b) - F(a)$ ……⑥

（注）⑥は厳密には「微分積分学の基本定理」を用いて導き出されるものである。

〔例〕

(1) $\displaystyle\int_0^1 x^2\,dx = \left[\frac{1}{3}x^3\right]_0^1 = \frac{1}{3}$

(2) $\displaystyle\int_0^1 x^3\,dx = \left[\frac{1}{4}x^4\right]_0^1 = \frac{1}{4}$

●広義積分

下記の積分の定義において、その下端 a、上端 b は有限な値であった。

$$\int_a^b f(x)dx = \lim_{n\to\infty}\sum_{i=1}^{n}f(x_i)\Delta x = \lim_{n\to\infty}(f(x_1)\Delta x + f(x_2)\Delta x + \cdots + f(x_n)\Delta x)$$

これに対して、a、b が限りなく大きくなったり、限りなく小さくなったときの積分を次のように定義する。

極限 $\displaystyle\lim_{b\to\infty}\int_a^b f(x)dx$ が存在するならば、この極限値を $\displaystyle\int_a^\infty f(x)dx$ と書き、これを広義積分という。つまり、

$$\int_a^\infty f(x)dx = \lim_{b\to\infty}\int_a^b f(x)dx$$

同様に、次の広義積分を定義する。

第2章 フーリエ解析で使う微分・積分の基本知識

51

$$\int_{-\infty}^{b} f(x)dx = \lim_{a \to -\infty} \int_{a}^{b} f(x)dx 、 \int_{-\infty}^{\infty} f(x)dx = \lim_{\substack{a \to -\infty \\ b \to \infty}} \int_{a}^{b} f(x)dx$$

〔例〕 $a>0$ のとき $\displaystyle\int_{a}^{\infty} \frac{dx}{x^2} = \lim_{b \to \infty} \int_{a}^{b} \frac{dx}{x^2} = \lim_{b \to \infty} \left[-\frac{1}{x} \right]_{a}^{b} = \lim_{b \to \infty} \left(-\frac{1}{b} + \frac{1}{a} \right) = \frac{1}{a}$

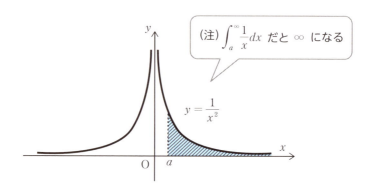

(注) $\displaystyle\int_{a}^{\infty} \frac{1}{x} dx$ だと ∞ になる

Note 定積分の定義

●定積分の定義

$$\int_a^b f(x)dx = \lim_{n\to\infty}\sum_{i=1}^{n} f(x_i)\Delta x = \lim_{n\to\infty}(f(x_1)\Delta x + f(x_2)\Delta x + \cdots + f(x_n)\Delta x)$$

●定積分の計算

定理 1 関数 $f(x)$、$g(x)$ に対して次の計算が成立する。

(1) $\int_a^b kf(x)dx = k\int_a^b f(x)dx$ （ただし k は定数）

(2) $\int_a^b \{f(x) \pm g(x)\}dx = \int_a^b f(x)dx \pm \int_a^b g(x)dx$ （複号同順）

(3) $\int_a^b f(x)dx = \int_a^c f(x)dx + \int_c^b f(x)dx$ （ただし、$a < c < b$）

(4) $[a,\ b]$ で $f(x) \geq g(x)$ ならば $\int_a^b f(x)dx \geq \int_a^b g(x)dx$

定理 2 $\int_a^b f(x)dx = [F(x)]_a^b = F(b) - F(a)$

ただし、$F'(x) = f(x)$

定理 3 $\dfrac{d}{dx}\int_a^x f(t)dt = f(x)$

●定積分と面積

区間 $a \leq x \leq b$ で $f(x) \geq 0$ であれば $\int_a^b f(x)dx$ は $y = f(x)$ と直線 $x = a$、$x = b$、それと x 軸によって囲まれた図形の**面積**を表す。

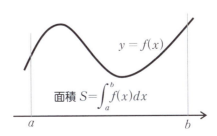

Excelを使って… 数値積分 (1)

数値積分の一つの方法に、定積分

$$\int_a^b f(x)dx = \lim_{n \to \infty} \sum_{i=1}^n f(x_i)\varDelta x$$

の近似値 n をある程度大きくしたときの

$$\sum_{i=1}^n f(x_i)\varDelta x$$

の値とする方法がある。その際、分割された各部を長方形だけでなく台形や放物線で囲まれた図形とする方法もある。これらはコンピュータの得意とする計算である。下図は、Excelを用いて $\int_0^1 x^2 dx = 0.333\cdots$ の近似値を $n=10$ として計算した例である。

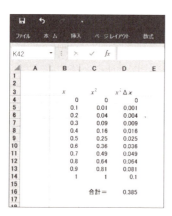

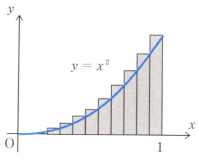

第3章

フーリエ解析で使う三角関数の基本知識

フーリエ解析とは、いろいろな関数を正弦波（cos、sin）の重ね合わせで表現し、もとの関数を解析する方法である。そのため、三角関数 cos、sin に関する知識は欠かせない。ただし、cos、sin に関する基本的な知識のみで十分である。

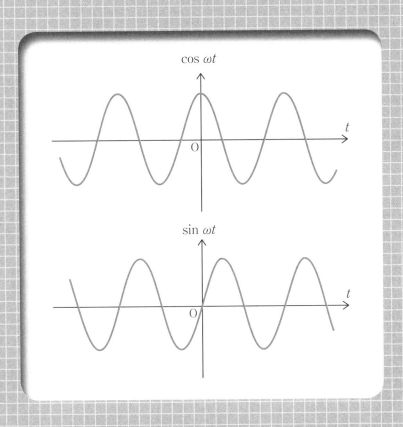

3-1 正弦波（cos、sin）がフーリエ解析の基本

正弦波（cos、sin）はフーリエ解析の中心となる関数である。そこで、まず、cosとsinの定義と性質を確認しておこう。

三角関数$\cos\theta$、$\sin\theta$で表される波を<u>正弦波</u>（サインカーブ）といった。この**<u>正弦波の重ね合わせで関数の性質を解明するのが<u>フーリエ解析</u>**である。そこで、ここでは、高校で学んだ三角関数$\cos\theta$、$\sin\theta$の復習をしておこう。まずは、「三角関数の定義」の復習から始めよう。

●まずは直角三角形の辺の長さの比で$\cos\theta$、$\sin\theta$を定義

右図は、直角三角形の直角ではない一つの角の大きさθに対して、辺の名前と辺の長さを表したものである。直角三角形の「斜辺」は一番長い辺のことだが、対辺、隣辺は着目した角によって変化する。図はあくまでもθを基準とした場合である。

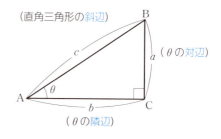

このとき、θに対して辺の長さの比を対応させる次の関数$\cos(\theta)$、$\sin(\theta)$を考える。

$$\cos(\theta) = \frac{隣辺の長さ}{斜辺の長さ}, \quad \sin(\theta) = \frac{対辺の長さ}{斜辺の長さ}$$

つまり、$\cos(\theta) = \dfrac{b}{c}$、$\sin(\theta) = \dfrac{a}{c}$

ここで、（ ）は関数記号$f($ $)$の（ ）だが、煩わしいので省略して次の

ように書くことにする。

$$\cos\theta = \frac{b}{c}、\sin\theta = \frac{a}{c}$$

（注）$\cos\theta$、$\sin\theta$ は角の大きさ θ に三角形の辺の長さの比の値を対応させるので**三角比**と呼ばれている。

● 単位円で定義

直角三角形を用いて定義された $\cos\theta$、$\sin\theta$ では、$0° < \theta < 90°$ という制約が生じる。しかし、角度は一般に、この範囲に収まるものではない。鈍角三角形では一つの角が $90°$ を越えている。また、回転運動などを考えると、θ が $360°$ より大きな角や負の角（逆回り）もある。したがって、このような角に対しても $\cos\theta$、$\sin\theta$ を使えるようにしなければ利用範囲が狭まってしまう。

そこで、最終的には**直角三角形を離れて、座標平面と単位円（原点中心で半径 1 の円）を利用して $\cos\theta$、$\sin\theta$ を定義する**ことになる。

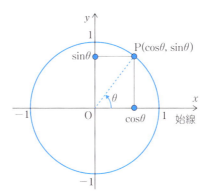

上図のように、θ が与えられたら、まず、単位円周上の $(1, 0)$ を起点とした点 P が原点中心に θ だけ回転すれば、動く半径（動径）の位置 OP が決まる。ここで、θ が正ならば単位円周上を原点中心に左回り（正の向き）に回転し、θ が負ならば右回り（負の向き）に回転することにする。

そこで、このとき、**点 P の *x* 座標を $\cos\theta$ の値、*y* 座標を $\sin\theta$ の値と定義する**。これで θ がどんな角でも $\cos\theta$、$\sin\theta$ の値が決まる。この $\cos\theta$、$\sin\theta$ を**三角関数**と呼ぶことにする。

（注）θ が鋭角の場合には $\cos\theta$、$\sin\theta$ は直角三角形を用いて定義したのだが、単位円による定義は、これも含んでいる。

● 三角関数のグラフ

回転角 θ を横軸に、関数値を縦軸にとると、$\cos\theta$、$\sin\theta$ のグラフは各々次のようになる。

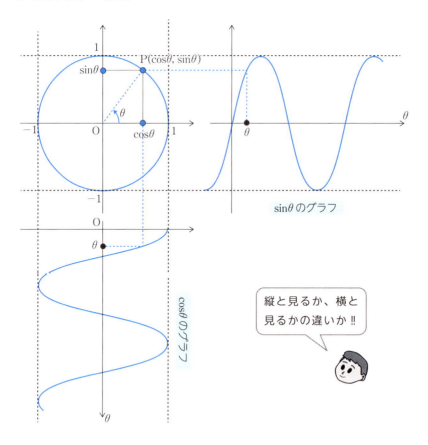

縦と見るか、横と見るかの違いか‼

● $\cos^2\theta + \sin^2\theta = 1$

θ がどんな角でも $\cos^2\theta + \sin^2\theta = 1$ が成立する。この関係は直角三角形で定義された場合はピタゴラスの定理から導かれる。また、単位円で定義された場合は、単位円の方程式が $x^2 + y^2 = 1$（これも、結局はピタゴラスの定理による）から導かれる。

（注）$\sin^2\theta$ は $(\sin\theta)^2$ の意味である。他も同様。

使ってみよう

$\sin\theta = \dfrac{1}{2}$ のとき $\cos\theta$ の値を求めてみよう。

$\cos^2\theta + \sin^2\theta = 1$ より　$\cos^2\theta = 1 - \sin^2\theta = 1 - \dfrac{1}{4} = \dfrac{3}{4}$

ゆえに、$\cos\theta = \pm\dfrac{\sqrt{3}}{2}$

●弧度法を使う

小・中学校では、角度を測るのに**度数法**を使っていた。これは、1回転を360°、直角を90°とする測り方である。高校の数学からは**弧度法**（こどほう）が主に使われるようになる。微分・積分の表現が簡単になるからである。弧度法は扇形の弧の長さが半径に等しいときの中心角を1弧度（ラジアン）とする測り方である。弧度法の場合、単位（ラジアン）は、通常、省略される。なお、度数法と弧度法の換算式は次の式を使うと便利である。

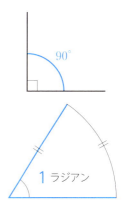

$180° = \pi$ **ラジアン**　（π は円周率で3.14159……）

(例) $60° = \pi/3$ ラジアン、$30° = \pi/6$ ラジアン

　　　$45° = \pi/4$ ラジアン、$360° = 2\pi$ ラジアン

3-2 周期をもつ関数とは

フーリエ解析におけるフーリエ級数とかフーリエ変換などは「いろいろな関数を三角関数（$\cos\theta$、$\sin\theta$）の和として表す」ことが土台となっている。つまり、正弦波の重ね合わせである。そこで、強調したいことがある。それは、**正弦波は「同じ波の形が繰り返される波」**ということである。つまり、フーリエ解析では繰り返しの世界が前提となっている。

関数 $f(x)$ の中には変量 x が一定量変化すると、また、同じ値をとるという性質をもっているものがある。フーリエ解析ではこのような性質をもった関数が非常に重要な役割を演じることになる。

●周期関数とは

一定量変化する度に同じ値をとる関数 $f(x)$ を**周期関数**という。一定量を T とし、このことを式で書けば次のようになる。

$$f(x+T) = f(x) \quad \text{ただし、}T\text{は正の定数} \quad \cdots\cdots ①$$

なお、このときの一定量 T のことを**周期**という。①を満たす最小の正の定数 T を**基本周期**という。グラフで書けば次のようになる。

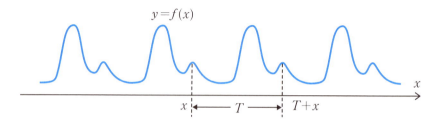

先の図の場合、T は基本周期であり、$2T$、$3T$、……は周期となる。

以下に、今後、よく使われる周期関数の性質をあげておこう。

(1) 二つの関数 $f(x)$、$g(x)$ が周期 T の周期関数であれば、

$$af(x)+bg(x)……② 、 f(x)g(x)……③$$

も周期 T の周期関数である。ただし、a、b は定数とする。

（注）②式を $f(x)$、$g(x)$ の**線形結合**とか**一次結合**などという。

(2) 関数 $f(x)$ が周期 T の周期関数であれば、n が自然数のとき関数 $f(nx)$ は周期 $\dfrac{T}{n}$ の周期関数である。また、周期 $\dfrac{T}{n}$ の関数は周期 T の関数である。

（注）周期 T の関数は周期 nT の関数である。

(3) 関数 $f(x)$ が周期 T の周期関数であれば、任意の c に対して、

$$\int_0^T f(x)dx = \int_c^{c+T} f(x)dx$$

(1)、(2)、(3) の成立理由

(1) の②について

$h(x)=af(x)+bg(x)$ とすると、

$$h(x+T)=af(x+T)+bg(x+T)=af(x)+bg(x)=h(x)$$

よって、$h(x)=af(x)+bg(x)$ は周期 T の周期関数である。

(1) の③について

$h(x)=f(x)g(x)$ とすると、

$$h(x+T)=f(x+T)g(x+T)=f(x)g(x)=h(x)$$

よって、$h(x)=f(x)g(x)$ は周期 T の周期関数である。

(2) について

$h(x)=f(nx)$ とおくと、

$$h\left(x+\frac{T}{n}\right)=f\left(n\left(x+\frac{T}{n}\right)\right)=f(nx+T)=f(nx)=h(x)$$

よって、$h(x)=f(nx)$ は周期 $\frac{T}{n}$ の周期関数である。

（注）$y=f(nx)$ のグラフは $y=f(x)$ のグラフを x 軸方向に $\frac{1}{n}$ 倍に拡大したものである。

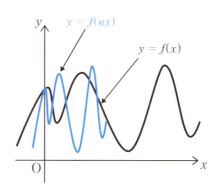

(3) について

定積分は面積を表すと考えれば自明である。

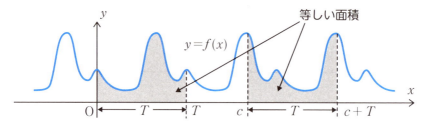

●周期的拡張とは

$p \leqq t < p+T$ で定義された関数を $f_p(x)$ とする。

このとき、$f_p(x)$ のとる値を T の整数倍ずらした区間で繰り返すことにより、$-\infty < x < \infty$ での周期 T の周期関数 $f(x)$ を作成できる。このような手続きによる周期関数の作成方法を周期 T での**周期的拡張**と呼ぶ。　（注）§5-5でもう少し詳しく述べる。

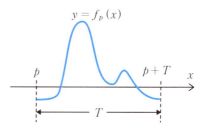

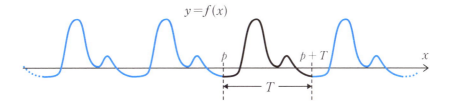

 周期関数

- 「$f(x+T) = f(x)$　ただし、T は正の定数」を満たす関数 $f(x)$ を**周期 T の周期関数**という。

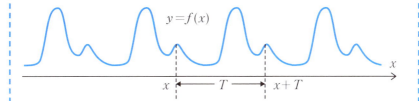

- 関数 $f(x)$、$g(x)$ を周期 T の周期関数とする。このとき、

    関数 $af(x) + bg(x)$、$f(x)g(x)$ は周期 T の周期関数

    関数 $f(nx)$ は周期 $\dfrac{T}{n}$ の周期関数

- 関数 $f(x)$ が周期 T の周期関数であれば、任意の c に対して、

$$\int_0^T f(x)dx = \int_c^{c+T} f(x)dx$$

3-3 フーリエ解析は周波数の世界

フーリエ解析は波の立場からいろいろな現象を見てみようとするものである。波は大別して「空間的に捉える波」と「時間的に捉える波」があり、これらの波を説明するためには、それぞれ別の用語が用いられている。これらの用語はフーリエ解析では頻繁に使われるので、正確に理解しておこう。

● 空間的に捉える波

空間的に捉える波の例としては、池に浮かべておいた球を急に取り去ったときに生じる水波がある。このとき、池の面には一定の間隔で同じ形が繰り返された凹凸が生じている。

この空間的に捉えた波を数学的に記述するには、たとえば、横軸に位置 x をとってみる。すると、位置 x における波の高さ y は $y = f(x)$ などと表されることになる。もし、この波が幅 λ ごとに同じ形が繰り返されているとすると、次の式が成立する。

$$f(x + \lambda) = f(x) \quad ただし、\lambda は正の定数 \quad \cdots\cdots ①$$

つまり、関数 $f(x)$ は**周期 λ の周期関数**である。波を空間的に捉える場合、周期のことをとくに**波長**という。

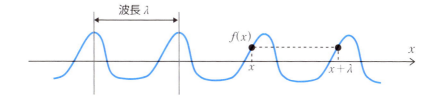

また、長さ2πに含まれる波の最小パターンの個数を**波数**という。これはアルファベットの「k」で表されることが多い。

$$波数\, k = \frac{2\pi}{\lambda} \quad \cdots\cdots ②$$

（注）長さ1に含まれる波の最小パターンの個数を「波数」ということもある。このとき波数kはλの逆数となる。つまり、波数$k = \frac{1}{\lambda}$

〔例〕下図の場合、②より、$k = \frac{2\pi}{\lambda} = \frac{2\pi}{0.4} = 5\pi$となる。

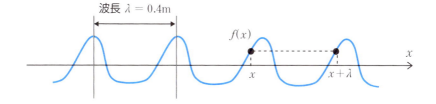

● 時間的に捉える波

時間的に捉える波の例としては心電図がわかりやすい。この波は空間的に捉える波とは違い、直接、目で見ることはできない。しかし、時間tを

変数にした関数 $f(t)$ としてグラフにすれば可視化できる。

　心電図のように、ある一定時間毎に同じ波形が繰り返されるとき、その一定時間を「**周期**」という。これは、空間的に捉えた時に使った「波長 λ 」に相当する。なお、周期はアルファベットの「T」で表されるのが一般的である。このとき、次の関係を満たしている。

$$f(t+T) = f(t) \quad \cdots\cdots ③$$

この③式を満たす関数 $f(t)$ を**周期 T の周期関数**と呼ぶ。これは空間的に捉えた波の場合と同様である。

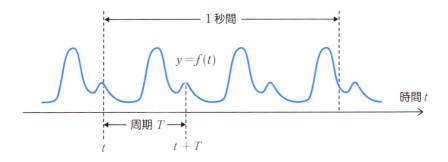

　また、単位時間に含まれる周期 T の個数、すなわち、単位時間に含まれる最小パターンの個数を「**周波数**」と呼ぶ。この周波数は単位時間に同じことが何回繰り返されるかを表しているので「**振動数**」と呼ばれること

もある。周波数（振動数）はギリシャ文字「ν」（ニュー）で表されることが多い。周波数νは周期Tの逆数であり次の関係で結ばれている。

$$\text{周波数（振動数）} \nu = \frac{1}{T} \quad \cdots\cdots ④$$

〔例〕下図の心電図の場合、周波数 $\nu = \dfrac{1}{\frac{1}{3}} = 3$ となる。

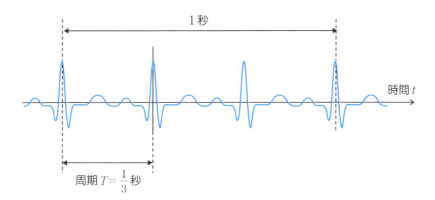

● 角周波数（角振動数）

フーリエ解析の基本は与えられた関数を三角関数の和で表すことである。そして、三角関数 cos や sin は次のように定義された。

つまり、中心が原点（O）、半径が1の円（単位円）において、x軸とのなす角がθである半径OP（動径という）の先端Pの座標を(x, y)とすると、cos や sin の値は次のようになる。

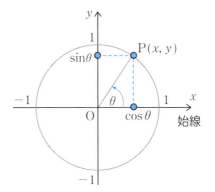

$$\cos\theta = x,\ \sin\theta = y$$

ここで、動径 OP が一定の速度で回転しているとき回転角 θ が単位時間（1秒間）に変化する角を**角周波数**（または**角振動数**）といい、通常、「ω」（オメガ）で表す。

角周波数（角振動数）ω ＝ 単位時間（1秒間）の回転角

x 軸から動径がスタートするとすれば時刻 t における回転角 θ は次のように表される。

$$\theta = \omega t$$

このとき、$\cos\omega t$、$\sin\omega t$ を角周波数 ω の正弦波と呼ぶ。なぜ「波」がつくかは $\cos\omega t$、$\sin\omega t$ のグラフを見ればわかる。

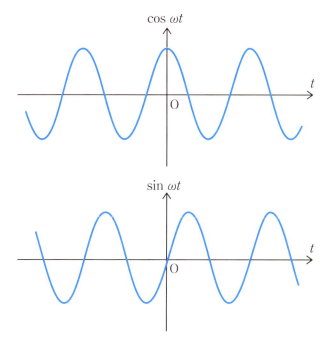

（注）cos は「余弦」、sin は「正弦」と日本語読みされるため、「正弦波」というと sin の波のみを連想する人が多い。しかし、sin の波と相似な形の波をすべて「**正弦波**」と呼ぶため、**cos の波も、sin の波も「正弦波」という**のである。

角周波数 ω は単位時間当たりの回転角であり、1 回転の回転角は 2π なので正弦波 $\cos\omega t$、$\sin\omega t$ は、単位時間に $\dfrac{\omega}{2\pi}$ 回転、つまり、$\dfrac{\omega}{2\pi}$ 回、振動することになる。このことから、次のことがわかる。

周波数（振動数） $\nu = \dfrac{\omega}{2\pi}$　　（$\omega = 2\pi\nu$）　……⑤

これが、正弦波の周波数（振動数）ν と、角周波数（角振動数）ω の関係である。

④の $\nu = \dfrac{1}{T}$、⑤の $\nu = \dfrac{\omega}{2\pi}$ より、正弦波 $\cos\omega t$、$\sin\omega t$ の角周波数 ω は周期 T と次の関係で結ばれていることがわかる。

角周波数（角振動数） $\omega = \dfrac{2\pi}{T}$

〔例〕

(1) 正弦波 $\cos 3t$、$\sin 3t$ の角周波数は $\omega = 3$、周波数は $\nu = \dfrac{3}{2\pi}$

(2) 正弦波 $\cos 3\pi t$、$\sin 3\pi t$ の角周波数は $\omega = 3\pi$、周波数は $\nu = \dfrac{3\pi}{2\pi} = \dfrac{3}{2}$

(3) 正弦波 $\cos 4\pi t$、$\sin 4\pi t$ の角周波数は $\omega = 4\pi$、周波数は $\nu = \dfrac{4\pi}{2\pi} = 2$

● **振幅**

波の振動の大きさを表す指標として振幅がある。正弦波に対しては、波の一番高いところと低いところの差を半分にした値を振幅という。

つまり、正弦波 $a\cos\omega t$、$a\sin\omega t$ の振幅は $|a|$ である。

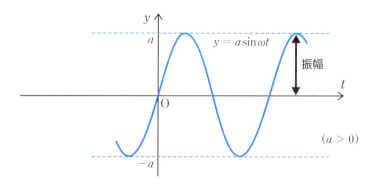

 周波数

波長 λ、波数 k、周期 T、周波数 ν、角周波数 ω の関係はまぎらわしいので表にまとめておこう。とくに、時間的に捉えた正弦波 $\cos\omega t$、$\sin\omega t$ については右表のようになる。

空間的に捉える波	時間的に捉える波
波長 λ	周期 T
波数 k	周波数(振動数) ν
$k = \dfrac{2\pi}{\lambda}$	$\nu = \dfrac{1}{T}$

正弦波($\cos\omega t$, $\sin\omega t$)
周期 $T = \dfrac{2\pi}{\omega}$
周波数(振動数)ν 角周波数(角振動数)ω $\nu = \dfrac{\omega}{2\pi}$、$\omega = \dfrac{2\pi}{T}$

(注) $k = \dfrac{1}{\lambda}$ という定義もある。

(注) 角周波数 ω は単位時間(1秒間)における回転角。

もう一歩進んで　周波数、角周波数の単位

周波数(振動数)ν の単位は Hz(ヘルツ)　　1秒間の振動数

角周波数 ω の単位は rad/s(ラジアン/秒)　1秒間の回転角

3-4 $a\cos n\omega_0 t$、$a\sin n\omega_0 t$ のグラフ

フーリエ解析の基本は、与えられた関数を正弦波の重ね合わせ（和）で表すことである。その際に利用される正弦波は

$$\cos\omega_0 t,\ \sin\omega_0 t,\ \cos 2\omega_0 t,\ \sin 2\omega_0 t,\ \cos 3\omega_0 t,$$
$$\sin 3\omega_0 t,\ \cdots,\ \cos n\omega_0 t,\ \sin n\omega_0 t,\ \cdots$$

というように、ある角周波数 ω_0 の整数倍を角周波数とする波である。そこで、角周波数 ω_0 の正弦波と角周波数 $n\omega_0$ の正弦波のグラフについて調べておくことにする。

●角周波数が n 倍になったときの正弦波の変化

まずは、$\omega_0 = 1$ の場合を調べてみよう。このとき、**「三角関数 $y = \sin nt$ のグラフは $y = \sin t$ のグラフを t 軸方向に、$\dfrac{1}{n}$ 倍に拡大したものである」**。その理由は、t が 2π（1 回転分）だけ変化すると、たとえば、$2t$ は 4π（2 回転分）変化する。したがって、t が 2π（1 回転分）だけ変化すると $y = \sin t$ は一つの行程を終了するが、$y = \sin 2t$ は二つの行程を終了するからである。

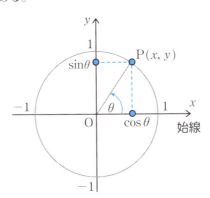

〔例〕 $y = \sin t$、$y = \sin 2t$ のグラフ

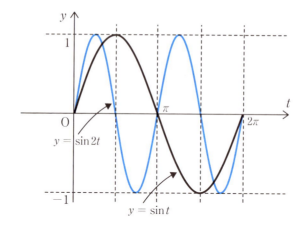

同様に、角周波数 ω_0 の正弦波 $\cos\omega_0 t$、$\sin\omega_0 t$ に対して、角周波数が ω_0 の n 倍になった正弦波 $\cos n\omega_0 t$、$\sin n\omega_0 t$ のグラフは $\cos\omega_0 t$、$\sin\omega_0 t$ のグラフを t 軸方向に $\dfrac{1}{n}$ 倍に拡大したものとなる。フーリエ解析では角周波数が $n\omega_0$ である正弦波 $\cos n\omega_0 t$、$\sin n\omega_0 t$ が頻繁に使われるので、このことの理解は大事である。下図は角周波数が ω_0、$2\omega_0$、$3\omega_0$ である正弦波 $\cos\omega_0 t$、$\cos 2\omega_0 t$、$\cos 3\omega_0 t$ のグラフを描いたものである。角周波数が 2 倍、3 倍になると、$\cos 2\omega_0 t$、$\cos 3\omega_0 t$ のグラフは $\cos\omega_0 t$ のグラフを t 軸方向に $\dfrac{1}{2}$ 倍、$\dfrac{1}{3}$ 倍したものになることを実感して欲しい。

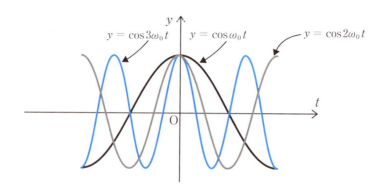

● $y = a\cos n\omega_0 t$、$y = a\sin n\omega_0 t$ のグラフ

$y = a\sin t$ のグラフと $y = \sin t$ のグラフの関係は次のようになる。つまり、三角関数 $y = a\sin t$ のグラフは $y = \sin t$ のグラフを y 軸方向に a 倍に拡大したものである。下図は

$y = \sin t$

$y = 2\sin t$

$y = \dfrac{1}{2}\sin t$

のグラフを図示したものである。このことは、$y = a\sin n\omega_0 t$、$y = a\cos n\omega_0 t$ についても同様にいえる。つまり、$y = a\cos n\omega_0 t$、$y = a\sin n\omega_0 t$ のグラフは $y = \cos n\omega_0 t$、$y = \sin n\omega_0 t$ のグラフを y 軸方向に a 倍に拡大したものである。

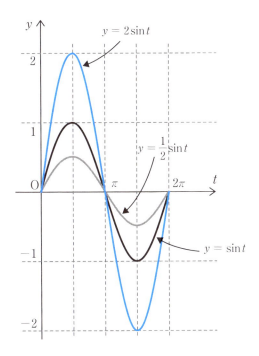

3-5 フーリエ解析に欠かせないオイラーの公式

実数の世界では、三角関数 $\cos x$、$\sin x$ と指数関数 e^x は種類の異なる関数だと考えられる（e はネイピアの数 $2.71828\cdots\cdots$）。実際、$\cos x$、$\sin x$ は周期 2π の周期関数だが、指数関数 e^x は単調増加関数であり、グラフからしてもまったく異なる。ところが、複素数の世界では、これら三角関数と指数関数とはお互いがお互いの分身となる。

まずは、虚数単位 i と複素数の復習から始めることにしよう。

● 虚数単位 i とは

実数の世界では、どの数も 2 乗すると、それは必ず 0 以上の値になってしまう。そのため、実数の世界で考えると、たとえば、簡単な 2 次方程式 $x^2 + 2 = 0$ などは解をもたない。そこで、平方すると -1 になる数を一つ考えて、これを文字「i」で表し、**虚数単位**と呼ぶことにする。つまり、i は $i^2 = -1$ を満たす一つの数である。

このとき、$x^2 + 2 = 0$ は次のように変形できる。

$$x^2 + 2 = x^2 - 2(-1) = x^2 - 2i^2 = x^2 - \left(\sqrt{2}\, i\right)^2$$
$$= \left(x + \sqrt{2}\, i\right)\left(x - \sqrt{2}\, i\right) = 0$$

したがって、2 つの解 $x = \pm\sqrt{2}\, i$ を得ることができる。

● 複素数とは

二つの実数 a、b を用いて $a + bi$ の形に表される数を**複素数**という。このとき、a を実部、b を虚部ということにする。複素数は虚部 b が 0 であるかどうかで次のように分類される。

複素数 $a+bi$
(complex number)
$\begin{cases} b=0 \text{ のとき } a+bi \text{ は実数} \\ \qquad\qquad\qquad\qquad \text{(real number)} \\ b\neq 0 \text{ のとき } a+bi \text{ は虚数} \\ \qquad\qquad\qquad\qquad \text{(imaginary number)} \end{cases}$

（注）とくに、$a=0$ のとき 純虚数という。

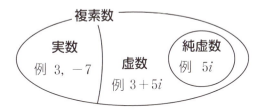

●複素数の相等

　二つの複素数を $a+bi$、$c+di$ は「$a=c$　かつ　$b=d$」のとき等しいといい「$a+bi=c+di$」と書く。とくに、$0=0+0i$ なので、次の同値関係が成立する。

$$a+bi=0 \Leftrightarrow a=0 \text{ かつ } b=0$$

●複素数の四則計算

複素数の四則計算は次のように定義される。

　二つの複素数を $a+bi$、$c+di$ とする。このとき、複素数の加法、減法、乗法、除法を次のように定義する。

(1) $(a+bi)+(c+di)=(a+c)+(b+d)i$

(2) $(a+bi)-(c+di)=(a-c)+(b-d)i$

(3) $(a+bi)(c+di)=(ac-bd)+(ad+bc)i$

(4) $\dfrac{a+bi}{c+di}=\dfrac{ac+bd}{c^2+d^2}+\dfrac{bc-ad}{c^2+d^2}i$

これらの計算は虚数単位「i」を文字と考え、文字式における四則演算の法則に従って計算し、「i^2」が出てきたらこれを -1 で置き換えることと同じになる。

〔計算例〕

(1) $(3+2i)+(5+7i)=(3+5)+(2+7)i=8+9i$

(2) $(3+2i)-(5+7i)=(3-5)+(2-7)i=-2-5i$

(3) $(3+2i)(5+7i)=(15-14)+(21+10)i=1+31i$

(4) $\dfrac{2+3i}{2-i}=\dfrac{(2+3i)(2+i)}{(2-i)(2+i)}=\dfrac{1+8i}{4+1}=\dfrac{1}{5}+\dfrac{8}{5}i$

● 共役な複素数

複素数 $\alpha = a+bi$ **に対して虚部の符号を替えた複素数** $a-bi$ **を** α **の共役な複素数**といい $\overline{\alpha}$ と書く。共役な複素数には次の性質がある。

(1) 共役な複素数の和と積はともに実数である。

つまり、$\alpha+\overline{\alpha}=2a$、$\alpha\overline{\alpha}=a^2+b^2$

(2) 複素数 α が実数、純虚数である条件は次のようになる。

α が実数　$\Leftrightarrow$　$\alpha=\overline{\alpha}$

α が純虚数　$\Leftrightarrow$　$\alpha+\overline{\alpha}=0$、$\alpha \neq 0$

(3) 共役な複素数の計算

$$\overline{\alpha\pm\beta}=\overline{\alpha}\pm\overline{\beta}、\ \overline{\alpha\beta}=\overline{\alpha}\,\overline{\beta}、\ \overline{\left(\dfrac{\alpha}{\beta}\right)}=\dfrac{\overline{\alpha}}{\overline{\beta}}\quad(\beta\neq0)$$

● 複素数の絶対値

複素数 $\alpha = a+bi$ に対して $\sqrt{a^2+b^2}$ を α の絶対値といい、$|\alpha|$ と書く。

$$|\alpha|=|a+bi|=\sqrt{a^2+b^2}$$

このとき、$|\alpha|=|\overline{\alpha}|$が成立する。

●複素平面（複素数平面・ガウス平面）

実数aだけを扱う場合、それを図で表すときには数直線を利用した。

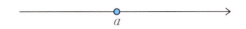

ところが、複素数$\alpha=a+bi$を図で表すには数直線では無理がある。そこで、座標平面上の点(a, b)が複素数$\alpha=a+bi$を表すと考えることにする。このとき、この平面を**複素平面**（複素数平面）または**ガウス平面**という。複素平面上では横軸上の点は実数を、縦軸上の点は純虚数を表している。そこで、横軸を実軸、縦軸を虚軸という。また、複素数αを表す点を単に点αということにする。

複素平面で複素数を表示すると、複素数がビジュアル化され複素数の理解が深まることになる。

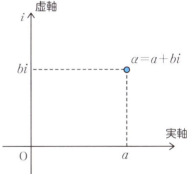

たとえば、複素数の絶対値や共役複素数などを複素平面で見れば下図のようになる。

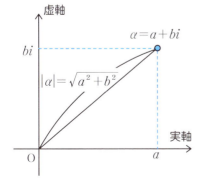
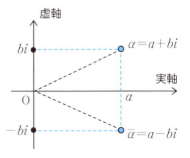

●オイラーの公式

虚数単位 i を使った指数関数 $e^{i\theta}$ を $\cos\theta$、$\sin\theta$ を使って次のように定義する。

$$e^{i\theta} = \cos\theta + i\sin\theta \quad \cdots\cdots ①$$

（i は虚数単位、e は**ネイピアの数** $2.71828\cdots\cdots$）

ここで、θ は実数である。

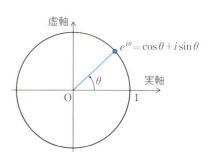

$e^{i\theta}$ を①と定義することにより、$e^{i\theta}$ は複素平面における原点中心の単位円上の偏角が θ である複素数であることがわかる。この①を**オイラーの公式**と呼ぶ。この公式を使うことにより、フーリエ解析の世界が簡潔に表現できるようになる。

（注）複素関数論の世界では①は定義ではなく、他のことから導き出されることである。ここでは、複素関数に深入りしたくないので $e^{i\theta}$ を $\cos\theta$、$\sin\theta$ を使って定義したと考えることにしたが、このことによって、問題は生じない。

●複素数を指数表示すると

任意の複素数 $z = a + bi$ は偏角 θ（実軸からの回転角）と原点からの距離 r を用いて $r(\cos\theta + i\sin\theta)$ と書ける。

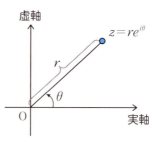

したがって、複素数 z はオイラーの公式より $e^{i\theta}$ を使って、

$$z = a + bi = r(\cos\theta + i\sin\theta) = re^{i\theta}$$

と表現できる。

●三角関数を指数表示すると

オイラーの公式①より、複素数の世界では、指数関数と三角関数はお互いがお互いの分身であることがわかる。なぜならば、①より三角関数 $\cos\theta$、$\sin\theta$ は下記のように表現される。

$$\cos\theta = \frac{e^{i\theta}+e^{-i\theta}}{2},\ \sin\theta = \frac{e^{i\theta}-e^{-i\theta}}{2i}$$

> **オイラーの公式**
>
> (1) 虚数 $i\theta$ を指数とする関数 $e^{i\theta}$ を次のように定義する。
>
> $$e^{i\theta} = \cos\theta + i\sin\theta$$
>
> (θ は実数、i は虚数単位、e はネイピアの数 $2.71828\cdots$)
>
> これを**オイラーの公式**という。
>
> (2) 任意の複素数 z は
>
> $z = re^{i\theta}$ と書ける。
>
>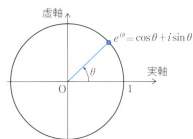

もう一歩進んで　虚数単位 i

哲学者・数学者のデカルト（フランス：1596～1679）は虚数単位 i については「想像上の数」としか考えていなかった。このことが、今日の英語の imaginary number の語源になっている。その後、長い時をかけて複素数はいろいろな数学者、科学者に認められ、今日では虚数なくしては数学をはじめ科学一般が語れなくなっている。なお、虚数を i と表現したのは数学者・物理学者のオイラー（スイス：1707～1783）である。

3-6 偶関数と奇関数は水と油

関数 $y=f(x)$ の中にはそのグラフを描くと、y 軸対称になるものと原点対称になるものがある。前者を**偶関数**、後者を**奇関数**というが、フーリエ解析では扱う関数が偶関数か奇関数かによって処理が変わってくる。

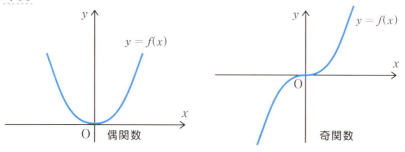

関数 $f(x)$ の偶関数、奇関数をグラフから説明したが、式で定義すると次のようになる。

定義域内の任意の x について

$f(-x)=f(x)$ を満たす関数を偶関数

$f(-x)=-f(x)$ を満たす関数を奇関数

という。グラフでの説明と矛盾しないことが下図からわかる。

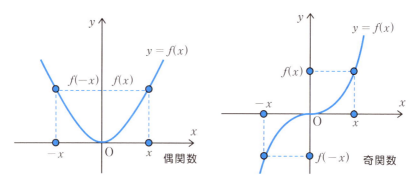

●任意の関数 $f(x)$ は偶関数と奇関数の和で表せる

関数 $f(x)$ に対して、次の関数 $f_e(x)$ は偶関数、関数 $f_o(x)$ は奇関数となる。

$$f_e(x) = \frac{f(x)+f(-x)}{2}, \quad f_o(x) = \frac{f(x)-f(-x)}{2}$$

なぜならば

$$f_e(-x) = \frac{f(-x)+f(-(-x))}{2} = \frac{f(-x)+f(x)}{2} = f_e(x)$$

$$f_o(-x) = \frac{f(-x)-f(-(-x))}{2} = \frac{f(-x)-f(x)}{2}$$

$$= -\frac{f(x)-f(-x)}{2} = -f_o(x)$$

また、 $f_e(x)+f_o(x) = \dfrac{f(x)+f(-x)}{2} + \dfrac{f(x)-f(-x)}{2} = f(x)$

よって、任意の関数 $f(x)$ は偶関数と奇関数の和で表せる。

（注）偶（even）、奇（odd）

（注）$f_e(x)$ を $f(x)$ の偶関数部分、$f_o(x)$ を $f(x)$ の奇関数部分という。

●偶関数、奇関数の和と差の性質

偶関数と偶関数の和は偶関数となり、奇関数と奇関数の和は奇関数となる。差についても同様である。なぜならば

$f(x)$ と $g(x)$ をともに偶関数とし、$h(x) = f(x)+g(x)$ とすると、

$$h(-x) = f(-x)+g(-x) = f(x)+g(x) = h(x)$$

よって、偶関数同士の和 $h(x)$ は偶関数となる。

$f(x)$ と $g(x)$ をともに奇関数とし、$h(x) = f(x)+g(x)$ とすると、

$$h(-x) = f(-x) + g(-x) = -f(x) - g(x) = -h(x)$$

よって、奇関数同士の和 $h(x)$ は奇関数となる。

つまり、**偶関数と奇関数は和に関して水と油の関係なのである。けっして混じり合うことはない**。この性質はフーリエ解析において重要である。なぜならば、フーリエ解析では位置関数 $f(x)$ や時間関数 $f(t)$ を正弦波（cos、sin）の和で表すのだが、偶関数 f は偶関数同士の和としか表せないし、また、奇関数 f は奇関数同士の和としか表せないのである。そして、**cos は偶関数**であり、**sin は奇関数**なのである。

なお、偶関数と偶関数の積、および、奇関数と奇関数の積は偶関数となり、偶関数と奇関数の積は奇関数となる。

●偶関数、奇関数の積分

積分 $\int_a^b f(x)dx$ の値は積分区間 $a \leq x \leq b$ で $f(x) \geq 0$ であれば、グラフと x 軸によって囲まれた部分の面積を表す。$f(x) \leq 0$ であれば面積に －（マイナス）をつけた値を表す。したがって、偶関数、奇関数の積分に関して次のことが成立する。この性質はフーリエ解析でよく使われる。

(1) 関数 $f(x)$ が偶関数のとき $\quad \int_{-a}^{a} f(x)dx = 2\int_{0}^{a} f(x)dx$

(2) 関数 $f(x)$ が奇関数のとき $\quad \int_{-a}^{a} f(x)dx = 0$

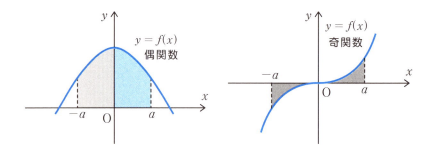

第4章

フーリエ解析で使うベクトルの基本知識

フーリエ解析は、位置 x を変数とする関数 $f(x)$ や、時間 t を変数とする関数 $f(t)$ を正弦波（cos、sin）の重ね合わせで表現する解析法である。この正弦波（cos、sin）の重ね合わせの原理は、意外に思うかもしれないが、ベクトルの考え方に支えられている。ベクトルは苦手だという人も多いだろうが、フーリエ級数の本質的な考え方なのでぜひ挑戦して欲しい。

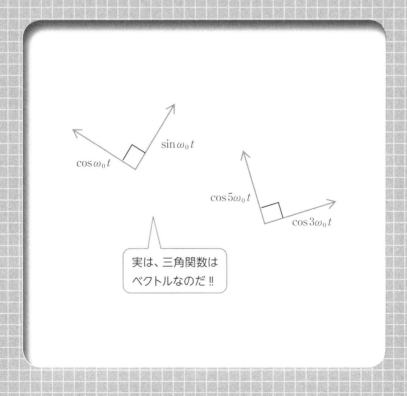

4-1 ベクトルはいろいろ

高校数学では、「ベクトル（vector）とは「大きさ」と「向き」をもつ量である」と捉え、矢印ベクトルと数ベクトル（成分表示されたベクトル）を扱った。ここではベクトルに対する考え方をもう少し広げてみることにする。

「大きさ」と「向き」をもつ量であるベクトルの復習をしておこう。まずはスカラーから。

●スカラーとは

ベクトルに対して**大きさだけをもつ量**が「**スカラー**」であり、1個の数値で表現される。これは正にも負にも、もちろん0にもなり得る量である。たとえば、気温や体重などはスカラーと考えられる。スカラーは数直線上の1点に対応している。

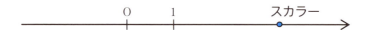

（注）スカラーの語源はスケール（scale）である。目盛り、尺度、サイズなどの意味があるので数直線上の点に対応した数であることがうなずける。

●ベクトルの矢印表示

「大きさ」と「向き」をもつ量である「**ベクトル**」の例としては、物体に作用する力などが考えられる。力などのベクトルを表示するのに矢印を使うとわかりやすい。つまり、**矢の長さでベクトルの大きさを表現**

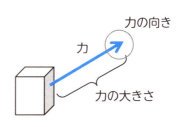

し、**矢の先の向きでベクトルの向きを表現**するのである。

　ベクトルを矢印で表現するとき、矢印の根本を**始点**（または**起点**）、矢印の先端の部分を**終点**という。また、ベクトルを文字で表現するにはいくつかの方法がある。その一つは、矢印の始点（起点）と終点の名前を用いて $\overrightarrow{AB}$ などと表す方法である。また、一文字の上に矢印をつけて $\vec{a}$、または、矢印をつけずに太文字で $\boldsymbol{a}$ と表す方法もある。本書ではその場に応じてこれらの表現を使い分けることにする。

　なお、ベクトルの大きさは**絶対値**（absolute value）と呼ばれ、数の絶対値を表す記号｜ ｜と同じ記号を使い、$|\overrightarrow{AB}|$、$|\vec{a}|$、$|\boldsymbol{a}|$ などと表す。

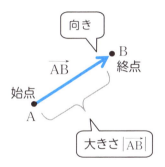

●ベクトルの基本ベクトル表示

　座標平面（空間）で各軸の正の向きを向きとし大きさが 1 であるベクトルを**基本ベクトル**という。任意のベクトルは基本ベクトルのスカラー倍の和として、ただ一通りに書ける。

　xy 座標平面の場合、基本ベクトルを図示すると次ページ左下図のようになる。ここでは、x 軸、y 軸に関する基本ベクトルに $\vec{i}$、$\vec{j}$ という名前を付けている。また、xyz 座標空間の場合、基本ベクトルを図示すると右下図のようになる。ここでは、x 軸、y 軸、z 軸に関する基本ベクトルに

$\vec{i}$、$\vec{j}$、$\vec{k}$ という名前を付けている。

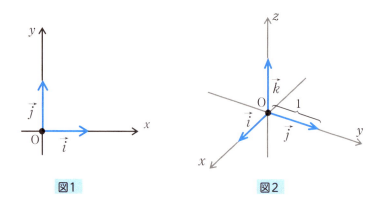

図1　　　　　　　図2

（注）基本ベクトルに対する命名はいろいろある。

xy 座標平面の二つの基本ベクトル $\vec{i}$、$\vec{j}$ を用いれば、下図からわかるように、この平面上の任意のベクトル $\vec{a}$ は $\vec{i}$、$\vec{j}$ の実数倍の和の形に、ただ一通りに表される。

$$\vec{a} = x\vec{i} + y\vec{j} \quad \cdots\cdots ①$$

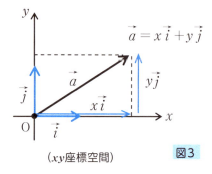

（xy座標空間）　図3

また、xyz 座標空間の三つの基本ベクトル $\vec{i}$、$\vec{j}$、$\vec{k}$ を用いれば、次ページ図からわかるように、任意のベクトル $\vec{a}$ は $\vec{i}$、$\vec{j}$、$\vec{k}$ の実数倍の和の

形に、ただ一通りに表される。
$$\vec{a} = x\vec{i} + y\vec{j} + z\vec{k} \quad \cdots\cdots ②$$

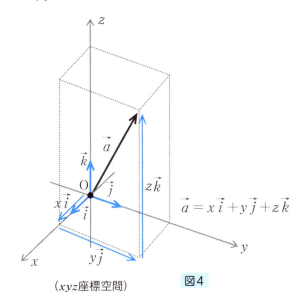

（xyz座標空間）　図4

これら①、②の表現をベクトルの**基本ベクトル表示**という。

●ベクトルの成分表示

ベクトル$\vec{a}$を基本ベクトル表示したとき、$\vec{a}$の特徴は基本ベクトルの係数に現れる。これを用いたのがベクトルの成分表示である。

つまり、ベクトルが基本ベクトル表示されたとき、基本ベクトルの係数を順に書きだして括弧（ ）でくくったものをベクトル$\vec{a}$の**成分表示**という。つまり、$\vec{a} = x\vec{i} + y\vec{j}$のとき、これを
$$\vec{a} = (x, y)$$
と書き、

$\vec{a} = x\vec{i} + y\vec{j} + z\vec{k}$のとき、これを
$$\vec{a} = (x, y, z)$$
と書くのである。

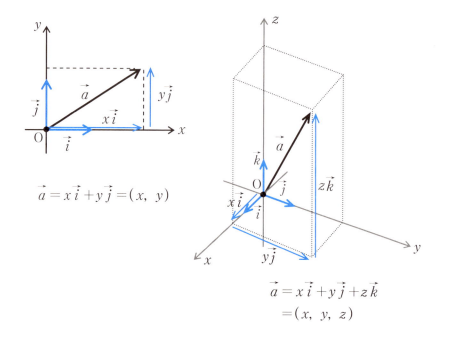

　ベクトルを成分表示することにより、次のようにベクトルを計算で処理できるようになる。

　二つのベクトル(a_1, a_2)、(b_1, b_2)に対して和、逆ベクトル、差のベクトル、ベクトルのk倍が下記のように計算される。

(1) ベクトルの和　　$(a_1, a_2)+(b_1, b_2)=(a_1+b_1, a_2+b_2)$
(2) 逆ベクトル　　　$(u_1, u_2)-(-u_1, -a_2)$
(3) ベクトルの差　　$(a_1, a_2)-(b_1, b_2)=(a_1-b_1, a_2-b_2)$
(4) ベクトルのk倍　$k(a_1, a_2)=(ka_1, ka_2)$
(5) ベクトルの絶対値　$\vec{a}=(a_1, a_2)$のとき$|\vec{a}|=\sqrt{a_1^2+a_2^2}$

　もし、3次元空間であればベクトルの成分表示は(a_1, a_2, a_3)などと成分が一つ増えるが、(1)～(5) と同様な計算ができる。なお、成分表示されたベクトルは**数ベクトル**と呼ばれている。

●ベクトルはいろいろ

　ベクトルというと「大きさと向きをもつ量」で矢印で表現されたものと考えられがちである。しかし、数学ではベクトルの定義はもっと柔軟である。

　集合 V とその要素 a、b、c、……の間に次の加法（足し算）と数との乗法（掛け算）の二つが定義されているとき、この集合 V を**ベクトル空間**といい、その要素を**ベクトル**という。

（Ⅰ）加法

　V の任意の a、b に対して、これらの和と呼ばれる V の要素 $a+b$ が定まり、次の法則が満たされる。

(1) $a+b=b+a$　　　（交換法則…計算の順序を交換してもいい）

(2) $(a+b)+c=a+(b+c)$ （結合法則…どこから先に計算してもいい）

(3) V の要素 0 が存在して、V の任意の要素 a に対して

　　　$0+a=a$

(4) V の任意の要素 a に対して、V の要素 a' が存在して

　　　$a'+a=0$

（Ⅱ）数との乗法

　任意の数 k と任意の V の要素 a に対して、これらの積と呼ばれる V の要素 ka が定まり、次の法則が満たされる。

(1) $1a=a$　　　　　（単位法則…1倍しても変わらない）

(2) $k(ha)=(kh)a$　　　　（結合法則）

(3) $k(a+b)=ka+kb$　　　（分配法則）

(4) $(k+h)a=ka+ha$　　　（分配法則）

第4章

フーリエ解析で使うベクトルの基本知識

なお、ベクトル a、b、……に対して、（**Ⅱ**）の数 k、h、……を**スカラー**
という。

以下に、ベクトル空間とベクトルの例をいくつかあげてみよう。

（例1） 幾何ベクトル空間（本節で紹介した矢印ベクトル）

（例2） 数ベクトル空間（本節で紹介した成分表示のベクトル）

（例3） 2次以下の多項式の集合 V を考え、加法と数との乗法を次のよう
に定義する。

$$(a_1 x^2 + b_1 x + c_1) + (a_2 x^2 + b_2 x + c_2)$$
$$= (a_1 + a_2)x^2 + (b_1 + b_2)x + (c_1 + c_2)$$
$$k(a_1 x^2 + b_1 x + c_1)$$
$$= ka_1 x^2 + kb_1 x + kc_1$$

このとき（**Ⅰ**）（**Ⅱ**）を満たすようにできるので、V はベクトル空間に
なり、その要素である2次以下の多項式はベクトルとなる。

（例4） 2×2 行列全体の集合 V を考え加法と数との乗法を次のように定義
する。なお、行列については付録9参照。

$$\begin{pmatrix} a & b \\ c & d \end{pmatrix} + \begin{pmatrix} e & f \\ g & h \end{pmatrix} = \begin{pmatrix} a+e & b+f \\ c+g & d+h \end{pmatrix}$$

$$k\begin{pmatrix} a & b \\ c & d \end{pmatrix} = \begin{pmatrix} ka & kb \\ kc & kd \end{pmatrix}$$

このとき（**Ⅰ**）（**Ⅱ**）を満たすようにできるので、V はベクトル空間に
なり、その要素である 2×2 行列はベクトルとなる。

このほか、実にいろいろなベクトル空間とベクトルがある。フーリエ解
析では関数の集合 V をベクトル空間と考えるのである。このとき、この
ベクトル空間を**関数空間**ということにする。

4-2 すべてのベクトルを表現できるのが基底

平面や空間の任意のベクトルは適当ないくつかのベクトルを用いてそのスカラー倍の和（これを一次結合という）の形に書ける。ここでは、このいくつかのベクトルに焦点をあててみよう。

2次元空間、つまり、平面の任意のベクトル $\vec{p}$ は、同一直線上にない二つのベクトル $\vec{v_1}$、$\vec{v_2}$ を用いて $\vec{v_1}$、$\vec{v_2}$ の一次結合で表される。ただし、$\vec{v_1}$、$\vec{v_2}$ は零ベクトルでないとする。このとき、二つのベクトルのセット $\{\vec{v_1}, \vec{v_2}\}$ は2次元空間のベクトルの**基底**であるという。前節で紹介した二つの基本ベクトル $\{\vec{i}, \vec{j}\}$ はよく使われる基底の例である。

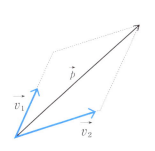
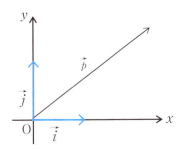

同様に、3次元空間の任意のベクトル $\vec{v}$ は同一平面上にない三つのベクトル $\vec{v_1}$、$\vec{v_2}$、$\vec{v_3}$ の一次結合で表される。ただし、$\vec{v_1}$、$\vec{v_2}$、$\vec{v_3}$ は零ベクトルでないとする。このとき、三つのベクトルのセット $\{\vec{v_1}, \vec{v_2}, \vec{v_3}\}$ はこの空間のベクトルの**基底**であるという。前節で紹介した三つの基本ベクトル $\{\vec{i}, \vec{j}, \vec{k}\}$ はよく使われる基底の例である（次ページ図）。

とくに、基底のベクトルがお互いに垂直であるとき**直交基底**という。さらに、基底のベクトルの大きさが1であるとき、**正規直交基底**という。先の基本ベクトルのセット $\{\vec{i}, \vec{j}\}$、$\{\vec{i}, \vec{j}, \vec{k}\}$ は正規直交基底である。

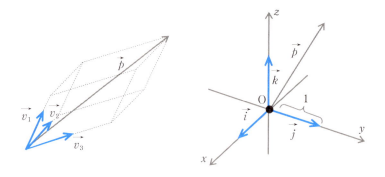

なお、2次元空間（平面）のベクトルでは基底のセットは二つのベクトルからなり、3次元のベクトル空間では基底のセットは三つのベクトルからなる。一般に、n次元のベクトル空間では基底のセットはn個のベクトル$\{\vec{v_1}, \vec{v_2}, \vec{v_3}, \cdots, \vec{v_n}\}$からなる。また、次元が無限である無限次元のベクトル空間の基底は無限個のベクトル$\{\vec{v_1}, \vec{v_2}, \vec{v_3}, \cdots, \vec{v_n}, \cdots\cdots\}$からなる。

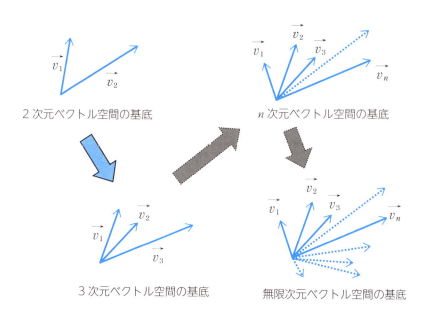

ベクトルの掛け算に内積がある

高校では大きさと向きをもつベクトルの掛け算として内積を学んだ。フーリエ解析でも内積の考え方は重要なので復習しておこう。

大きさと向きをもつ矢印表示されたベクトルに対して和や差は次のようになる。

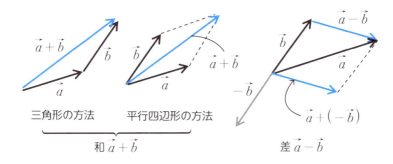

（注）$\vec{a}$ に対して、向きが逆のベクトルを**逆ベクトル**といい、$-\vec{a}$ と表す。また、大きさが0のベクトルを**零ベクトル**といい、$\vec{0}$ と表す。

それでは、二つのベクトル $\vec{a}$ と $\vec{b}$ の積はどのように定義されているのだろうか。

●ベクトルの内積

実をいうと、**ベクトルの積には二つある**。すなわち、内積と外積である。ともに重要な計算であるが、フーリエ解析で頻繁に使われるのは内積と呼ばれる掛け算である。そこで、ここでは、矢印ベクトル、数ベ

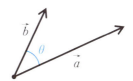

クトルの内積の定義を復習しよう。

二つのベクトル $\vec{a}$ と $\vec{b}$ のなす角を θ とするとき（前ページ図）、$|\vec{a}||\vec{b}|\cos\theta$ を $\vec{a}$ と $\vec{b}$ の**内積**（inner product）、または、**スカラー積**（scalar produc）と呼び、$\vec{a}\cdot\vec{b}$ と書く。つまり、

$$\vec{a}\cdot\vec{b}=|\vec{a}||\vec{b}|\cos\theta$$

ある。

ここで、二つのベクトルのなす角とは始点を一致させたときにできる角で $0 \leq \theta \leq \pi$ を満たすものとする。

なお、二つのベクトル $\vec{a}$、$\vec{b}$ を各々 $\vec{a}=(a_x, a_y)$、$\vec{b}=(b_x, b_y)$ と成分表示し、右図の三角形OABに余弦定理をあてはめて式を整理すると次の式を導くことができる。

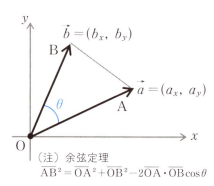

（注）余弦定理
$\overline{AB}^2 = \overline{OA}^2 + \overline{OB}^2 - 2\overline{OA}\cdot\overline{OB}\cos\theta$

$|\vec{a}||\vec{b}|\cos\theta = a_x b_x + a_y b_y$

ここで、$\vec{a}\cdot\vec{b}=|\vec{a}||\vec{b}|\cos\theta$ より

$$\vec{a}\cdot\vec{b} = a_x b_x + a_y b_y$$

となる。

同様にして、空間の二つのベクトル $\vec{a}=(a_x, a_y, a_z)$ と $\vec{b}=(b_x, b_y, b_z)$ に対しても

$$\vec{a}\cdot\vec{b} = a_x b_x + a_y b_y + a_z b_z$$

が成立することがわかる。

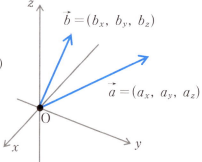

● 無限次元のベクトルの内積

成分表示された数ベクトルの世界でベクトルを見ると、n 次元ベクトルや無限次元ベクトルの内積がよくわかる。

$\vec{a} = (a_x, \ a_y)$、$\vec{b} = (b_x, \ b_y)$ のとき、$\vec{a} \cdot \vec{b} = a_x b_x + a_y b_y$

$\vec{a} = (a_x, \ a_y, \ a_z)$、$\vec{b} = (b_x, \ b_y, \ b_z)$ のとき

$$\vec{a} \cdot \vec{b} = a_x b_x + a_y b_y + a_z b_z$$

である。このことより、

n 次元数ベクトル $\vec{a} = (a_1, \ a_2, \ a_3, \ \cdots, \ a_n)$ と $\vec{b} = (b_1, \ b_2, \ b_3, \ \cdots, \ b_n)$ に対して内積は次のように定義される。

$$\vec{a} \cdot \vec{b} = a_1 b_1 + a_2 b_2 + a_3 b_3 + \cdots + a_n b_n = \sum_{j=1}^{n} a_j b_j$$

また、n 次元数ベクトル空間の基底としては次のセットが考えられる。

$$\{\vec{e_1}, \ \vec{e_2}, \ \vec{e_3}, \ \cdots, \ \vec{e_j}, \ \cdots, \ \vec{e_n}\}$$

ただし、$\vec{e_j} = (0, \ 0, \ 0, \ \cdots, \ 1, \ \cdots, \ 0)$　……j 番目の成分が 1 で他はすべて 0

もし、無限次元数ベクトル空間であれば、

$$\vec{a} = (a_1, \ a_2, \ a_3, \ \cdots, \ a_n, \ \cdots) と \vec{b} = (b_1, \ b_2, \ b_3, \ \cdots, \ b_n, \ \cdots)$$

に対して、内積は次のように定義される。

$$\vec{a} \cdot \vec{b} = a_1 b_1 + a_2 b_2 + a_3 b_3 + \cdots + a_n b_n + \cdots = \sum_{j=1}^{\infty} a_j b_j$$

このとき、無限次元数ベクトル空間の基底としては次のセットが考えられる。

$$\{\vec{e_1}, \ \vec{e_2}, \ \vec{e_3}, \ \cdots, \ \vec{e_j}, \ \cdots, \ \vec{e_n}, \ \cdots\}$$

ただし、

$$\vec{e_j} = (0, \ 0, \ 0, \ \cdots, \ 1, \ \cdots, \ 0, \ \cdots)$$

……j 番目の成分が 1 で他はすべて 0

$$\vec{e_j} = (0, \ 0, \ 0, \ \cdots, \ 1, \ \cdots, \ 0, \ \cdots)$$

4-4 ベクトルの直交は内積でわかる

二つの矢印ベクトルの場合、そのなす角 θ が $\dfrac{\pi}{2}$、つまり、90°のとき二つの
ベクトルは直交しているという。また、このことを $\vec{a} \perp \vec{b}$ と書く。

二つのベクトル $\vec{a}$ と $\vec{b}$ が直交していることを図示すれば右図のようになる。このとき $\cos\dfrac{\pi}{2} = 0$ なので、二つのベクトル $\vec{a}$ と $\vec{b}$ の内積は

$$\vec{a} \cdot \vec{b} = |\vec{a}||\vec{b}|\cos\dfrac{\pi}{2} = |\vec{a}||\vec{b}| \times 0 = 0$$

となる。

また、逆に、零ベクトルでない二つのベクトル $\vec{a}$ と $\vec{b}$ の内積

$$\vec{a} \cdot \vec{b} = |\vec{a}||\vec{b}|\cos\theta$$

が 0 であれば、$|\vec{a}||\vec{b}| \neq 0$ より、$\cos\theta = 0$ となる。よって、$\theta = \dfrac{\pi}{2}$ となり、二つのベクトル $\vec{a}$ と $\vec{b}$ は直交している。

以上のことから、零ベクトルでない二つのベクトルに関して次のことが成立する。

「$\vec{a} \perp \vec{b}$ ⇔ $\vec{a} \cdot \vec{b} = 0$」つまり「**ベクトルが直交 ⇔ 内積は 0**」

この考え方を関数の直交に拡張していくことにする（§4-7）。

4-5 信じられないが、関数もベクトル？

「関数はベクトルである」といわれると、「エッ」と思うのが普通である。しかし、§4−1で紹介したように、数学の世界では、「大きさと向きをもつ矢印ベクトル」だけがベクトルではない。数学はいろいろなものをベクトルとして扱う懐深さがある。関数もその例外ではない。

数学ではベクトルの定義は柔軟である。以下に、§4−1で紹介したベクトルの定義を、再度、掲載しよう。

集合 V とその要素 a、b、c、……の間に次の加法（足し算）と数との乗法（掛け算）の二つが定義されているとき、この集合 V を**ベクトル空間**といい、その要素を**ベクトル**という。

（Ⅰ）加法

V の任意の a、b に対して、これらの和と呼ばれる V の要素 $a+b$ が定まり、次の法則が満たされる。

(1) $a+b=b+a$　　　　　（交換法則…計算の順序を交換してもいい）

(2) $(a+b)+c=a+(b+c)$　（結合法則…どこから先に計算してもいい）

(3) V の要素 0 が存在して、V の任意の要素 a に対して

　　　$0+a=a$

(4) V の任意の要素 a に対して、V の要素 a' が存在して

　　　$a'+a=0$

（Ⅱ）数との乗法

任意の数 k と任意の V の要素 a に対して、これらの積と呼ばれる V の

要素 ka が定まり、次の法則が満たされる。

(1)　$1a = a$　　　　　　（単位法則…1 倍しても変わらない）

(2)　$k(ha) = (kh)a$　　　（結合法則）

(3)　$k(a+b) = ka + kb$　（分配法則）

(4)　$(k+h)a = ka + ha$　（分配法則）

ここでは、例として、区間 $a \leq x \leq b$ で定義されたすべての関数の集合 V を考えてみよう。

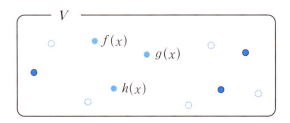

この V の任意の要素 $f(x)$ と $g(x)$ についてその和の関数 $(f+g)(x)$ と数 k に対する k 倍の関数 $(kf)(x)$ を次のように定義する。

$$(f+g)(x) = f(x) + g(x)$$

$$(kf)(x) = k(f(x))$$

このとき、加法 (I) と数との乗法 (II) の条件は以下のようにいずれも満たされる。

(I) の (1) は

$$(f+g)(x) = f(x) + g(x) = g(x) + f(x) = (g+f)(x)$$

(I) の (2) は

$$\{(f+g)+h\}(x) = (f+g)(x) + h(x) = f(x) + g(x) + h(x)$$

$$\{f+(g+h)\}(x) = f(x) + (g+h)(x) = f(x) + g(x) + h(x)$$

よって、$\{(f+g)+h\}(x) = \{f+(g+h)\}(x)$

(I) の (3) は 0 に相当するのは定数関数 0

（Ⅰ）の（4）は$f(x)$に対して$-f(x)$が存在して
$$-f(x)+f(x)=0$$
また、m、nを数とするとき、

（Ⅱ）の（1）は$(1f)(x)=f(x)$

（Ⅱ）の（2）は$(m(nf))(x)=mn(f(x))=((mn)f)(x)$

（Ⅱ）の（3）は$(m(f+g))(x)=m(f(x))+m(g(x))=(mf+mg)(x)$

（Ⅱ）の（4）は$((m+n)f)(x)=m(f(x))+n(f(x))(x)=(mf+nf)(x)$

したがって、区間$a \leq x \leq b$で定義された関数全体からなる集合Vはベクトル空間をなし、その要素である個々の関数はベクトルと考えられる。

なお、ベクトルというと我々は矢印表示になれているので、関数をベクトル空間で考えているときは、本書では状況に応じて、関数を矢印で表現することにする。

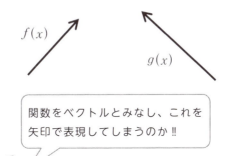

4-6 関数がベクトルならば内積はどうなる？

二つのベクトル $\vec{a}$ と $\vec{b}$ のなす角を θ とするとき、$|\vec{a}||\vec{b}|\cos\theta$ を $\vec{a}$ と $\vec{b}$ の**内積**（inner product）と定義し、$\vec{a} \cdot \vec{b}$ と書いた。また、前節で関数もベクトルとみなせることがわかった。それではベクトルである二つの関数 $f(x)$ と $g(x)$ の内積はどのように定義されるのだろうか。

区間 $a \leqq x \leqq b$ で定義された関数 $f(x)$ と $g(x)$ の和の関数 $(f+g)(x)$ とスカラー倍 $(\alpha f)(x)$ を次のように定義する。

$$(f+g)(x) = f(x) + g(x)$$

$$(\alpha f)(x) = \alpha(f(x))$$

（注）ここでは関数が複素数値をとることも考えている。

このとき、区間 $a \leqq x \leqq b$ で定義された関数全体からなる集合はベクトル空間をなし、個々の関数はベクトルと考えられる（§4−5 参照）。

それでは、このとき二つの関数 $f(x)$ と $g(x)$ の内積はどうなるのだろうか。結論からいうと、次の式で定義される。

$$\int_a^b f(x)\overline{g(x)}dx \quad \cdots\cdots ①$$

ここで、$\overline{y(x)}$ は $y(x)$ の共役な複素数を表す。もし、$g(x)$ が実数値をとる関数であれば、$\overline{g(x)} = g(x)$ である。

（注）二つの関数 $f(x)$ と $g(x)$ の内積が①の積分で定義される根拠は「内積は成分を掛け合わせて足したもの」であることによる。詳しくは付録5を参照して欲しい。

たとえば $-\pi \leqq x \leqq \pi$ で定義された次の二つの関数 $f(x)$ と $g(x)$ の内積の具体例を紹介しよう。ただし、x は実数の変数、i は虚数単位とする。

(1) $f(x)=x$、$g(x)=x^3$ であれば、$\overline{g(x)}=x^3$

よって $\int_a^b f(x)\overline{g(x)}dx = \int_{-\pi}^{\pi} x x^3 dx = \int_{-\pi}^{\pi} x^4 dx = \dfrac{2\pi^5}{5}$

(2) $f(x)=x$、$g(x)=x^2+ix$ であれば、$\overline{g(x)}=x^2-ix$

よって、$\int_a^b f(x)\overline{g(x)}dx = \int_{-\pi}^{\pi} x(x^2-ix)dx = \int_{-\pi}^{\pi}(x^3-ix^2)dx$

$\qquad\qquad = \left[\dfrac{x^4}{4} - i\dfrac{x^3}{3}\right]_{-\pi}^{\pi} = -\dfrac{2\pi^3}{3}i$

（注）これは複素数値をとる関数の積分であるが、上記のように i を単なる定数として計算すればよい。

> **Note 二つの関数 $f(x)$ と $g(x)$ の内積**
>
> $a \leqq x \leqq b$ で定義された関数 $f(x)$ と $g(x)$ の内積を次のように定義する。
>
> $\int_a^b f(x)\overline{g(x)}dx$ ただし、$\overline{g(x)}$ は $g(x)$ の共役な複素数

4-7 関数の直交は内積でわかる

関数もベクトルと考えることができる（§4-5）。ということは、ベクトル空間の要素である関数 $f(x)$、$g(x)$ に対しても矢印ベクトルと同様に直交ということが考えられる。

矢印ベクトル $\vec{a}$ と $\vec{b}$ のなす角が $\frac{\pi}{2}$ であるとき、$\vec{a}$ と $\vec{b}$ は直交していると考えた。したがって、二つの矢印ベクトル $\vec{a}$ と $\vec{b}$ の直交条件は $\vec{a}$ と $\vec{b}$ の内積 $\vec{a} \cdot \vec{b} = |\vec{a}||\vec{b}|\cos\theta$ を用いると、$\vec{a} \cdot \vec{b} = 0$ と書けた。それでは、関数空間における二つの関数の直交はどのように表現されるのだろうか。

結論からいうと、矢印ベクトルと同様に、二つの関数 $f(x)$、$g(x)$ の内積が 0 のとき直交と考えるのである。そこで、二つの関数 $f(x)$、$g(x)$ の内積が問題になるが、それは次の式で定義された（§4-6）。

$$\int_a^b f(x)\overline{g(x)}dx$$

（注）直交というと「垂直に交わる」という意味になるので、単なる垂直という言葉のほうがよいが、「直交基底」という言葉に合わせて、ここでは直交で統一した。それに、ベクトルは平行移動が可能なので直交状態にすることは可能だからである。

ここで、$\overline{g(x)}$ は $g(x)$ の共役な複素数を表す。もし、$g(x)$ が実数値をとる関数であれば、$\overline{g(x)} = g(x)$ である。たとえば $-\pi \leqq x \leqq \pi$ で定義された次の二つの関数 $f(x)$ と $g(x)$ は直交していることを調べてみよう。

(1) $f(x) = x$、$g(x) = x^2$ であれば、$\overline{g(x)} = x^2$

よって $\int_a^b f(x)\overline{g(x)}dx = \int_{-\pi}^{\pi} x x^2 dx = \int_{-\pi}^{\pi} x^3 dx = 0$

ゆえに、二つの関数 $f(x) = x$、$g(x) = x^2$ は

直交していると考えられる。

(2) $f(x)=\sin x$、$g(x)=\cos x$であれば、$\overline{g(x)}=\cos x$

よって、$\displaystyle\int_a^b f(x)\overline{g(x)}dx = \int_{-\pi}^{\pi}\sin x\cos x dx = \int_{-\pi}^{\pi}\frac{\sin 2x}{2}dx$

$\displaystyle = \left[-\frac{\cos 2x}{4}\right]_{-\pi}^{\pi} = -\frac{1}{4}(1-1) = 0$

ゆえに、二つの関数$f(x)=\sin x$、$g(x)=\cos x$は直交していると考えられる。

（注）$g(x)$が複素数値をとる例は§5−9参照。

> **Note 関数の直交**
>
> $a \leqq x \leqq b$で定義された二つの関数$f(x)$、$g(x)$は
>
> $$\int_a^b f(x)\overline{g(x)}dx = 0$$
>
> のとき**直交**しているという。ただし、$\overline{g(x)}$は$g(x)$の共役な複素数を表す。

Excelを使って… 数値積分 (2)

数値積分の一つに、乱数を利用して面積、体積などを求めるモンテカルロ法と呼ばれるものがある。たとえば、面積が T である図形 G に n 個の点をランダムに落とし（右記）、図形 G の内部の図形 F に落とされた点の個数を m としよう。このとき、図形 F の面積を S とすれば次の式が成立する。

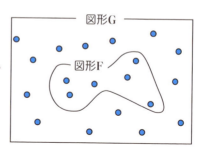

$$S:T \fallingdotseq m:n$$

よって、$S \fallingdotseq \dfrac{Tm}{n}$ となる。下記は Excel を使って、この原理で半径 1 の円の面積（円周率）を求めた例である。

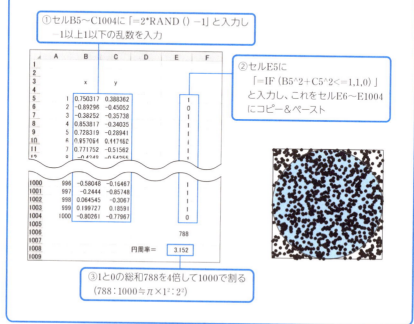

①セルB5〜C1004に「=2*RAND()−1」と入力し −1以上1以下の乱数を入力

②セルE5に「=IF(B5^2+C5^2<=1,1,0)」と入力し、これをセルE6〜E1004にコピー&ペースト

③1と0の総和788を4倍して1000で割る（$788:1000 \fallingdotseq \pi \times 1^2 : 2^2$）

第5章

フーリエ級数ってなんだろう

多くの関数 $f(t)$ は正弦波（cos、sin）の重ね合わせで表現できる。それがフーリエ級数である。このことによって、いろいろな現象を周波数の世界から見ることができる。

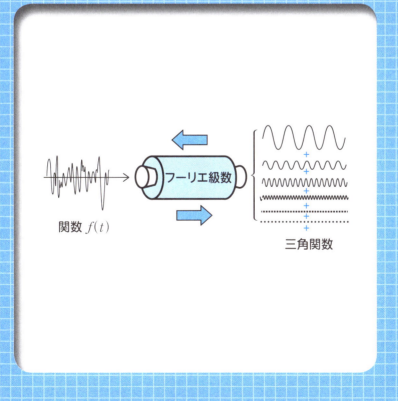

5-1 フーリエ級数ってどんなもの？

有限区間で定義された関数 $f(t)$ や、周期関数 $f(t)$ を正弦波（cos、sin）の和で表す公式がある。まずは有限区間の場合を紹介しよう。

なんだか難しそうに思えるが、高校で学ぶ基本的な三角関数と初歩的な積分しか使っていない。

関数 $f(t)$ は区間 $-\dfrac{T}{2} \leq t \leq \dfrac{T}{2}$ で定義されているとする。このとき、$f(t)$ は次のように級数展開できる。

$$f(t) = a_0 + \left(a_1 \cos\frac{2\pi t}{T} + b_1 \sin\frac{2\pi t}{T}\right) + \left(a_2 \cos\frac{4\pi t}{T} + b_2 \sin\frac{4\pi t}{T}\right)$$
$$+ \left(a_3 \cos\frac{6\pi t}{T} + b_3 \sin\frac{6\pi t}{T}\right) + \cdots$$
$$+ \left(a_n \cos\frac{2n\pi t}{T} + b_n \sin\frac{2n\pi t}{T}\right) + \cdots \quad \cdots\cdots ①$$

$$a_0 = \frac{1}{T} \int_{-\frac{T}{2}}^{\frac{T}{2}} f(t) dt \quad \cdots\cdots ②$$

$$a_n = \frac{2}{T} \int_{-\frac{T}{2}}^{\frac{T}{2}} f(t) \cos\frac{2n\pi t}{T} dt \quad \cdots\cdots ③$$

$$b_n = \frac{2}{T} \int_{-\frac{T}{2}}^{\frac{T}{2}} f(t) \sin\frac{2n\pi t}{T} dt \quad \cdots\cdots ④$$

ただし、n は自然数とする。

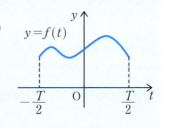

上記の①式を**フーリエ級数**といい、

$$a_0,\ a_1,\ a_2,\ a_3,\ \cdots,\ a_n,\ \cdots,\ b_1,\ b_2,\ b_3,\ b_n,\ \cdots$$

を**フーリエ係数**、関数 $f(t)$ を①のように表すことを関数 $f(t)$ の**フーリエ**

級数展開という。

（注）**無限の和を「級数」という**。なお、関数 $f(t)$ によっては有限の和になることがある。たとえば、高校数学で学んだ半角の公式 $\sin^2 \dfrac{t}{2} = \dfrac{1}{2} - \dfrac{1}{2}\cos t$ はフーリエ級数展開であるが有限の和である。

しかし、それにしてもこのフーリエ級数の公式はわかりにくい。そこで、$f(t)$ の具体例をもとに、まずは、フーリエ級数展開の公式①、②、③、④を使ってみることにしよう。

〔例〕 $f(t) = t^2$ （$-a \leqq t \leqq a$）をフーリエ級数展開した式を前ページの公式①②③④を利用して求めてみよう。

まずは、フーリエ係数を②③④の $f(t)$ に t^2 を、$\dfrac{T}{2}$ に a を、つまり、T に $2a$ を代入して計算してみると次のようになる。

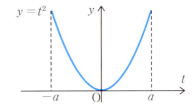

②より　$a_0 = \dfrac{1}{2a} \displaystyle\int_{-a}^{a} t^2 \, dt = \dfrac{a^2}{3}$　……⑤

③より　$a_n = \dfrac{2}{2a} \displaystyle\int_{-a}^{a} t^2 \cos\dfrac{2n\pi t}{2a} \, dt = \dfrac{4(-1)^n a^2}{n^2 \pi^2}$　……⑥

④より　$b_n = \dfrac{2}{2a} \displaystyle\int_{-a}^{a} t^2 \sin\dfrac{2n\pi t}{2a} \, dt = 0$　……⑦　　（奇関数の積分）

（注）この計算は少し複雑なので、その詳細は次ページの＜計算 Note＞に掲載した。ただし、複雑なだけで高校の範囲内である。

⑤⑥⑦と①より　$f(t) = t^2$　（$-a \leqq t \leqq a$）は次のように書ける。

$$t^2 = \frac{a^2}{3} + \left(-4\frac{a^2}{1^2 \times \pi^2}\cos\frac{2\pi t}{2a} + 0\sin\frac{2\pi t}{2a}\right) + \left(4\frac{a^2}{2^2\pi^2}\cos\frac{4\pi t}{2a} + 0\sin\frac{4\pi t}{2a}\right)$$

$$+ \left(-4\frac{a^2}{3^2\pi^2}\cos\frac{6\pi t}{2a} + 0\sin\frac{6\pi t}{2a}\right) + \cdots$$

$$+ \left(4\frac{(-1)^n a^2}{n^2\pi^2}\cos\frac{2n\pi t}{2a} + 0\sin\frac{2n\pi t}{2a}\right) + \cdots$$

$$= \frac{a^2}{3} + 4\frac{a^2}{\pi^2}\left(-\cos\frac{\pi t}{a} + \frac{\cos\frac{2\pi t}{a}}{2^2} - \frac{\cos\frac{3\pi t}{a}}{3^2} + \cdots + \frac{(-1)^n \cos\frac{n\pi t}{a}}{n^2} + \cdots\right) \quad \cdots\cdots ⑧$$

しかし、⑧式を見ただけではフーリエ級数展開が正しいかどうかよくわからない。そこで、$a=1$ として、⑧式の最初の 100 項までのグラフを $1 \leq t \leq 1$ の範囲で青で描いてみた

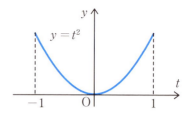

（右図）。前ページに青で描いておいた $f(t) = t^2$ のグラフとほぼ重なることがわかる。

計算Note ⑤⑥⑦の積分計算の詳細

(1) ②より $a_0 = \dfrac{1}{2a}\underbrace{\int_{-a}^{a} t^2 dt}_{t^2 \text{が偶関数であることを考慮}} = \dfrac{1}{2a} \times 2 \times \int_0^a t^2 dt = \dfrac{1}{a}\left[\dfrac{t^3}{3}\right]_0^a = \dfrac{a^2}{3}$ ……⑤

(2) ③より a_n を求めるのだが計算が少し複雑なので 3 段階に分ける。

$$a_n = \dfrac{2}{2a}\underbrace{\int_{-a}^{a} t^2 \cos\frac{2n\pi t}{2a} dt = \dfrac{1}{a} \times 2 \times \int_0^a t^2 \cos\frac{n\pi t}{a} dt}_{t^2\cos\frac{n\pi t}{a} \text{が偶関数であることを考慮}}$$

$$= \dfrac{2}{a}\int_0^a t^2 \cos\frac{n\pi t}{a} dt$$

108　5-1 フーリエ級数ってどんなもの？

ここで、$\displaystyle\int_0^a t^2\cos\frac{n\pi t}{a}dt$ を部分積分法を使って計算すると

$$\int_0^a t^2\cos\frac{n\pi t}{a}dt=\left[t^2\,\frac{a\sin\dfrac{n\pi t}{a}}{n\pi}\right]_0^a-\int_0^a 2t\frac{a\sin\dfrac{n\pi t}{a}}{n\pi}dt$$

部分積分法 $\displaystyle\int_p^q u'v=[uv]_p^q-\int_p^q uv'$ を利用

$$=-\frac{2a}{n\pi}\int_0^a t\sin\frac{n\pi t}{a}dt$$

ここで、$\displaystyle\int_0^a t\sin\frac{n\pi t}{a}dt$ を上記のように部分積分法を使って計算すると

$$\int_0^a t\sin\frac{n\pi t}{a}dt=\left[t\frac{-a\cos\dfrac{n\pi t}{a}}{n\pi}\right]_0^a-\int_0^a\frac{-a\cos\dfrac{n\pi t}{a}}{n\pi}dt$$

$$=\frac{-a^2(-1)^n}{n\pi}+\frac{a}{n\pi}\left[\frac{a\sin\dfrac{n\pi t}{a}}{n\pi}\right]_0^a$$

$$=\frac{-(-1)^n a^2}{n\pi}$$

ゆえに、

$$a_n=\frac{2}{a}\int_0^a t^2\cos\frac{n\pi t}{a}dt=\frac{2}{a}\left(-\frac{2a}{n\pi}\right)\frac{-a^2(-1)^n}{n\pi}$$

$$=\frac{4(-1)^n a^2}{n^2\pi^2}\quad\cdots\cdots\text{⑥}$$

(3) ④より、$t^2\sin\dfrac{n\pi t}{a}$ が奇関数であることを考慮して

$$b_n=\frac{2}{2a}\int_{-a}^a t^2\sin\frac{2n\pi t}{2a}dt=\frac{1}{a}\int_{-a}^a t^2\sin\frac{n\pi t}{a}dt=0\quad\cdots\cdots\text{⑦}$$

以上、(1)(2)(3)の積分計算をすることによりフーリエ係数⑤⑥⑦を求めることができる。しかし、一般に積分計算は大変である。また、困難なときもある。このようなときにはコンピュータを使った「**数値積分**」を利用することになる。

5-2 フーリエ級数の公式で何がわかる？

関数 $f(t)$ をフーリエ級数展開すると、関数 $f(t)$ にはどんな角周波数の波がどれくらい含まれているのか、つまり、関数 $f(t)$ の周波数情報（周波数や角周波数に関する分布などの情報）を得ることができる。

フーリエ級数展開の公式により、有限区間 $-\dfrac{T}{2} \leq t \leq \dfrac{T}{2}$ で定義された関数 $f(t)$ は次の正弦波（cos、sin）の和で表される。

$$
\begin{aligned}
f(t) = a_0 &+ \left(a_1 \cos\frac{2\pi t}{T} + b_1 \sin\frac{2\pi t}{T} \right) + \left(a_2 \cos\frac{4\pi t}{T} + b_2 \sin\frac{4\pi t}{T} \right) \\
&+ \left(a_3 \cos\frac{6\pi t}{T} + b_3 \sin\frac{6\pi t}{T} \right) + \cdots \\
&+ \left(a_n \cos\frac{2n\pi t}{T} + b_n \sin\frac{2n\pi t}{T} \right) + \cdots \quad \cdots\cdots ①
\end{aligned}
$$

ということは、関数 $f(t)$ に角周波数 $\omega = \dfrac{2\pi n}{T}$ の波がどれくらい含まれているか、つまり、関数 $f(t)$ の周波数分布がわかることになる。

（注）角周波数 ω のとき周波数（振動数）ν は $\omega/2\pi$ である（§3-3 参照）。

ここで、①において、$\omega_0 = \dfrac{2\pi}{T}$ （基本角周波数という）とすると、①は次のように簡潔に書ける。

$$
\begin{aligned}
f(t) = a_0 &+ (a_1 \cos\omega_0 t + b_1 \sin\omega_0 t) + (a_2 \cos 2\omega_0 t + b_2 \sin 2\omega_0 t) \\
&+ (a_3 \cos 3\omega_0 t + b_3 \sin 3\omega_0 t) + \cdots + (a_n \cos n\omega_0 t + b_n \sin n\omega_0 t) \\
&+ \cdots \quad \cdots\cdots ②
\end{aligned}
$$

三角関数の合成（付録2）より、$a\cos\theta + b\sin\theta = \sqrt{a^2 + b^2}\cos(\theta + \alpha)$ と書けるので、②はさらに次のように書ける。

$$f(t) = a_0 + \sqrt{a_1^2+b_1^2}\cos(\omega_0 t + \alpha_1) + \sqrt{a_2^2+b_2^2}\cos(2\omega_0 t + \alpha_2)$$
$$+ \sqrt{a_3^2+b_3^2}\cos(3\omega_0 t + \alpha_3) + \cdots$$
$$+ \sqrt{a_n^2+b_n^2}\cos(n\omega_0 t + \alpha_n) + \cdots$$

すると、この式により、$f(t)$に含まれている角周波数$n\omega_0$の波の振幅が$\sqrt{a_n^2+b_n^2}$であることがわかる。

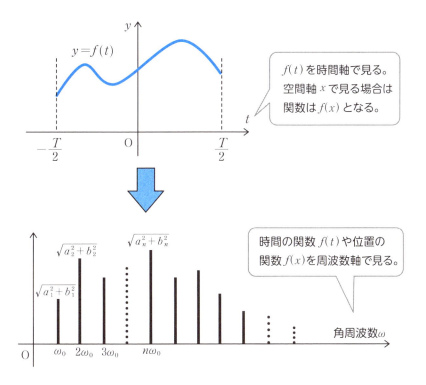

それでは、具体的な関数でその周波数情報を見てみよう。

〔例1〕 $f(t) = t^2$ ($-a \leq t \leq a$)をフーリエ級数展開した式は次のようになる（§5−1の例参照）。

$$f(t)=t^2=a_0+\left(a_1\cos\frac{2\pi t}{2a}+b_1\sin\frac{2\pi t}{2a}\right)+\left(a_2\cos\frac{4\pi t}{2a}+b_2\sin\frac{4\pi t}{2a}\right)$$
$$+\left(a_3\cos\frac{6\pi t}{2a}+b_3\sin\frac{6\pi t}{2a}\right)+\cdots+\left(a_n\cos\frac{2n\pi t}{2a}+b_n\sin\frac{2n\pi t}{2a}\right)+\cdots$$

ただし、$a_0=\dfrac{a^2}{3}$、$a_n=\dfrac{4(-1)^n a^2}{n^2\pi^2}$、$b_n=0$

ここで$\omega_0=\dfrac{2\pi}{T}=\dfrac{2\pi}{2a}=\dfrac{\pi}{a}$とすると

$$f(t)=t^2=a_0+(a_1\cos\omega_0 t+b_1\sin\omega_0 t)+(a_2\cos 2\omega_0 t+b_2\sin 2\omega_0 t)$$
$$+(a_3\cos 3\omega_0 t+b_3\sin 3\omega_0 t)+\cdots$$
$$+(a_n\cos n\omega_0 t+b_n\sin n\omega_0 t)+\cdots$$

また、角周波数が$n\omega_0=\dfrac{n\pi}{a}$の波の振幅は、$\sqrt{a_n^2+b_n^2}=\dfrac{4a^2}{n^2\pi^2}$であることより、次の変換を得る。

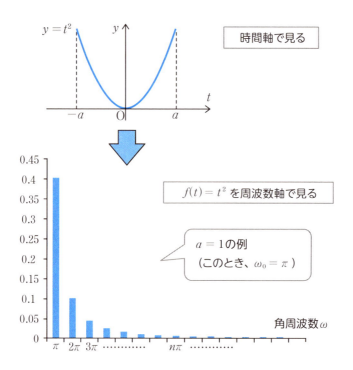

〔例2〕関数 $f(t) = t$ $(0 \leq t \leq \pi)$ をフーリエ級数展開した式は次のようになる（§1-2の例）。ただし、$\omega_0 = \dfrac{2\pi}{T} = \dfrac{2\pi}{\pi} = 2$

$$f(t) = \frac{\pi}{2} - \sin\omega_0 t - \frac{1}{2}\sin 2\omega_0 t - \frac{1}{3}\sin 3\omega_0 t$$
$$- \frac{1}{4}\sin 4\omega_0 t - \cdots\cdots - \frac{1}{n}\sin n\omega_0 t - \cdots\cdots$$

よって、角周波数が $n\omega_0 = 2n$ の波の振幅は、$\sqrt{a_n^2 + b_n^2} = \dfrac{1}{n}$ である。

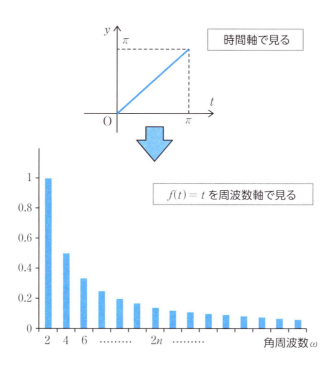

5-3 フーリエ級数の公式を導いてみよう

有限区間で定義された関数 $f(t)$ は正弦波（cos、sin）の和で表すことができる。その理由について調べてみよう。

有限区間 $-\dfrac{T}{2} \leq t \leq \dfrac{T}{2}$ で定義された関数 $f(t)$ が

定数 $a_0, a_1, a_2, a_3, \cdots, a_n,$
    $\cdots, b_1, b_2, b_3, \cdots, b_n, \cdots$

を用いて、次のように表されたとしてみよう。

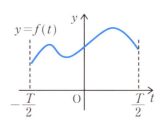

$$f(t) = a_0 + \left(a_1\cos\dfrac{2\pi t}{T} + b_1\sin\dfrac{2\pi t}{T}\right) + \left(a_2\cos\dfrac{4\pi t}{T} + b_2\sin\dfrac{4\pi t}{T}\right)$$
$$+ \left(a_3\cos\dfrac{6\pi t}{T} + b_3\sin\dfrac{6\pi t}{T}\right) + \cdots$$
$$+ \left(a_n\cos\dfrac{2n\pi t}{T} + b_n\sin\dfrac{2n\pi t}{T}\right) + \cdots \quad \cdots\cdots ①$$

このとき、$a_0, a_1, a_2, a_3, \cdots, b_1, b_2, b_3, \cdots$ はどんな値になるのだろうか。

①の $\dfrac{2\pi}{T}$ を ω_0 とすると（つまり $\omega_0 = \dfrac{2\pi}{T}$）、①は次のように書ける。

$$f(t) = a_0 + (a_1\cos\omega_0 t + b_1\sin\omega_0 t) + (a_2\cos 2\omega_0 t + b_2\sin 2\omega_0 t)$$
$$+ (a_3\cos 3\omega_0 t + b_3\sin 3\omega_0 t) + \cdots$$
$$+ (a_n\cos n\omega_0 t + b_n\sin n\omega_0 t) + \cdots \quad \cdots\cdots ②$$

②を見ると $f(t)$ は関数セット

$\{1, \cos\omega_0 t, \sin\omega_0 t, \cos 2\omega_0 t, \sin 2\omega_0 t, \cos 3\omega_0 t, \sin 3\omega_0 t, \cdots, \cos n\omega_0 t,$
$\sin n\omega_0 t, \cdots\}$ の一次結合（定数倍の和）で表されていることがわかる。

そこで、この関数セットから二つ取り出して掛け合わせた関数を区間 $-\dfrac{T}{2} \leqq t \leqq \dfrac{T}{2}$ で積分してみよう。すると三角関数の積和公式（付録3）から次のようになる。ただし、m、n は自然数とする。

$$\int_{-\frac{T}{2}}^{\frac{T}{2}} 1 \times (\sin n\omega_0 t)dt = \int_{-\frac{T}{2}}^{\frac{T}{2}} 1 \times (\cos n\omega_0 t)dt = 0$$

$$\int_{-\frac{T}{2}}^{\frac{T}{2}} (\sin m\omega_0 t) \times (\cos n\omega_0 t)dt = 0$$

$\omega_0 = \dfrac{2\pi}{T}$ によって ω_0 を、再度、T に置き換えて積和公式を用いて積分する。

$$\int_{-\frac{T}{2}}^{\frac{T}{2}} (\sin m\omega_0 t) \times (\sin n\omega_0 t)dt = \int_{-\frac{T}{2}}^{\frac{T}{2}} (\cos m\omega_0 t) \times (\cos n\omega_0 t)dt = 0 \ (m \neq n)$$

$$\int_{-\frac{T}{2}}^{\frac{T}{2}} 1 \times 1 dt = T$$

$$\int_{-\frac{T}{2}}^{\frac{T}{2}} (\sin n\omega_0 t) \times (\sin n\omega_0 t)dt = \int_{-\frac{T}{2}}^{\frac{T}{2}} (\sin n\omega_0 t)^2 dt = \frac{T}{2}$$

$$\int_{-\frac{T}{2}}^{\frac{T}{2}} (\cos n\omega_0 t) \times (\cos n\omega_0 t)dt = \int_{-\frac{T}{2}}^{\frac{T}{2}} (\cos n\omega_0 t)^2 dt = \frac{T}{2}$$

（注）これらの性質は高校数学から導けるが、成立理由については付録4参照。

これらの性質を利用すれば②の級数の係数

$$a_0, \ a_1, \ a_2, \ a_3, \ \cdots, \ a_n, \ \cdots, \ b_1, \ b_2, \ b_3, \ \cdots, \ b_n, \ \cdots$$

を求めることができる。以下にこの理由を説明しよう。

まず、②式の両辺に $\cos n\omega_0 t$ を掛ける。すると、

$$f(t)\cos n\omega_0 t = a_0 \cos n\omega_0 t$$

$$+ (a_1 \cos \omega_0 t \cos n\omega_0 t + b_1 \sin \omega_0 t \cos n\omega_0 t)$$

$$+ (a_2 \cos 2\omega_0 t \cos n\omega_0 t + b_2 \sin 2\omega_0 t \cos n\omega_0 t)$$

$$+ (a_3 \cos 3\omega_0 t \cos n\omega_0 t + b_3 \sin 3\omega_0 t \cos n\omega_0 t)$$

$$+ \cdots$$

$$+ \cdots$$

$$+ (a_n \cos n\omega_0 t \cos n\omega_0 t + b_n \sin n\omega_0 t \cos n\omega_0 t)$$

$$+ \cdots$$

この両辺を区間$-\dfrac{T}{2} \leqq t \leqq \dfrac{T}{2}$で積分してみる。

$$\int_{-\frac{T}{2}}^{\frac{T}{2}} f(t)\cos n\omega_0 t\, dt = a_0 \int_{-\frac{T}{2}}^{\frac{T}{2}} \cos n\omega_0 t\, dt$$

$$+\left(a_1 \int_{-\frac{T}{2}}^{\frac{T}{2}} \cos \omega_0 t\cos n\omega_0 t\, dt + b_1 \int_{-\frac{T}{2}}^{\frac{T}{2}} \sin \omega_0 t\cos n\omega_0 t\, dt \right)$$

$$+\left(a_2 \int_{-\frac{T}{2}}^{\frac{T}{2}} \cos 2\omega_0 t\cos n\omega_0 t\, dt + b_2 \int_{-\frac{T}{2}}^{\frac{T}{2}} \sin 2\omega_0 t\cos n\omega_0 t\, dt \right)$$

$$+\left(a_3 \int_{-\frac{T}{2}}^{\frac{T}{2}} \cos 3\omega_0 t\cos n\omega_0 t\, dt + b_3 \int_{-\frac{T}{2}}^{\frac{T}{2}} \sin 3\omega_0 t\cos n\omega_0 t\, dt \right)$$

$$+\cdots$$

$$+\left(a_n \int_{-\frac{T}{2}}^{\frac{T}{2}} \cos n\omega_0 t\cos n\omega_0 t\, dt + b_n \int_{-\frac{T}{2}}^{\frac{T}{2}} \sin n\omega_0 t\cos n\omega_0 t\, dt \right)$$

$$+\cdots$$

すると、前ページの三角関数の積分の計算より

$$\int_{-\frac{T}{2}}^{\frac{T}{2}} f(t)\cos n\omega_0 t\, dt = a_0 \times 0 + (a_1 \times 0 + b_1 \times 0) + (a_2 \times 0 + b_2 \times 0)$$

$$+ (a_3 \times 0 + b_3 \times 0) + \cdots + \left(a_n \times \dfrac{T}{2} + b_n \times 0 \right) + \cdots$$

よって、$\displaystyle\int_{-\frac{T}{2}}^{\frac{T}{2}} f(t)\cos n\omega_0 t\, dt = a_n \times \dfrac{T}{2}$

ゆえに、$a_n = \dfrac{2}{T}\displaystyle\int_{-\frac{T}{2}}^{\frac{T}{2}} f(t)\cos n\omega_0 t\, dt$ を得る。

同様に②式の両辺に$\sin n\omega_0 t$を掛けて両辺を区間$-\dfrac{T}{2} \leqq t \leqq \dfrac{T}{2}$で積分することにより次の式を得る。$b_n = \dfrac{2}{T}\displaystyle\int_{-\frac{T}{2}}^{\frac{T}{2}} f(t)\sin n\omega_0 t\, dt$

なお、②式の両辺をそのまま区間$-\dfrac{T}{2} \leqq t \leqq \dfrac{T}{2}$で積分すると、

116   5−3 フーリエ級数の公式を導いてみよう

$$\int_{-\frac{T}{2}}^{\frac{T}{2}} f(t)dt = \int_{-\frac{T}{2}}^{\frac{T}{2}} a_0\,dt + \left(a_1 \int_{-\frac{T}{2}}^{\frac{T}{2}} \cos\omega_0 t\,dt + b_1 \int_{-\frac{T}{2}}^{\frac{T}{2}} \sin\omega_0 t\,dt \right)$$

$$+ \left(a_2 \int_{-\frac{T}{2}}^{\frac{T}{2}} \cos 2\omega_0 t\,dt + b_2 \int_{-\frac{T}{2}}^{\frac{T}{2}} \sin 2\omega_0 t\,dt \right)$$

$$+ \left(a_3 \int_{-\frac{T}{2}}^{\frac{T}{2}} \cos 3\omega_0 t\,dt + b_3 \int_{-\frac{T}{2}}^{\frac{T}{2}} \sin 3\omega_0 t\,dt \right)$$

$$+ \cdots + \left(a_n \int_{-\frac{T}{2}}^{\frac{T}{2}} \cos n\omega_0 t\,dt + b_n \int_{-\frac{T}{2}}^{\frac{T}{2}} \sin n\omega_0 t\,dt \right) + \cdots$$

$$= a_0 T + a_1 \times 0 + b_1 \times 0 + a_2 \times 0 + b_2 \times 0 + a_3 \times 0 + b_3 \times 0 + \cdots$$

$$+ a_n \times 0 + b_n \times 0 + \cdots$$

ゆえに、$a_0 = \dfrac{1}{T} \displaystyle\int_{-\frac{T}{2}}^{\frac{T}{2}} f(t)dt$ を得る。

以上のことから、有限区間で定義された関数 $f(t)$ が①のようにフーリエ級数で表されることがわかる。

もう一歩進んで▶ フーリエ級数展開が可能な条件

関数 $f(t)$ のフーリエ級数展開が可能であるためには、フーリエ係数を求める積分計算が可能でなければならない。厳密には、定義域で関数 $f(t)$ は「区分的に滑らか」などという条件があれば十分であるが、本書では深入りしないことにする。

第5章 フーリエ級数ってなんだろう

117

Note フーリエ級数の公式

区間 $-\dfrac{T}{2} \leqq t \leqq \dfrac{T}{2}$ で定義された関数 $f(t)$ は次のようにフーリエ級数展開できる。

$$f(t) = a_0 + \left(a_1\cos\frac{2\pi t}{T} + b_1\sin\frac{2\pi t}{T}\right) + \left(a_2\cos\frac{4\pi t}{T} + b_2\sin\frac{4\pi t}{T}\right)$$

$$+ \left(a_3\cos\frac{6\pi t}{T} + b_3\sin\frac{6\pi t}{T}\right) + \cdots$$

$$+ \left(a_n\cos\frac{2n\pi t}{T} + b_n\sin\frac{2n\pi t}{T}\right) + \cdots \quad \cdots\cdots①$$

$$a_0 = \frac{1}{T}\int_{-\frac{T}{2}}^{\frac{T}{2}} f(t)dt$$

$$a_n = \frac{2}{T}\int_{-\frac{T}{2}}^{\frac{T}{2}} f(t)\cos\frac{2n\pi t}{T}dt$$

$$b_n = \frac{2}{T}\int_{-\frac{T}{2}}^{\frac{T}{2}} f(t)\sin\frac{2n\pi t}{T}dt$$

ただし、n は自然数とする。

なお、①は $\omega_0 = \dfrac{2\pi}{T}$ とすると、次のように簡単に書ける。

$$f(t) = a_0 + (a_1\cos\omega_0 t + b_1\sin\omega_0 t) + (a_2\cos 2\omega_0 t + b_2\sin 2\omega_0 t)$$

$$+ (a_3\cos 3\omega_0 t + b_3\sin 3\omega_0 t) + \cdots$$

$$+ (a_n\cos n\omega_0 t + b_n\sin n\omega_0 t) + \cdots$$

$$a_0 = \frac{1}{T}\int_{-\frac{T}{2}}^{\frac{T}{2}} f(t)dt \;、\quad a_n = \frac{2}{T}\int_{-\frac{T}{2}}^{\frac{T}{2}} f(t)\cos n\omega_0 t dt \;、$$

$$b_n = \frac{2}{T}\int_{-\frac{T}{2}}^{\frac{T}{2}} f(t)\sin n\omega_0 t dt$$

（注）a_0 は $f(t)$ の変動しない成分の大きさを表している。

（注）$\cos n\omega_0 t,\ \sin n\omega_0 t$ の角周波数は $n\omega_0$ である。

5-4 定義域が $p \leqq t \leqq p+T$ のフーリエ級数

ここまでは、定義域が区間 $-\dfrac{T}{2} \leqq t \leqq \dfrac{T}{2}$ である関数 $f(t)$ のフーリエ級数展開を扱ってきた。それでは、定義域が $p \leqq t \leqq p+T$ の場合、フーリエ級数展開の公式はどうなるのだろうか。

有限区間 $-\dfrac{T}{2} \leqq t \leqq \dfrac{T}{2}$ で定義された関数 $f(t)$ のフーリエ級数展開の公式は次のようであった（§5-3）。

$$f(t) = a_0 + \left(a_1\cos\dfrac{2\pi t}{T} + b_1\sin\dfrac{2\pi t}{T}\right) + \left(a_2\cos\dfrac{4\pi t}{T} + b_2\sin\dfrac{4\pi t}{T}\right)$$
$$+ \left(a_3\cos\dfrac{6\pi t}{T} + b_3\sin\dfrac{6\pi t}{T}\right) + \cdots$$
$$+ \left(a_n\cos\dfrac{2n\pi t}{T} + b_n\sin\dfrac{2n\pi t}{T}\right) + \cdots \quad \cdots\cdots ①$$

ただし、フーリエ係数は

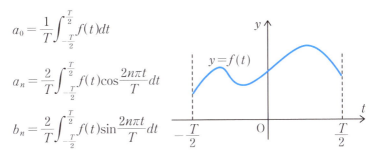

ただし、n は自然数とする。

●関数 $f(t)$ の定義域が $p \leqq t \leqq p+T$ の場合

ここで、関数 $f(t)$ の定義域が $p \leqq t \leqq p+T$（区間幅は T で変わらない）である場合のフーリエ級数展開はどうなるのだろうか。結論からいうと、同様な公式が成立する。

つまり、前節と同様、①のように書けたとして、その両辺に、$\cos\dfrac{2n\pi t}{T}$、$\sin\dfrac{2n\pi t}{T}$などを掛け、その後、両辺を$p \leqq t \leqq p+T$の範囲で積分すれば、次のフーリエ係数を得る（ただし、nは自然数）。

$$a_0 = \dfrac{1}{T}\int_p^{p+T} f(t)dt \quad \cdots\cdots② \quad 、 \quad a_n = \dfrac{2}{T}\int_p^{p+T} f(t)\cos\dfrac{2n\pi t}{T}dt \quad \cdots\cdots③$$

$$b_n = \dfrac{2}{T}\int_p^{p+T} f(t)\sin\dfrac{2n\pi t}{T}dt \quad \cdots\cdots④$$

〔例〕 $f(t) = (t-a)^2 \ (0 \leqq t \leqq 2a)$ をフーリエ級数展開した式を、前ページの公式①と、上の②③④を利用して求めてみよう。

まずは、フーリエ係数を $p=0$、$T=2a$ として②③④より求める。ただし、この具体的な計算は少し複雑なので、詳細は節末〈計算Note〉に掲載した（複雑なだけで高校の範囲。難しければ計算は飛ばしてよい）。

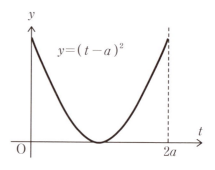

すると、

②より $\quad a_0 = \dfrac{1}{2a}\int_0^{2a}(t-a)^2 dt = \dfrac{a^2}{3} \quad \cdots\cdots⑤$

③より $\quad a_n = \dfrac{2}{2a}\int_0^{2a}(t-a)^2 \cos\dfrac{2n\pi t}{2a}dt = \dfrac{4a^2}{n^2\pi^2} \quad \cdots\cdots⑥$

④より $\quad b_n = \dfrac{2}{2a}\int_0^{2a}(t-a)^2 \sin\dfrac{2n\pi t}{2a}dt = 0 \quad \cdots\cdots⑦$

⑤⑥⑦と①より $f(t)=(t-a)^2 \ (0 \leqq t \leqq 2a)$ は次のように書ける。

$$(t-a)^2 = \frac{a^2}{3} + \left(\frac{4a^2}{1^2 \times \pi^2}\cos\frac{2\pi t}{2a} + 0\sin\frac{2\pi t}{2a}\right)$$
$$+ \left(\frac{4a^2}{2^2\pi^2}\cos\frac{4\pi t}{2a} + 0\sin\frac{4\pi t}{2a}\right)$$
$$+ \left(\frac{4a^2}{3^2\pi^2}\cos\frac{6\pi t}{2a} + 0\sin\frac{6\pi t}{2a}\right) + \cdots$$
$$+ \left(\frac{4a^2}{n^2\pi^2}\cos\frac{2n\pi t}{2a} + 0\sin\frac{2n\pi t}{2a}\right) + \cdots$$
$$= \frac{a^2}{3} + \frac{4a^2}{\pi^2}\left(\cos\frac{\pi t}{a} + \frac{1}{2^2}\cos\frac{2\pi t}{a} + \frac{1}{3^2}\cos\frac{3\pi t}{a} + \cdots + \frac{1}{n^2}\cos\frac{n\pi t}{a} + \cdots\right)$$
……⑧

この⑧式を見ただけではフーリエ級数展開が正しいかどうかよくわからない。そこで、たとえば $a=1$ として、⑧式の最初の100項までのグラフを $0 \leqq t \leqq 2$ の範囲で青で描いてみた（下図）。前ページに黒色で描いておいた $f(t) = (t-a)^2$（$0 \leqq t \leqq 2$）のグラフとほぼ重なることがわかる。

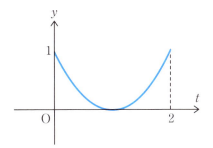

計算Note ⑤⑥⑦の積分計算の詳細

(1) ⑤より $a_0 = \dfrac{1}{2a}\displaystyle\int_0^{2a}(t-a)^2 dt = \dfrac{1}{2a}\left[\dfrac{(t-a)^3}{3}\right]_0^{2a} = \dfrac{a^2}{3}$

(2) ⑥より a_n を求めるが、部分積分を2回繰り返すことになる。つまり、

$$a_n = \frac{2}{2a}\int_0^{2a}(t-a)^2\cos\frac{2n\pi t}{2a}dt = \frac{1}{a}\int_0^{2a}(t-a)^2\cos\frac{n\pi t}{a}dt$$

$$\int_0^{2a}(t-a)^2\cos\frac{n\pi t}{a}dt = \int_0^{2a}(t-a)^2\left(\frac{a}{n\pi}\sin\frac{n\pi t}{a}\right)'dt$$

$$= \left[(t-a)^2\,\frac{a}{n\pi}\sin\frac{n\pi t}{a}\right]_0^{2a} - \frac{2a}{n\pi}\int_0^{2a}(t-a)\sin\frac{n\pi t}{a}dt$$

ここで、$\left[(t-a)^2\,\dfrac{a}{n\pi}\sin\dfrac{n\pi t}{a}\right]_0^{2a} = \dfrac{a}{n\pi}(a^2\sin 2n\pi - a^2\sin 0) = 0$

$$\int_0^{2a}(t-a)\sin\frac{n\pi t}{a}dt = \int_0^{2a}(t-a)\left(\frac{-a}{n\pi}\cos\frac{n\pi t}{a}\right)'dt$$

$$= \frac{-a}{n\pi}\left[(t-a)\cos\frac{n\pi t}{a}\right]_0^{2a} - \int_0^{2\pi}\frac{-a}{n\pi}\cos\frac{n\pi t}{a}dt$$

ここで、

$$\frac{-a}{n\pi}\left[(t-a)\cos\frac{n\pi t}{a}\right]_0^{2a} = \frac{-a}{n\pi}(a\cos 2n\pi + a\cos 0) = \frac{-2a^2}{n\pi}$$

$$\int_0^{2a}\cos\frac{n\pi t}{a}dt = \left[\frac{a}{n\pi}\sin\frac{n\pi t}{a}\right]_0^{2a} = \frac{a}{n\pi}(\sin 2n\pi - \sin 0) = 0$$

ゆえに、$\displaystyle\int_0^{2a}(t-a)^2\cos\frac{n\pi t}{a}dt = \frac{4a^3}{n^2\pi^2}$

よって、$a_n = \dfrac{1}{a}\times\dfrac{4a^3}{n^2\pi^2} = \dfrac{4a^2}{n^2\pi^2}$

(3) ⑦より、b_n を求めるが、(2) と同様に「部分積分」を 2 回繰り

返すことにより、$b_n = \dfrac{2}{2a}\displaystyle\int_0^{2a}(t-a)^2\sin\frac{2n\pi t}{2a}dt = 0$ を得る。

$p \leqq t \leqq p+T$ で定義された関数のフーリエ級数展開

有限区間 $p \leqq t \leqq p+T$ で定義された関数 $f(t)$ のフーリエ級数展開の公式は次のようになる。

$$f(t) = a_0 + \left(a_1\cos\frac{2\pi t}{T} + b_1\sin\frac{2\pi t}{T}\right) + \left(a_2\cos\frac{4\pi t}{T} + b_2\sin\frac{4\pi t}{T}\right)$$
$$+ \left(a_3\cos\frac{6\pi t}{T} + b_3\sin\frac{6\pi t}{T}\right) + \cdots$$
$$+ \left(a_n\cos\frac{2n\pi t}{T} + b_n\sin\frac{2n\pi t}{T}\right) + \cdots \quad \cdots\cdots ①$$

$$a_0 = \frac{1}{T}\int_p^{p+T} f(t)dt, \quad a_n = \frac{2}{T}\int_p^{p+T} f(t)\cos\frac{2n\pi t}{T}dt$$

$$b_n = \frac{2}{T}\int_p^{p+T} f(t)\sin\frac{2n\pi t}{T}dt$$

ただし、n は自然数とする。

ここで、フーリエ級数①における a_0 を $\dfrac{a_0}{2}$ と書けば、フーリエ係数は次のように二つの式にまとめられる。

$$f(t) = \frac{a_0}{2} + \left(a_1\cos\frac{2\pi t}{T} + b_1\sin\frac{2\pi t}{T}\right) + \left(a_2\cos\frac{4\pi t}{T} + b_2\sin\frac{4\pi t}{T}\right)$$
$$+ \left(a_3\cos\frac{6\pi t}{T} + b_3\sin\frac{6\pi t}{T}\right) + \cdots$$
$$+ \left(a_n\cos\frac{2n\pi t}{T} + b_n\sin\frac{2n\pi t}{T}\right) + \cdots$$

$$a_n = \frac{2}{T}\int_p^{p+T} f(t)\cos\frac{2n\pi t}{T}dt \quad (n = 0, 1, 2, 3, \cdots)$$

$$b_n = \frac{2}{T}\int_p^{p+T} f(t)\sin\frac{2n\pi t}{T}dt \quad (n=1,\ 2,\ 3,\ \cdots)$$

本書では、この表現は使わないことにする。

なお、$\omega_0 = \dfrac{2\pi}{T}$ とすると、フーリエ級数①は次のように簡潔に表現され、理解しやすくなる。

$$f(t) = a_0 + (a_1\cos\omega_0 t + b_1\sin\omega_0 t) + (a_2\cos 2\omega_0 t + b_2\sin 2\omega_0 t)$$
$$+ (a_3\cos 3\omega_0 t + b_3\sin 3\omega_0 t) + \cdots$$
$$+ (a_n\cos n\omega_0 t + b_n\sin n\omega_0 t) + \cdots$$

$$a_0 = \frac{1}{T}\int_p^{p+T} f(t)dt$$

$$a_n = \frac{2}{T}\int_p^{p+T} f(t)\cos n\omega_0 t\, dt$$

$$b_n = \frac{2}{T}\int_p^{p+T} f(t)\sin n\omega_0 t\, dt$$

ただし、$\omega_0 = \dfrac{2\pi}{T}$、$n$ は自然数とする。

積分の計算が大変なときは、コンピュータを使った数値積分がある。

周期関数のフーリエ級数はどうなる？

ある定数Tが存在して、任意のtについて$f(t+T)=f(t)$を満たすとき、関数$f(t)$を周期Tの周期関数という。周期関数はフーリエ級数で表すことができる。

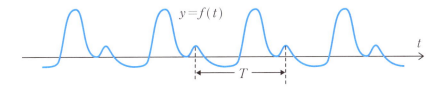

周期Tの周期関数のグラフは有限区間$p \leq t < p+T$におけるグラフを左右に繰り返したものである。

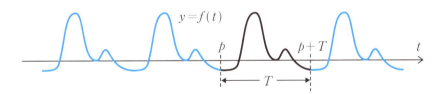

また、有限区間$p \leq t < p+T$の部分では関数$f(t)$は次のようにフーリエ級数で表される（§5−4）。

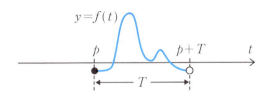

$$f(t) = a_0 + \left(a_1 \cos \frac{2\pi t}{T} + b_1 \sin \frac{2\pi t}{T} \right) + \left(a_2 \cos \frac{4\pi t}{T} + b_2 \sin \frac{4\pi t}{T} \right)$$

$$+ \left(a_3 \cos \frac{6\pi t}{T} + b_3 \sin \frac{6\pi t}{T} \right) + \cdots$$

$$+ \left(a_n \cos \frac{2n\pi t}{T} + b_n \sin \frac{2n\pi t}{T} \right) + \cdots \quad \cdots\cdots \text{①}$$

ここで、フーリエ係数は次の計算で定まる定数である。

$$a_0 = \frac{1}{T} \int_p^{p+T} f(t)dt、 \quad a_n = \frac{2}{T} \int_p^{p+T} f(t) \cos \frac{2n\pi t}{T} dt、$$

$$b_n = \frac{2}{T} \int_p^{p+T} f(t) \sin \frac{2n\pi t}{T} dt$$

ここで、①のフーリエ級数の各項はいずれも周期が T の周期関数である。なぜならば、定数項 a_0 は任意の周期をもつ周期関数である。また、$\cos \frac{2n\pi t}{T}$, $\sin \frac{2n\pi t}{T}$ （n は自然数）は周期が $\frac{T}{n}$ の周期関数である。

その理由は、$g(t) = \cos \frac{2n\pi t}{T}$ とすると、

$$g\left(t + \frac{T}{n}\right) = \cos \frac{2n\pi \left(t + \frac{T}{n} \right)}{T} = \cos \left(\frac{2n\pi t}{T} + 2\pi \right) = \cos \frac{2n\pi t}{T} = g(t)$$

が成立する。よって、$\cos \frac{2n\pi t}{T}$ は周期が $\frac{T}{n}$ の周期関数である。ということは $\cos \frac{2n\pi t}{T}$ は周期が T の周期関数である。同様にして $\sin \frac{2n\pi t}{T}$ も周期が T の周期関数であることがわかる。

したがって、①で表されるフーリエ級数 $f(t)$ は次の式を満たす。

$$f(t + T) = f(t)$$

これはフーリエ級数 $f(t)$ が実数全体で周期が T の周期関数であることを示している。

126　5−5 周期関数のフーリエ級数はどうなる?

〔**例**〕 周期関数 $f_s(t)=(t-2na)^2$（$-a+2na \leq t < a+2na$、n は整数）をフーリエ級数で表してみよう。

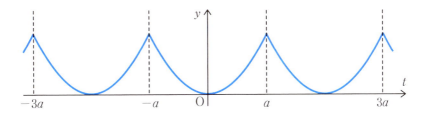

関数 $f(t)=t^2$（$-a \leq t < a$）をフーリエ級数で表したものは次のようになる（§5-1）。

$$f(t)=t^2=\frac{a^2}{3}+4\frac{a^2}{\pi^2}\left(-\cos\frac{\pi t}{a}+\frac{\cos\frac{2\pi t}{a}}{2^2}-\frac{\cos\frac{3\pi t}{a}}{3^2}\right.$$
$$\left.+\cdots+\frac{(-1)^n\cos\frac{n\pi t}{a}}{n^2}+\cdots\right) \quad\cdots\cdots ②$$

先に述べたことにより、このフーリエ級数は周期が $2a$ の周期関数になるので、周期関数 $f_s(t)=(t-2na)^2$（$-a+2na \leq t < a+2na$、n は整数）も表している。実際、$f(t)=t^2$（$1 \leq t < 1$）をフーリエ級数で表した（②で $a=1$）

$$f(t)=t^2=\frac{1}{3}+\frac{4}{\pi^2}\left(-\cos\pi t+\frac{\cos 2\pi t}{2^2}-\frac{\cos 3\pi t}{3^2}+\cdots\right.$$
$$\left.+\frac{(-1)^n\cos n\pi t}{n^2}+\cdots\right)$$

の第 100 項までを $-2.5 \leq t \leq 2.5$ の範囲で描くと次のグラフを得る。

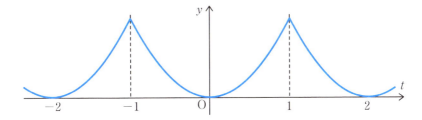

●周期的拡張

有限区間 $p \leq t < p+T$ で定義された関数 $f(t)$ をもとに

$$f_s(t+nT) = f(t) \quad (n\text{は整数})$$

によって新たに関数 $f_s(t)$ を作成する。つまり、関数 $f(t)$ のとる値を T の整数倍ずつずらしたところで繰り返すことにより、関数 $f_s(t)$ を作成する。このことを**周期的拡張**といい、関数 $f_s(t)$ のことを「**関数 $f(t)$ を周期 T で周期的に拡張された関数**」という。フーリエ解析では、この周期的拡張という言葉がよく使われるので覚えておこう。

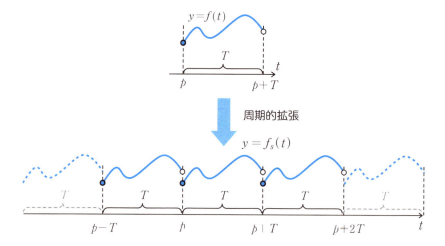

（注）周期的拡張の場合、拡張の元となる関数 $f(t)$ の定義区間は両端をともに含むと、まずいことが生じる（下図）。そこで、片方は含めないことにする。

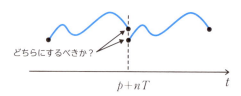

もう一歩進んで　不連続点でのフーリエ級数の値

有限区間 $p \leq t < p+T$ で定義された関数 $f(t)$ を周期 T で周期的に拡張された関数 $f_s(t)$ は、$p+nT$（n は整数）において不連続となることがある（図参照）。この不連続な箇所 a での $f_s(t)$ のフーリエ級数の値は、ちょうど真ん中の点（図の中点）の値になる。

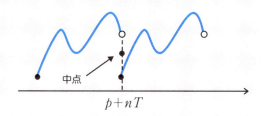

もう一歩進んで　開区間での積分

区間において両端が入る区間を「閉区間」、両方とも入らない区間を「開区間」、どちらか一方が入らない区間を「半開区間」という。本節で扱ったフーリエ係数は半開区間での積分で、これは高校数学では扱わなかった。そこで、積分区間が半開区間の積分は次のように考える。

「$\displaystyle\lim_{\varepsilon \to +0}\int_a^{b-\varepsilon} f(t)dt$ が存在するならば、$f(t)$ は閉区間 $[a, b]$ で**積分可能**である」といい、この極限値を $\displaystyle\int_a^b f(t)dt$ と表す。

ここで、記号「$\varepsilon \to +0$」は ε が正の値をとりながら 0 に限りなく近づくことを意味する。

5-6 偶関数・奇関数のフーリエ級数の公式

関数 $f(t)$ をフーリエ級数で表示するとき、知っていると便利な性質が二つある。それは関数 $f(t)$ が偶関数ならば、フーリエ級数展開では三角関数 sin を使った項は現れないこと。また、$f(t)$ が奇関数ならば、フーリエ級数展開では三角関数 cos を使った項は現れないことである。

偶関数、奇関数については次の大事な性質がある。
(1) 偶関数同士の和や差は偶関数
(2) 奇関数同士の和や差は奇関数

(1)、(2) より、偶関数と奇関数は水と油の関係で、和や差においては混じり合わない。

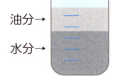

（注）偶関数、奇関数を忘れてしまったら §3-6 参照。

●フーリエ級数は偶関数と奇関数の足し合わせ

偶関数、奇関数についての以上の性質を前提に、関数 $f(t)$ のフーリエ級数展開を見てみよう。

$$f(t) = a_0 + \left(a_1\cos\frac{2\pi t}{T} + b_1\sin\frac{2\pi t}{T}\right) + \left(a_2\cos\frac{4\pi t}{T} + b_2\sin\frac{4\pi t}{T}\right)$$
$$+ \left(a_3\cos\frac{6\pi t}{T} + b_3\sin\frac{6\pi t}{T}\right) + \cdots$$
$$+ \left(a_n\cos\frac{2n\pi t}{T} + b_n\sin\frac{2n\pi t}{T}\right) + \cdots \quad \cdots\cdots ①$$

cos と定数項は偶関数で、sin は奇関数だから**フーリエ級数は偶関数と奇関数の足し合わせ**であることがわかる。

● フーリエ余弦級数

有限区間 $-\dfrac{T}{2} \leqq t \leqq \dfrac{T}{2}$ で定義された関数 $f(t)$ が、もし偶関数であれば

①において奇関数である sin の項は含まれないので、①は次のようになる。

$$f(t) = a_0 + \left(a_1\cos\frac{2\pi t}{T} + b_1\sin\frac{2\pi t}{T} \right) + \left(a_2\cos\frac{4\pi t}{T} + b_2\sin\frac{4\pi t}{T} \right)$$

$$+ \left(a_3\cos\frac{6\pi t}{T} + b_3\sin\frac{6\pi t}{T} \right) + \cdots + \left(a_n\cos\frac{2n\pi t}{T} + b_n\sin\frac{2n\pi t}{T} \right) + \cdots$$

$$= a_0 + a_1\cos\frac{2\pi t}{T} + a_2\cos\frac{4\pi t}{T} + \cdots + a_n\cos\frac{2n\pi t}{T} + \cdots$$

これを**フーリエ余弦級数**という。ここで、$f(t)$ と cos を含む項と定数項 a_0 は偶関数であることにより、フーリエ係数は次のようになる。

$$a_0 = \frac{1}{T}\int_{-\frac{T}{2}}^{\frac{T}{2}} f(t)dt = \frac{2}{T}\int_0^{\frac{T}{2}} f(t)dt$$

$$a_n = \frac{2}{T}\int_{-\frac{T}{2}}^{\frac{T}{2}} f(t)\cos\frac{2n\pi t}{T}dt = \frac{4}{T}\int_0^{\frac{T}{2}} f(t)\cos\frac{2n\pi t}{T}dt \quad (n \text{ は自然数})$$

〔**例**〕2次関数 $f(t) = t^2$ $(-a \leqq t \leqq a)$ をフーリエ級数で表してみよう。

$f(t)$ が偶関数であることよりフーリエ級数は次のようになる。

$$f(t) = a_0 + a_1\cos\frac{2\pi t}{T} + a_2\cos\frac{4\pi t}{T} + \cdots + a_n\cos\frac{2n\pi t}{T} + \cdots$$

ここで、フーリエ級数 a_n は $T = 2a$ より

$$a_n = \frac{2}{T}\int_{-\frac{T}{2}}^{\frac{T}{2}} f(t)\cos\frac{2n\pi t}{T}dt = \frac{4}{T}\int_0^{\frac{T}{2}} f(t)\cos\frac{2n\pi t}{T}dt$$

$$= \frac{4}{2a}\int_0^a t^2\cos\frac{n\pi t}{a}dt = \frac{4(-1)^n a^2}{n^2\pi^2} \quad \cdots\cdots\S 5-1 \text{より}$$

$$a_0 = \frac{1}{2a}\int_{-a}^{a} t^2 dt = \frac{1}{2a} \times 2 \times \int_{0}^{a} t^2 dt = \frac{1}{a}\left[\frac{t^3}{3}\right]_0^a = \frac{a^2}{3}$$

よって、

$$f(t) = t^2 = \frac{a^2}{3} + 4\frac{a^2}{\pi^2}\left(-\cos\frac{\pi t}{a} + \frac{\cos\frac{2\pi t}{a}}{2^2} - \frac{\cos\frac{3\pi t}{a}}{3^2} + \cdots \right.$$

$$\left. + \frac{(-1)^n \cos\frac{n\pi t}{a}}{n^2} + \cdots \right)$$

下記のグラフは $a=1$ としてフーリエ級数の最初の20項までの和をもとに描いたものである。

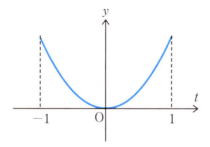

● フーリエ正弦級数

有限区間 $-\frac{T}{2} \leq t \leq \frac{T}{2}$ で定義された関数 $f(t)$ がもし奇関数であれば、①において偶関数である cos の項と定数項 a_0 は含まれないので、①は次のようになる。

$$f(t) = a_0 + \left(a_1\cos\frac{2\pi t}{T} + b_1\sin\frac{2\pi t}{T}\right) + \left(a_2\cos\frac{4\pi t}{T} + b_2\sin\frac{4\pi t}{T}\right)$$

$$+ \left(a_3\cos\frac{6\pi t}{T} + b_3\sin\frac{6\pi t}{T}\right) + \cdots + \left(a_n\cos\frac{2n\pi t}{T} + b_n\sin\frac{2n\pi t}{T}\right) + \cdots$$

$$= b_1\sin\frac{2\pi t}{T} + b_2\sin\frac{4\pi t}{T} + \cdots + b_n\sin\frac{2n\pi t}{T} + \cdots$$

これを**フーリエ正弦級数**という。ここで、$f(t)$と sin を含む項は奇関数で、奇関数同士の積は偶関数であることより、フーリエ係数は次のようになる。

$$b_n = \frac{2}{T}\int_{-\frac{T}{2}}^{\frac{T}{2}} f(t)\sin\frac{2n\pi t}{T}dt = \frac{4}{T}\int_{0}^{\frac{T}{2}} f(t)\sin\frac{2n\pi t}{T}dt \quad (n\text{は自然数})$$

〔例〕 $f(t) = t$ （$-\pi \leq t \leq \pi$）をフーリエ級数で表してみよう。

$f(t)$が奇関数であることよりフーリエ級数は次のようになる。

$$f(t) = b_1\sin\frac{2\pi t}{T} + b_2\sin\frac{4\pi t}{T} + \cdots + b_n\sin\frac{2n\pi t}{T} + \cdots$$

ここで、フーリエ級数b_nは$T = 2\pi$ より

$$\begin{aligned}
b_n &= \frac{2}{T}\int_{-\frac{T}{2}}^{\frac{T}{2}} f(t)\sin\frac{2n\pi t}{T}dt = \frac{4}{T}\int_{0}^{\pi} f(t)\sin\frac{2n\pi t}{T}dt \\
&= \frac{2}{\pi}\int_{0}^{\pi} t\sin nt\, dt = \frac{2}{\pi}\left\{\left[t\left(-\frac{\cos nt}{n}\right)\right]_{0}^{\pi} - \int_{0}^{\pi}\left(-\frac{\cos nt}{n}\right)dt\right\} \\
&= \frac{2}{\pi}\left\{\frac{\pi(-1)^{n+1}}{n} - \left[-\frac{\sin nt}{n^2}\right]_{0}^{\pi}\right\} \\
&= \frac{2(-1)^{n+1}}{n}
\end{aligned}$$

よって、$f(t) = t$のフーリエ級数展開は次のようになる。

$$f(t) = 2\sin t - \sin 2t + \frac{2}{3}\sin 3t - \frac{2}{4}\sin 4t + \cdots + \frac{2(-1)^{n+1}}{n}\sin nt + \cdots$$

右の図は、②の最初の 20 項を描いたグラフである。

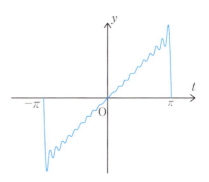

フーリエ余弦級数・フーリエ正弦級数

● 有限区間 $-\dfrac{T}{2} \leq t \leq \dfrac{T}{2}$ で定義された関数 $f(t)$ が**偶関数**であれば

$$f(t) = a_0 + a_1\cos\frac{2\pi t}{T} + a_2\cos\frac{4\pi t}{T} + \cdots + a_n\cos\frac{2n\pi t}{T} + \cdots$$

$$a_0 = \frac{2}{T}\int_0^{\frac{T}{2}} f(t)dt、\quad a_n = \frac{4}{T}\int_0^{\frac{T}{2}} f(t)\cos\frac{2n\pi t}{T}dt \quad (n は自然数)$$

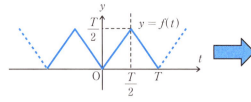

⇒ $f(t)$ は定数と cos のみの和

偶関数：縦軸対称

● 有限区間 $-\dfrac{T}{2} \leq t \leq \dfrac{T}{2}$ で定義された関数 $f(t)$ が**奇関数**であれば

$$f(t) = b_1\sin\frac{2\pi t}{T} + b_2\sin\frac{4\pi t}{T} + \cdots + b_n\sin\frac{2n\pi t}{T} + \cdots$$

$$b_n = \frac{4}{T}\int_0^{\frac{T}{2}} f(t)\sin\frac{2n\pi t}{T}dt \quad (n は自然数)$$

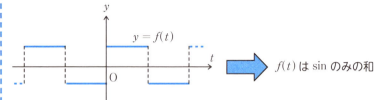

⇒ $f(t)$ は sin のみの和

奇関数：原点対称

5-7 　1、$\cos n\omega_0 t$、$\sin n\omega_0 t$（nは自然数）は、関数空間の直交基底

フーリエ級数の考え方は、区間 $-\dfrac{T}{2} \leqq t \leqq \dfrac{T}{2}$ で定義された関数 $f(t)$ は

$$\left\{1,\ \cos\dfrac{2\pi}{T}t,\ \sin\dfrac{2\pi}{T}t,\ \cos\dfrac{4\pi}{T}t,\ \sin\dfrac{4\pi}{T}t,\ \cdots,\ \cos\dfrac{2n\pi}{T}t,\ \sin\dfrac{2n\pi}{T}t,\ \cdots\right\} \quad \cdots\cdots①$$

の定数倍の和（一次結合）の形に表すことができることを主張している（§5-3）。ここでは、このことをベクトルという考え方から見てみることにしよう。難しそうに思えてもフーリエ級数の本質的な考え方なので、ぜひ挑戦して欲しい。

区間 $-\dfrac{T}{2} \leqq t \leqq \dfrac{T}{2}$ で定義された任意の関数 $f(t)$ が関数セット①の一次結合で表されるということは、①が $f(t)$ からつくられる関数空間（ベクトル空間）の**基底**（§4-2）であることを意味している。しかも、関数セット①は単なる基底ではなく**直交基底**になっている。このことを調べてみよう。

● 関数セット①は関数空間の直交基底

$\omega_0 = \dfrac{2\pi}{T}$ とすると関数セット①は次のように簡潔に書ける。

$$\{1,\ \cos\omega_0 t,\ \sin\omega_0 t,\ \cos 2\omega_0 t,\ \sin 2\omega_0 t,\ \cdots,\ \cos n\omega_0 t,\ \sin n\omega_0 t,\ \cdots\}$$
$$\cdots\cdots②$$

この関数セット②から、二つの関数を取り出して内積（§4-6）を計算すると、次のようになる（計算は付録4）。ただし、m、n は自然数とする。

$$\int_{-\frac{T}{2}}^{\frac{T}{2}} 1 \times (\sin n\omega_0 t)dt = \int_{-\frac{T}{2}}^{\frac{T}{2}} 1 \times (\cos n\omega_0 t)dt = 0$$

$$\int_{-\frac{T}{2}}^{\frac{T}{2}} (\sin m\omega_0 t) \times (\cos n\omega_0 t)dt = 0$$

$$\int_{-\frac{T}{2}}^{\frac{T}{2}} (\sin m\omega_0 t) \times (\sin n\omega_0 t)dt = \int_{-\frac{T}{2}}^{\frac{T}{2}} (\cos m\omega_0 t) \times (\cos n\omega_0 t)dt$$
$$= 0 \ (m \neq n)$$

これは、関数セット②の異なる二つの関数の内積が 0、つまり、**異なる二つの関数は直交している**ことを意味している（§4−7）。

また、②の関数の自分自身との内積は次のようになる。

$$\int_{-\frac{T}{2}}^{\frac{T}{2}} 1 \times 1 dt = T \neq 0$$

$$\int_{-\frac{T}{2}}^{\frac{T}{2}} (\sin n\omega_0 t) \times (\sin n\omega_0 t)dt = \int_{-\frac{T}{2}}^{\frac{T}{2}} (\sin n\omega_0 t)^2 dt = \frac{T}{2} \neq 0$$

$$\int_{-\frac{T}{2}}^{\frac{T}{2}} (\cos n\omega_0 t) \times (\cos n\omega_0 t)dt = \int_{-\frac{T}{2}}^{\frac{T}{2}} (\cos n\omega_0 t)^2 dt = \frac{T}{2} \neq 0$$

したがって、関数セット②、つまり、①は $f(t)$ からなる関数空間の**直交基底**である。

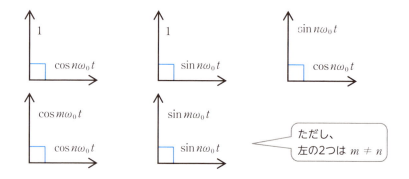

5−7　$1, \cos n\omega_0 t, \sin n\omega_0 t$（$n$ は自然数）は、関数空間の直交基底

5-8 複素フーリエ級数で表現スッキリ

関数 $f(t)$ をフーリエ級数で表すとき、複素数を使う必要はなかった。しかし、あえて複素数を使うことにより、フーリエ級数の表現がスッキリ美しく、その計算がスムーズになる。また、フーリエ級数では対象となる関数は有限区間で定義された関数か、あるいは周期関数に限られていた。しかし、複素数を使うことによって、実数全体で定義された周期性のない関数を $\cos, \sin$ の級数で表すことができるようになる。つまり、次章で扱うフーリエ変換が可能になるのである。

(注) 複素数とは、実数 a、b と虚数単位 i を用いて $a+bi$ と書ける数である(§3-5)。ただし、虚数単位 i は2乗したら -1 になる数のことである。

● オイラーの公式

実数の世界の $\cos$、$\sin$ と複素数の世界の指数関数を結びつける大事な公式がある。それが次の**オイラーの公式**である(§3-5)。

$$e^{i\theta} = \cos\theta + i\sin\theta \quad \cdots\cdots ①$$

ここで、θ は実数で、e はネイピアの数 $2.71828\cdots\cdots$ である。①式の左辺である $e^{i\theta}$ を**複素指数関数**と呼ぶが、$e^{i\theta}$ には「e の $i\theta$ 乗」という意味はない。$e^{i\theta}$ は $\cos\theta + i\sin\theta$ という複素数を意味するものである。

たとえば、$e^{\frac{\pi}{3}i}$ は $\cos\frac{\pi}{3} + i\sin\frac{\pi}{3} = \frac{1}{2} + \frac{\sqrt{3}}{2}i$ という複素数である。

なお、①より $e^{-i\theta} = \cos(-\theta) + i\sin(-\theta) = \cos\theta - i\sin\theta$ である。このことから、$e^{i\theta}$ と $e^{-i\theta}$ はお互いに共役な複素数であることがわかる。

● フーリエ級数を複素指数関数 $e^{i\theta}$ で書き換える

有限区間 $-\dfrac{T}{2} \leqq t \leqq \dfrac{T}{2}$ で定義された関数 $f(t)$ は次のフーリエ級数で表される（§5−1）。

$$f(t) = a_0 + \left(a_1\cos\frac{2\pi t}{T} + b_1\sin\frac{2\pi t}{T}\right) + \left(a_2\cos\frac{4\pi t}{T} + b_2\sin\frac{4\pi t}{T}\right)$$
$$+ \left(a_3\cos\frac{6\pi t}{T} + b_3\sin\frac{6\pi t}{T}\right) + \cdots$$
$$+ \left(a_n\cos\frac{2n\pi t}{T} + b_n\sin\frac{2n\pi t}{T}\right) + \cdots \quad \cdots\cdots ②$$

$$a_0 = \frac{1}{T}\int_{-\frac{T}{2}}^{\frac{T}{2}} f(t)dt \quad \cdots\cdots ③$$

$$a_n = \frac{2}{T}\int_{-\frac{T}{2}}^{\frac{T}{2}} f(t)\cos\frac{2n\pi t}{T}dt \quad \cdots\cdots ④$$

$$b_n = \frac{2}{T}\int_{-\frac{T}{2}}^{\frac{T}{2}} f(t)\sin\frac{2n\pi t}{T}dt \quad \cdots\cdots ⑤ \quad （ただし、n は自然数）$$

それでは、②③④⑤を複素指数関数 $e^{i\theta}$ で表したらどうなるのだろうか。まずは、$\omega_0 = \dfrac{2\pi}{T}$ とおいてこれらを簡潔に表現してみよう。

$$f(t) = a_0 + (a_1\cos\omega_0 t + b_1\sin\omega_0 t) + (a_2\cos 2\omega_0 t + b_2\sin 2\omega_0 t)$$
$$+ (a_3\cos 3\omega_0 t + b_3\sin 3\omega_0 t) + \cdots$$
$$+ (a_n\cos n\omega_0 t + b_n\sin n\omega_0 t) + \cdots \quad \cdots\cdots ⑥$$

$$a_0 = \frac{1}{T}\int_{-\frac{T}{2}}^{\frac{T}{2}} f(t)dt \quad \cdots\cdots ⑦$$

$$a_n = \frac{2}{T}\int_{-\frac{T}{2}}^{\frac{T}{2}} f(t)\cos n\omega_0 t dt \quad \cdots\cdots ⑧$$

$$b_n = \frac{2}{T}\int_{-\frac{T}{2}}^{\frac{T}{2}} f(t)\sin n\omega_0 t dt \quad \cdots\cdots ⑨ \quad （ただし、n は自然数）$$

この⑥⑦⑧⑨を複素指数関数 $e^{i\theta}$ で表すことにする。

● フーリエ級数の $\cos$、$\sin$ を複素指数関数 $e^{i\theta}$ で書き換える

まずは、オイラーの公式を用いて⑥⑦⑧⑨を複素指数関数 $e^{i\theta}$ で表示する準備をしよう。

$$e^{i\theta} = \cos\theta + i\sin\theta \ \ \text{より} \ \ e^{-i\theta} = \cos\theta - i\sin\theta$$

この二式の辺々を足したり引いたりすることにより、次の二式を得る。

$$\cos\theta = \frac{e^{i\theta} + e^{-i\theta}}{2}, \ \ \sin\theta = \frac{e^{i\theta} - e^{-i\theta}}{2i}$$

これらの式の θ に「$n\omega_0 t$」を代入すると、次の式を得る。

$$\cos n\omega_0 t = \frac{e^{in\omega_0 t} + e^{-in\omega_0 t}}{2}, \ \ \sin n\omega_0 t = \frac{e^{in\omega_0 t} - e^{-in\omega_0 t}}{2i} \quad \cdots\cdots ⑩$$

また、新たな定数 c_n を次のように定義する。

$$c_n = \frac{1}{T}\int_{-\frac{T}{2}}^{\frac{T}{2}} f(t)e^{-in\omega_0 t}\,dt \ \ (n\text{は整数})$$

n を $-n$ で書き換えると、$c_{-n} = \dfrac{1}{T}\displaystyle\int_{-\frac{T}{2}}^{\frac{T}{2}} f(t)e^{in\omega_0 t}\,dt$ となる。すると、

$n \geqq 1$ のとき、

$$a_n = \frac{2}{T}\int_{-\frac{T}{2}}^{\frac{T}{2}} f(t)\cos n\omega_0 t\,dt = \frac{2}{T}\int_{-\frac{T}{2}}^{\frac{T}{2}} f(t)\frac{e^{in\omega_0 t} + e^{-in\omega_0 t}}{2}\,dt$$

$$= \frac{1}{T}\int_{-\frac{T}{2}}^{\frac{T}{2}} f(t)e^{in\omega_0 t}\,dt + \frac{1}{T}\int_{-\frac{T}{2}}^{\frac{T}{2}} f(t)e^{-in\omega_0 t}\,dt = c_{-n} + c_n$$

つまり、

$$a_n = c_{-n} + c_n \quad \cdots\cdots ⑪$$

また、

$$b_n = \frac{2}{T} \int_{-\frac{T}{2}}^{\frac{T}{2}} f(t) \sin n\omega_0 t \, dt = \frac{2}{T} \int_{-\frac{T}{2}}^{\frac{T}{2}} f(t) \frac{e^{in\omega_0 t} - e^{-in\omega_0 t}}{2i} dt$$

$$= \frac{-i}{T} \int_{-\frac{T}{2}}^{\frac{T}{2}} f(t)(e^{in\omega_0 t} - e^{-in\omega_0 t}) dt$$

$$= \frac{-i}{T} \int_{-\frac{T}{2}}^{\frac{T}{2}} f(t) e^{in\omega_0 t} \, dt + \frac{i}{T} \int_{-\frac{T}{2}}^{\frac{T}{2}} f(t) e^{-in\omega_0 t} \, dt$$

$$= -ic_{-n} + ic_n$$

つまり、$b_n = -i(c_{-n} - c_n)$　……⑫

また、c_n の定義 $c_n = \dfrac{1}{T} \displaystyle\int_{-\frac{T}{2}}^{\frac{T}{2}} f(t) e^{-in\omega_0 t} \, dt$　より

$$c_0 = \frac{1}{T} \int_{-\frac{T}{2}}^{\frac{T}{2}} f(t) e^0 \, dt = \frac{1}{T} \int_{-\frac{T}{2}}^{\frac{T}{2}} f(t) dt = a_0 \quad \cdots\cdots ⑬$$

（注）$\displaystyle\int_{-\frac{T}{2}}^{\frac{T}{2}} f(t) e^{-in\omega_0 t} \, dt$ は複素数値をとる関数の積分であり、高校数学ではこのことについては学んでいない。しかし、積分変数 t が実数であれば、i を単なる定数のように扱って計算してよいことがわかっている（付録4）。

● フーリエ級数を c_n, c_{-n}, c_0 で書き換える

⑩⑪⑫⑬を用いてフーリエ級数を書き換えると

$$f(t) = a_0 + (a_1\cos\omega_0 t + b_1\sin\omega_0 t) + (a_2\cos2\omega_0 t + b_2\sin2\omega_0 t)$$

$$+ (a_3\cos3\omega_0 t + b_3\sin3\omega_0 t) + \cdots$$

$$+ (a_n\cos n\omega_0 t + b_n\sin n\omega_0 t) + \cdots$$

$$= a_0 + \sum_{n=1}^{\infty} a_n\cos n\omega_0 t + \sum_{n=1}^{\infty} b_n\sin n\omega_0 t$$

$$= a_0 + \sum_{n=1}^{\infty} a_n \frac{e^{in\omega_0 t} + e^{-in\omega_0 t}}{2} + \sum_{n=1}^{\infty} b_n \frac{e^{in\omega_0 t} - e^{-in\omega_0 t}}{2i}$$

$$= c_0 + \sum_{n=1}^{\infty}(c_{-n}+c_n)\frac{e^{in\omega_0 t}+e^{-in\omega_0 t}}{2}$$
$$+ \sum_{n=1}^{\infty}(-1)(c_{-n}-c_n)\frac{e^{in\omega_0 t}-e^{-in\omega_0 t}}{2}$$
$$= c_0 + \frac{1}{2}\sum_{n=1}^{\infty}(c_{-n}e^{in\omega_0 t}+c_{-n}e^{-in\omega_0 t}+c_n e^{in\omega_0 t}+c_n e^{-in\omega_0 t}$$
$$-c_{-n}e^{in\omega_0 t}+c_{-n}e^{-in\omega_0 t}+c_n e^{in\omega_0 t}-c_n e^{-in\omega_0 t})$$
$$= c_0 + \sum_{n=1}^{\infty}(c_{-n}e^{-in\omega_0 t}+c_n e^{in\omega_0 t})$$
$$= c_0 + \sum_{n=-1}^{-\infty}c_n e^{in\omega_0 t}+\sum_{n=1}^{\infty}c_n e^{in\omega_0 t}$$

ゆえに、次の**複素フーリエ級数**の展開式を得る。

$$f(t) = \cdots + c_{-n}e^{-in\omega_0 t}+\cdots+c_{-3}e^{-3i\omega_0 t}+c_{-2}e^{-2i\omega_0 t}+c_{-1}e^{-i\omega_0 t}$$
$$+ c_0 + c_1 e^{i\omega_0 t}+c_2 e^{2i\omega_0 t}+c_3 e^{3i\omega_0 t}+\cdots+c_n e^{in\omega_0 t}+\cdots \quad\cdots\cdots⑭$$

$$\text{ただし、}\quad c_n = \frac{1}{T}\int_{-\frac{T}{2}}^{\frac{T}{2}}f(t)e^{-in\omega_0 t}dt \quad\cdots\cdots⑮ \qquad (n \text{ は整数})$$

なお、⑪⑫より $\quad c_{-n}=\dfrac{1}{2}(a_n+ib_n)$、$c_n=\dfrac{1}{2}(a_n-ib_n)$

よって、$\overline{c_n}=\overline{\dfrac{1}{2}(a_n-ib_n)}=\dfrac{1}{2}(a_n+ib_n)=c_{-n}$

よって、$\overline{c_n e^{in\omega_0 t}}=\overline{c_n}\times\overline{e^{in\omega_0 t}}=c_{-n}e^{-in\omega_0 t}$

ゆえに、$f(t)$は共役複素数を用いて次のようにも書ける。

$$f(t) = c_0 + \sum_{n=1}^{\infty}(c_{-n}e^{-in\omega_0 t}+c_n e^{in\omega_0 t})= c_0 + \sum_{n=1}^{\infty}(\overline{c_n e^{in\omega_0 t}}+c_n e^{in\omega_0 t})$$

（注）$e^{i\theta}=\cos\theta+i\sin\theta$ で表せる波を**複素正弦波**という。
（注）複素数 α に対して $\overline{\alpha}$ は α の共役複素数を表す。

〔例〕 $f(t)=t^2\,(-a\leqq t\leqq a)$ をフーリエ級数展開した式を、前ページの囲みの中にある公式⑭⑮を利用して求めてみよう。

$f(t)=t^2$ 、$\omega_0=\dfrac{2\pi}{T}$ 、$T=2a$ より、

(1) $n\neq 0$ のとき

$$c_n=\frac{1}{T}\int_{-\frac{T}{2}}^{\frac{T}{2}}f(t)e^{-in\omega_0 t}\,dt=\frac{1}{2a}\int_{-a}^{a}t^2 e^{-in\omega_0 t}\,dt$$

$$=\frac{1}{2a}\int_{-a}^{a}t^2\left(\frac{e^{-in\omega_0 t}}{-in\omega_0}\right)'dt=\frac{1}{2a}\left[t^2\,\frac{e^{-in\omega_0 t}}{-in\omega_0}\right]_{-a}^{a}-\frac{1}{2a}\int_{-a}^{a}2t\frac{e^{-in\omega_0 t}}{-in\omega_0}dt$$

$$=\frac{a^2}{2a(-in\omega_0)}\left(e^{-in\frac{2\pi}{2a}a}-e^{-in\frac{2\pi}{2a}(-a)}\right)+\frac{1}{ain\omega_0}\int_{-a}^{a}te^{-in\omega_0 t}\,dt$$

$$=\frac{a}{2(-in\omega_0)}\left(e^{-in\pi}-e^{in\pi}\right)+\frac{1}{ain\omega_0}\int_{-a}^{a}te^{-in\omega_0 t}\,dt=\frac{1}{ain\omega_0}\int_{-a}^{a}te^{-in\omega_0 t}\,dt$$

ここで、

$$\int_{-a}^{a}te^{-in\omega_0 t}\,dt=\int_{-a}^{a}t\left(\frac{e^{-in\omega_0 t}}{-in\omega_0}\right)'dt=\left[t\frac{e^{-in\omega_0 t}}{-in\omega_0}\right]_{-a}^{a}-\int_{-a}^{a}\frac{e^{-in\omega_0 t}}{-in\omega_0}dt$$

$$=\frac{a}{-in\omega_0}\left(e^{-in\omega_0 a}+e^{-in\omega_0(-a)}\right)+\frac{1}{in\omega_0}\int_{-a}^{a}e^{-in\omega_0 t}\,dt$$

$$=\frac{a}{-in\omega_0}\left(e^{-in\pi}+e^{in\pi}\right)+\frac{1}{in\omega_0}\left[\frac{e^{-in\omega_0 t}}{-in\omega_0}\right]_{-a}^{a}$$

$$=\frac{a}{-in\omega_0}\left(\cos(-n\pi)+\cos(n\pi)\right)-\frac{1}{(in\omega_0)^2}\left(\cos(-n\pi)-\cos(n\pi)\right)$$

$$=\frac{2a}{-in\omega_0}\cos n\pi+0=\frac{2a}{-in\omega_0}(-1)^n$$

ゆえに、

$$c_n=\frac{1}{ain\omega_0}\int_{-a}^{a}te^{-in\omega_0 t}\,dt=\frac{1}{ain\omega_0}\times\frac{2a}{-in\omega_0}\times(-1)^n$$

$$=-\frac{2(-1)^n}{(in\omega_0)^2}=-\frac{2(-1)^n}{-n^2\left(\dfrac{2\pi}{2a}\right)^2}=\frac{2a^2(-1)^n}{\pi^2 n^2}$$

(2) $n=0$ のとき

142　5-8 複素フーリエ級数で表現スッキリ

$$c_0 = \frac{1}{T}\int_{-\frac{T}{2}}^{\frac{T}{2}} f(t)e^{-i0\omega_0 t}dt = \frac{1}{2a}\int_{-a}^{a} t^2 dt = \frac{a^2}{3}$$

よって、

$$f(t) = t^2 = \cdots + c_{-n}e^{-in\omega_0 t} + \cdots + c_{-3}e^{-3i\omega_0 t} + c_{-2}e^{-2i\omega_0 t} + c_{-1}e^{-i\omega_0 t}$$
$$+ c_0 + c_1 e^{i\omega_0 t} + c_2 e^{2i\omega_0 t} + c_3 e^{3i\omega_0 t} + \cdots + c_n e^{in\omega_0 t} + \cdots$$

ただし、$\omega_0 = \dfrac{2\pi}{T}$　$c_n = \dfrac{2a^2(-1)^n}{\pi^2 n^2}$　$(n \neq 0)$、$c_0 = \dfrac{a^2}{3}$

 複素フーリエ級数

有限区間 $-\dfrac{T}{2} \leq t \leq \dfrac{T}{2}$ で定義された関数 $f(t)$ は、次の複素フーリエ級数で表される。

$$f(t) = \cdots + c_{-n}e^{-in\omega_0 t} + \cdots + c_{-3}e^{-3i\omega_0 t} + c_{-2}e^{-2i\omega_0 t} + c_{-1}e^{-i\omega_0 t}$$
$$+ c_0 + c_1 e^{i\omega_0 t} + c_2 e^{2i\omega_0 t} + c_3 e^{3i\omega_0 t} + \cdots + c_n e^{in\omega_0 t} + \cdots$$

ただし、$c_n = \dfrac{1}{T}\displaystyle\int_{-\frac{T}{2}}^{\frac{T}{2}} f(t)e^{-in\omega_0 t}dt$、$\omega_0 = \dfrac{2\pi}{T}$

和の記号 Σ を使えば、$f(t)$ そのものは次のように簡潔に書ける。

$$f(t) = \sum_{n=-\infty}^{\infty} c_n e^{in\omega_0 t}$$

あの複雑なフーリエ級数がこんなにスッキリ!!
複素数の威力はスゴイ!!

（注）理工学では関数 $f(x)$ の複素フーリエ係数 c_n を**スペクトル**ということがある。

5-9 $\{e^{in\omega_0 t}\mid n$は整数$\}$は関数空間の直交基底

前節では、関数 $f(t)$ のフーリエ級数展開式を複素指数関数で書き換えることによって「複素フーリエ級数」を導いた。ここでは、複素フーリエ級数をベクトル空間の基底の考え方から導いてみよう。

　難しそうに思えても、ここはフーリエ級数の本質的な考え方なので、ぜひ挑戦して欲しい。

　有限区間 $-\dfrac{T}{2} \leqq t \leqq \dfrac{T}{2}$ で定義された関数 $f(t)$ は、次のフーリエ級数で表される。ただし、$\omega_0 = \dfrac{2\pi}{T}$ とする。

$$
\begin{aligned}
f(t) = {} & a_0 + (a_1\cos\omega_0 t + b_1\sin\omega_0 t) + (a_2\cos 2\omega_0 t + b_2\sin 2\omega_0 t) \\
& + (a_3\cos 3\omega_0 t + b_3\sin 3\omega_0 t) + \cdots \\
& + (a_n\cos n\omega_0 t + b_n\sin n\omega_0 t) + \cdots
\end{aligned}
$$

　その理由は、$-\dfrac{T}{2} \leqq t \leqq \dfrac{T}{2}$ で定義された関数 $f(t)$ からなる関数空間において、関数セット

$$
\{1,\ \cos\omega_0 t,\ \sin\omega_0 t,\ \cos 2\omega_0 t,\ \sin 2\omega_0 t,\ \cdots,\ \cos n\omega_0 t,\ \sin n\omega_0 t,\ \cdots\}
$$

が直交基底であることによる（§5−7）。この考え方を三角関数 cos、sin から複素指数関数 $e^{in\omega_0 t}$ に拡張してみよう。

● $\{e^{in\omega_0 t}\mid n$は整数$\}$ の異なる関数同士は直交

　関数セット $\{e^{in\omega_0 t}\mid n$は整数$\}$ から任意の二つの関数 $e^{im\omega_0 t}$、$e^{in\omega_0 t}$ を取り出して内積（§4−6）を計算すると、次の式を得る。

$$\int_{-\frac{T}{2}}^{\frac{T}{2}} e^{im\omega_0 t} \ \overline{e^{in\omega_0 t}} dt = \int_{-\frac{T}{2}}^{\frac{T}{2}} e^{im\omega_0 t} e^{-in\omega_0 t} dt = 0 \quad (m \neq n) \quad \cdots\cdots ①$$

$$\int_{-\frac{T}{2}}^{\frac{T}{2}} e^{im\omega_0 t} \ \overline{e^{in\omega_0 t}} dt = \int_{-\frac{T}{2}}^{\frac{T}{2}} e^{im\omega_0 t} e^{-in\omega_0 t} dt = T \quad (m = n) \quad \cdots\cdots ②$$

これは、$\{e^{in\omega_0 t} | n は整数\}$ の異なる関数同士は直交していることを意味する。

（注）$-\dfrac{T}{2} \leq t \leq \dfrac{T}{2}$ で定義された二つの関数 $f(t)$ と $g(t)$ の内積は $\int_{-\frac{T}{2}}^{\frac{T}{2}} f(t)\overline{g(t)} dt$ で定義される（§4−6）。ただし、$\overline{g(t)}$ は $g(t)$ の共役な複素数である。なお、内積が 0 であるとき、二つの関数 $f(t)$ と $g(t)$ は直交していると考える（§4−7）。

ここで、①②の成立理由を示すと次のようになる。

(1) $m \neq n$ のとき

$$\int_{-\frac{T}{2}}^{\frac{T}{2}} e^{im\omega_0 t} \ \overline{e^{in\omega_0 t}} dt = \int_{-\frac{T}{2}}^{\frac{T}{2}} e^{im\omega_0 t} e^{-in\omega_0 t} dt = \int_{-\frac{T}{2}}^{\frac{T}{2}} e^{i(m-n)\omega_0 t} dt$$

$$= \left[\frac{1}{i(m-n)\omega_0} e^{i(m-n)\omega_0 t} \right]_{-\frac{T}{2}}^{\frac{T}{2}}$$

$$= \frac{1}{i(m-n)\omega_0} \left\{ e^{i(m-n)\omega_0 \frac{T}{2}} - e^{i(m-n)\omega_0 \left(-\frac{T}{2}\right)} \right\}$$

ここで、$\omega_0 = \dfrac{2\pi}{T}$ より

$$\int_{-\frac{T}{2}}^{\frac{T}{2}} e^{im\omega_0 t}\ \overline{e^{in\omega_0 t}}\, dt = \frac{1}{i(m-n)\omega_0}\left\{ e^{i(m-n)\frac{2\pi}{T}\frac{T}{2}} - e^{i(m-n)\frac{2\pi}{T}\left(-\frac{T}{2}\right)} \right\}$$

$$= \frac{1}{i(m-n)\omega_0}\left\{ e^{i(m-n)\pi} - e^{i(m-n)(-\pi)} \right\}$$

$$= \frac{1}{i(m-n)\omega_0}\left\{ 2i\sin(m-n)\pi \right\} = 0$$

（2） $m = n$ のときは

$$\int_{-\frac{T}{2}}^{\frac{T}{2}} e^{im\omega_0 t}\ \overline{e^{in\omega_0 t}}\, dt = \int_{-\frac{T}{2}}^{\frac{T}{2}} e^{im\omega_0 t}\, e^{-in\omega_0 t}\, dt = \int_{-\frac{T}{2}}^{\frac{T}{2}} e^{i(m-n)\omega_0 t}\, dt$$

$$= \int_{-\frac{T}{2}}^{\frac{T}{2}} e^0\, dt = [t]_{-\frac{T}{2}}^{\frac{T}{2}} = T$$

● $\{e^{in\omega_0 t}\,|\,n$は整数$\}$は直交基底

区間 $-\dfrac{T}{2} \leqq t \leqq \dfrac{T}{2}$ で定義された関数 $f(t)$ が関数セット $\{e^{in\omega_0 t}\,|\,n$は整数$\}$

を用いて次のように書けたとする。

$$f(t) = \cdots + c_{-n}e^{-in\omega_0 t} + \cdots + c_{-1}e^{-i\omega_0 t}$$
$$+ c_0 + c_1 e^{i\omega_0 t} + \cdots + c_n e^{in\omega_0 t} + \cdots \quad \cdots\cdots ③$$

ここで、③式の両辺に $e^{-in\omega_0 t}$ を右から掛ける。

$$f(t)e^{-in\omega_0 t} = \cdots + c_{-n}e^{-in\omega_0 t}\, e^{-in\omega_0 t} + \cdots + c_{-1}e^{-i\omega_0 t}\, e^{-in\omega_0 t}$$
$$+ c_0 e^{-in\omega_0 t} + c_1 e^{i\omega_0 t}\, e^{-in\omega_0 t} + \cdots$$
$$+ c_n e^{in\omega_0 t}\, e^{-in\omega_0 t} + \cdots$$

両辺を区間 $-\dfrac{T}{2} \leqq t \leqq \dfrac{T}{2}$ で積分してみる。

$$\int_{-\frac{T}{2}}^{\frac{T}{2}} f(t)e^{-in\omega_0 t}\, dt = \cdots + c_{-n}\int_{-\frac{T}{2}}^{\frac{T}{2}} e^{-in\omega_0 t}\, e^{-in\omega_0 t}\, dt + \cdots$$

$$+ c_{-1} \int_{-\frac{T}{2}}^{\frac{T}{2}} e^{-i\omega_0 t} e^{-in\omega_0 t} dt$$

$$+ c_0 \int_{-\frac{T}{2}}^{\frac{T}{2}} e^{-in\omega_0 t} dt + c_1 \int_{-\frac{T}{2}}^{\frac{T}{2}} e^{i\omega_0 t} e^{-in\omega_0 t} dt + \cdots$$

$$+ c_n \int_{-\frac{T}{2}}^{\frac{T}{2}} e^{in\omega_0 t} e^{-in\omega_0 t} dt + \cdots$$

すると、上記の積分は①②より青字の項の値は T で、それ以外の値は 0 になる。ゆえに、$\displaystyle\int_{-\frac{T}{2}}^{\frac{T}{2}} f(t) e^{-in\omega_0 t} dt = Tc_n$

よって、$\displaystyle c_n = \frac{1}{T} \int_{-\frac{T}{2}}^{\frac{T}{2}} f(t) e^{-in\omega_0 t} dt$

このようにして、③の展開式の係数がすべて決定する。つまり、$f(t)$ は $\{e^{in\omega_0 t}|n$ は整数$\}$ の一次結合で書ける。したがって、$\{e^{in\omega_0 t}|n$ は整数$\}$ は基底であり、しかも、①②より直交基底である。

もう一歩進んで $f(t)$ と $g(t)$ の内積を $\int_{-\frac{T}{2}}^{\frac{T}{2}} f(t)\overline{g(t)}dt$ と定義した理由

二つの関数 $f(t)$ と $g(t)$ の内積を $\displaystyle\int_{-\frac{T}{2}}^{\frac{T}{2}} f(t)g(t)dt$ と定義すると、たとえば、$f(t) = g(t) = e^{in\omega_0 t}$ の場合、

$$\int_{-\frac{T}{2}}^{\frac{T}{2}} e^{in\omega_0 t} e^{in\omega_0 t} dt = \int_{-\frac{T}{2}}^{\frac{T}{2}} e^{2in\omega_0 t} dt = \frac{1}{2in\omega_0}[e^{2in\omega_0 t}]_{-\frac{T}{2}}^{\frac{T}{2}} = \frac{2i\sin 2n\pi}{2in\omega_0} = 0$$

となり、同じ関数同士の内積が 0 となってしまう。つまり、同じ関数同士が直交となり、不都合である。そのため $f(t)$ と $g(t)$ の内積を $\displaystyle\int_{-\frac{T}{2}}^{\frac{T}{2}} f(t)\overline{g(t)}dt$ と定義したのである（§4−7）。ただし、$\overline{g(t)}$ は $g(t)$ の共役な複素数である。$g(t)$ が実数値しかとらなければ $\overline{g(t)} = g(t)$ となる。

Excel を使って… 行列の掛け算

　第8章で扱う離散フーリエ変換、離散コサイン変換では行列の積（付録9）が頻繁に使われるが手計算では大変すぎる。実際にはプログラミングしてコンピュータで計算することになる。しかし、ExcelのMMULT関数を使うと簡単に行列の積を求めることができる。ここでは、計算例を一つ紹介しておくが、他の行列の積への応用は簡単である。

〔例〕セル B4～D6 に入力されている行列 A にセル F4～G6 に入力されている行列 B を掛ける計算の手順は①～④のようになる。

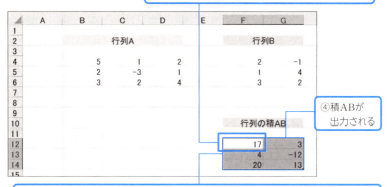

　なお、フーリエ解析では逆行列の計算や転置行列の計算も使われる。そのためのExcel関数としては、MINVERSE関数とTRANSPOSE関数がある。

第6章

フーリエ変換ってなんだろう

有限区間で定義された関数や周期関数は、正弦波（cos、sin）の和で表現することができる。これがフーリエ級数である。それでは、無限区間で定義された周期性のない関数は、正弦波を用いてどのように表現されるのだろうか。

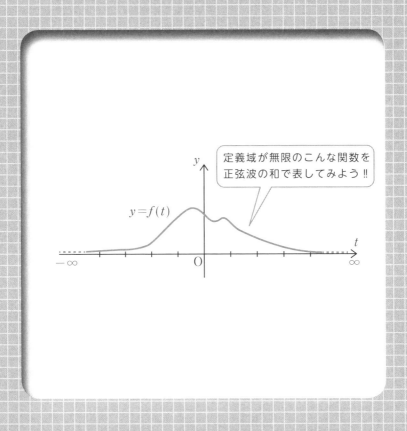

6-1 フーリエ変換とは

有限区間で定義された関数や周期関数から周波数情報を取り出すには、フーリエ級数が利用できる。

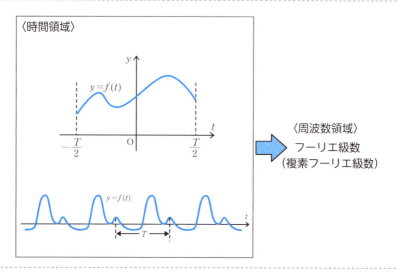

それでは、無限区間で定義され、かつ、周期関数でない関数から周波数情報を取得するにはどうしたらいいのだろうか。

有限区間で定義された関数 $f(t)$ や周期関数 $f(t)$ は角周波数が $n\omega_0$ の複素正弦波 $e^{in\omega_0 t}$ の和で表せる。これが**複素フーリエ級数**だった（§5-8）。

〈複素フーリエ級数〉

有限区間 $-\dfrac{T}{2} \leqq t \leqq \dfrac{T}{2}$ で定義された関数 $f(t)$ は次のように書ける。

$$f(t) = \sum_{n=-\infty}^{\infty} c_n e^{in\omega_0 t} \quad \text{ただし } c_n = \frac{1}{T}\int_{-\frac{T}{2}}^{\frac{T}{2}} f(t) e^{-in\omega_0 t} dt 、\omega_0 = \frac{2\pi}{T}$$

これに対し、無限区間で定義され、かつ、周期関数でない関数 $f(t)$ の場合、この複素フーリエ級数に相当するものは何だろうか。

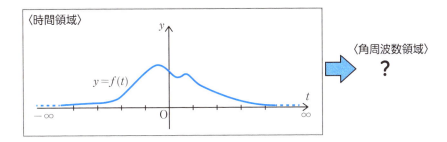

この疑問に答えるのが、次の**フーリエ変換**と**逆フーリエ変換**である。まずは、これらがどんなものかを紹介しよう。

フーリエ変換　　$F(\omega) = \int_{-\infty}^{\infty} f(t) e^{-i\omega t} dt$

逆フーリエ変換　　$f(t) = \dfrac{1}{2\pi} \int_{-\infty}^{\infty} F(\omega) e^{i\omega t} d\omega$

このとき**複素フーリエ係数 c_n は「フーリエ変換 $F(\omega)$」に相当し、複素フーリエ級数は「逆フーリエ変換」に相当**する。

〈複素フーリエ係数〉
$$c_n = \frac{1}{T} \int_{-\frac{T}{2}}^{\frac{T}{2}} f(t) e^{-in\omega_0 t} dt$$

〈フーリエ変換〉
$$F(\omega) = \int_{-\infty}^{\infty} f(t) e^{-i\omega t} dt$$

〈複素フーリエ級数〉
$$f(t) = \sum_{n=-\infty}^{\infty} c_n e^{in\omega_0 t}$$

〈逆フーリエ変換〉
$$f(t) = \frac{1}{2\pi} \int_{-\infty}^{\infty} F(\omega) e^{i\omega t} d\omega$$

● フーリエ変換$F(\omega)$は複素フーリエ係数c_nの拡張形

複素フーリエ係数c_nは角周波数が$\omega_0\left(=\dfrac{2\pi}{T}\right)$の整数倍$n\omega_0$の複素正弦波$e^{in\omega_0 t}$の係数である。

これに対し、フーリエ変換$F(\omega)$は周波数ωの複素正弦波$e^{i\omega t}$の係数なのである。ここで、$n\omega_0$はトビトビの値であるがωは連続した値である。

$f(t)$の複素フーリエ級数による表現は複素正弦波$e^{in\omega_0 t}$に係数c_nを掛けたもののトビトビの**無限の和Σ**である。これに対して、$f(t)$の逆フーリエ変換による表現は複素正弦波$e^{i\omega t}$に係数$F(\omega)$を掛けたものを$-\infty$から∞まで連続的に積分$\displaystyle\int$したものである（無限区間の積分は§2−2参照）。

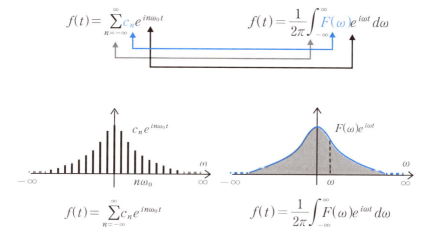

なお、フーリエ変換、逆フーリエ変換がどのようにして導かれるかについては次節で解説する。

● フーリエ変換の例

フーリエ変換の式を理解するために、まずは、その例を体験してみることにしよう。

(1) $f(t) = e^{-t}\ (t \geq 0)$、$f(t) = e^{t}\ (t < 0)$ のフーリエ変換 $F(\omega)$ を求める。

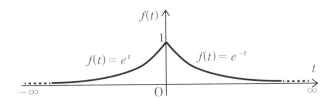

$$F(\omega) = \int_{-\infty}^{\infty} f(t) e^{-i\omega t} dt = \int_{-\infty}^{0} e^{t} e^{-i\omega t} dt + \int_{0}^{\infty} e^{-t} e^{-i\omega t} dt$$

$$= \int_{-\infty}^{0} e^{(1-i\omega)t} dt + \int_{0}^{\infty} e^{-(1+i\omega)t} dt = \left[\frac{e^{(1-i\omega)t}}{1-i\omega} \right]_{-\infty}^{0} + \left[-\frac{e^{-(1+i\omega)t}}{1+i\omega} \right]_{0}^{\infty}$$

$$= \frac{e^{0}}{1-i\omega} - \frac{e^{-\infty} e^{i\omega\infty}}{1-i\omega} - \frac{e^{-\infty} e^{-i\omega\infty}}{1+i\omega} + \frac{e^{0}}{1+i\omega}$$

$$= \frac{1}{1-i\omega} + \frac{1}{1+i\omega} = \frac{2}{1+\omega^2}$$

（注）$\lim_{t \to -\infty} e^{t} = \lim_{t \to \infty} e^{-t} = \lim_{t \to \infty} \frac{1}{e^{t}} = 0$ より $e^{-\infty} = 0$ （$e = 2.71828 > 1$）

また、$|e^{-i\omega t}| = |\cos \omega t - i \sin \omega t| = \sqrt{\cos^2 \omega t + \sin^2 \omega t} = 1$

よって、$\lim_{t \to -\infty} |e^{t} e^{-i\omega t}| = \lim_{t \to -\infty} |e^{t}| \|e^{-i\omega t}| = 0 \times 1 = 0$

ゆえに $\lim_{t \to -\infty} e^{t} e^{-i\omega t} = e^{-\infty} e^{i\omega\infty} = 0$

$\lim_{t \to \infty} |e^{-t} e^{-i\omega t}| = \lim_{t \to \infty} |e^{-t}| \|e^{-i\omega t}| = 0 \times 1 = 0$

ゆえに $\lim_{t \to \infty} e^{-t} e^{-i\omega t} = e^{-\infty} e^{-i\omega\infty} = 0$

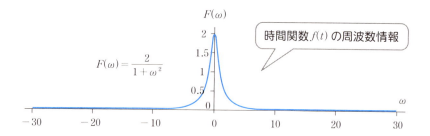

(2) $f(t) = e^{-t}$ $(t \geq 0)$、$f(t) = 0$ $(t < 0)$ のフーリエ変換 $F(\omega)$ を求める。

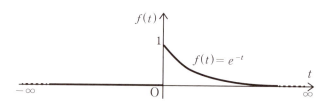

$$F(\omega) = \int_{-\infty}^{\infty} f(t)e^{-i\omega t}\,dt = \int_{-\infty}^{0} 0\,dt + \int_{0}^{\infty} e^{-t}e^{-i\omega t}\,dt$$

$$= \int_{0}^{\infty} e^{-(1+i\omega)t}\,dt = \left[-\frac{e^{-(1+i\omega)t}}{1+i\omega} \right]_{0}^{\infty}$$

$$= -\frac{e^{-\infty}e^{-i\omega\infty}}{1+i\omega} + \frac{e^{0}}{1+i\omega} = \frac{1}{1+i\omega} = \frac{1-i\omega}{1+\omega^2}$$

(上記の式変形では、前ページの注を利用)

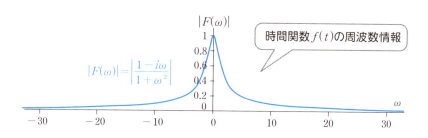

(3) $f(t) = 1 \left(-\dfrac{l}{2} \leqq t \leqq \dfrac{l}{2} \right)$, $f(t) = 0 \left(t < -\dfrac{l}{2}, \ t > \dfrac{l}{2} \right)$ のフーリエ変換

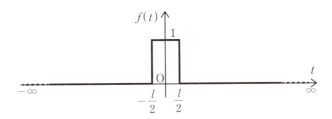

$$\begin{aligned}
F(\omega) &= \int_{-\infty}^{\infty} f(t) e^{-i\omega t}\, dt = \int_{-\frac{l}{2}}^{\frac{l}{2}} 1 \times e^{-i\omega t}\, dt = \int_{-\frac{l}{2}}^{\frac{l}{2}} e^{-i\omega t}\, dt = \left[\frac{e^{-i\omega t}}{-i\omega} \right]_{-\frac{l}{2}}^{\frac{l}{2}} \\
&= -\frac{e^{-i\omega \frac{l}{2}} - e^{i\omega \frac{l}{2}}}{i\omega} \\
&= -\frac{\left\{\cos\left(-\omega \frac{l}{2}\right) + i\sin\left(-\omega \frac{l}{2}\right)\right\} - \left\{\cos\left(\omega \frac{l}{2}\right) + i\sin\left(\omega \frac{l}{2}\right)\right\}}{i\omega} \\
&= \frac{2i \sin \omega \frac{l}{2}}{i\omega} = \frac{\sin \frac{l\omega}{2}}{\frac{l\omega}{2}} l
\end{aligned}$$

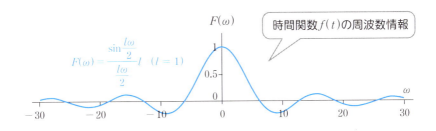

$F(\omega) = \dfrac{\sin \dfrac{l\omega}{2}}{\dfrac{l\omega}{2}} l \quad (l = 1)$

時間関数 $f(t)$ の周波数情報

●フーリエ級数とフーリエ変換を図で見てみると

下図は、次の**複素フーリエ級数を図示したもの**である。

$$f(t) = \cdots + c_{-n}e^{-in\omega_0 t} + \cdots + c_{-3}e^{-3i\omega_0 t} + c_{-2}e^{-2i\omega_0 t} + c_{-1}e^{-i\omega_0 t}$$

$$+ c_0 + c_1 e^{i\omega_0 t} + c_2 e^{2i\omega_0 t} + c_3 e^{3i\omega_0 t} + \cdots + c_n e^{in\omega_0 t} + \cdots$$

ここで、$c_n = \dfrac{1}{T}\displaystyle\int_{-\frac{T}{2}}^{\frac{T}{2}} f(t)e^{-in\omega_0 t}\,dt$　ただし、$\omega_0 = \dfrac{2\pi}{T}$

グレーの縦軸は $c_n e^{in\omega_0 t}$ などの値（この値は複素数）を表す複素数軸である。複素数を図示すると2次元平面を必要とするので、この縦軸1本で表すことは不可能であり、あくまでもイメージ図である。

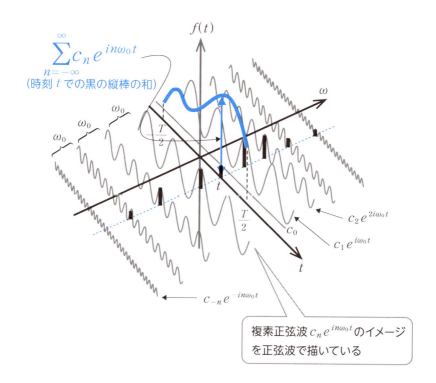

156　6-1 フーリエ変換とは

下図は、次の**フーリエ変換①とその逆変換②を図示したもの**である。グレーの縦軸は $F(\omega)e^{i\omega t}$ などの値（この値は複素数）を表す複素数軸である。前ページと同様、複素数を図示すると2次元平面を必要とするので、この縦軸1本で表すことは不可能であり、あくまでもイメージ図である。

フーリエ変換　　$F(\omega) = \int_{-\infty}^{\infty} f(t)e^{-i\omega t} dt$　……①

逆フーリエ変換　　$f(t) = \dfrac{1}{2\pi} \int_{-\infty}^{\infty} F(\omega)e^{i\omega t} d\omega$　……②

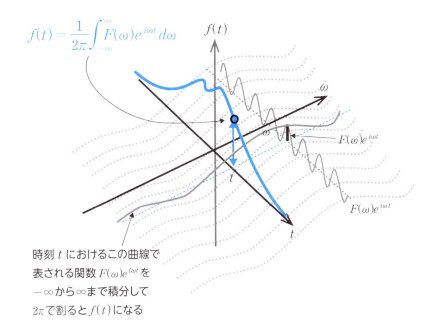

時刻 t におけるこの曲線で表される関数 $F(\omega)e^{i\omega t}$ を $-\infty$ から ∞ まで積分して 2π で割ると $f(t)$ になる

もう一歩進んで プリズムは光のフーリエ変換器

　光の色はその周波数によって決定する。つまり、青い光と赤い光はその周波数が異なるのである。我々が見ている太陽光は、実はいろいろな周波数をもつ光の集まりである。そのため、太陽光をプリズムに通すと、異なる周波数の光は屈折率が違うので、虹のように色が分解して現れる。つまり、プリズムを通過した太陽光は下図のように赤から紫まで色が分かれることになる。

　プリズムは分光器の一つであり、分けられた光の分布がスペクトルである。まさしく、**プリズムは光をフーリエ解析している**のである。

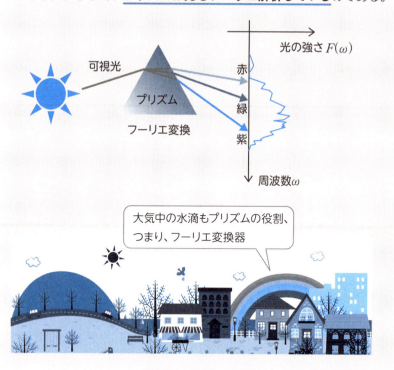

6-2 基底の考えからフーリエ変換を導く

無限区間で定義された関数 $f(t)$ のつくる関数空間を考える。このとき、関数セット $\{e^{i\omega t}|\omega$ は実数$\}$ はこの関数空間の直交基底となる。このことを用いてフーリエ変換を導いてみよう。

（注）積分の考えからフーリエ変換を導くには付録10参照。

有限区間 $-\dfrac{T}{2} \leq t \leq \dfrac{T}{2}$ で定義された関数 $f(t)$ の複素フーリエ級数は次のようになる（§5-8）。

$$f(t) = \sum_{n=-\infty}^{\infty} c_n e^{in\omega_0 t}、\quad c_n = \frac{1}{T}\int_{-\frac{T}{2}}^{\frac{T}{2}} f(t)e^{-in\omega_0 t}dt \quad ただし、\omega_0 = \frac{2\pi}{T}$$

これは、有限区間 $-\dfrac{T}{2} \leq t \leq \dfrac{T}{2}$ で定義された関数空間の関数 $f(t)$ は複素正弦波からなる直交基底 $\{e^{in\omega_0 t}|n$ は整数$\}$ を用いて和の形に表されることを意味する。

それでは、実数全体を定義域とする関数空間における関数 $f(t)$ は、どのような正弦波からなる直交基底で表されるのだろうか。このことを「デルタ関数」という超関数（通常の関数とは少し違うもの）を導入した世界で調べることにする。

● デルタ関数 $\delta(x)$ とは

デルタ関数というのは次の性質をもった超関数 $\delta(x)$ のことである。

$$\delta(x) = 0 \quad (x \neq 0) \quad \cdots\cdots ①$$

$$\int_{-\infty}^{\infty} \delta(x)dx = 1 \quad \cdots\cdots ②$$

しかし、こう書かれても、何だかさっぱりピンとこない。順を追って説

明しよう。

まずは、次の関数 $f_m(x)$ を考えてみる。ただし、$m>0$ とする。

$$f_m(x) = \begin{cases} \dfrac{1}{2m} & (-m \leq x \leq m) \\ 0 & (x<-m,\ x>m) \end{cases}$$

このとき、m がどんな値に対しても

$$\int_{-\infty}^{\infty} f_m(x)dx = 1 \quad \cdots\cdots ③$$

が成立する。また、m を限りなく 0 に近づけたときの $f_m(x)$ を考えると次のようになる。

$$\lim_{m \to 0} f_m(x) = \begin{cases} \infty & (x=0) \\ 0 & (x \neq 0) \end{cases} \quad \cdots\cdots ④$$

③④より、①②の性質をもつデルタ関数 $\delta(x)$ は m を限りなく 0 に近づけたときの関数 $f_m(x)$ の極限の関数と考えられる。つまり、

$$\delta(x) = \lim_{m \to 0} f_m(x)$$

こう考えると、デルタ関数 $\delta(x)$ のイメージが湧いてくる。図示すると次のようになる。

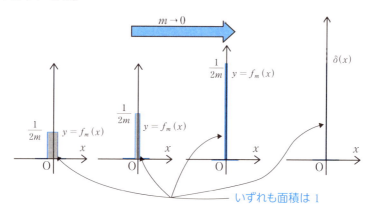

いずれも面積は 1

●関数 $g(x)$ に対し $\int_{-\infty}^{\infty} g(x)\delta(x)dx = g(0)$

関数 $g(x)$ にデルタ関数 $\delta(x)$ を掛けた $g(x)\delta(x)$ を、実数全体で積分したらどうなるだろうか。

159 ページの①式「$\delta(x) = 0 \quad (x \neq 0)$」より、次の等式が成立する。

$$g(x)\delta(x) = g(0)\delta(x) \quad \cdots\cdots⑤$$

なぜならば

$x \neq 0$ のとき $\quad g(x)\delta(x) = g(x) \times 0 = 0$

$\qquad\qquad\qquad g(0)\delta(x) = g(0) \times 0 = 0 \quad$ よって⑤は成立

$x = 0$ のとき $\quad g(x)\delta(x) = g(0)\delta(0)$

$\qquad\qquad\qquad g(0)\delta(x) = g(0)\delta(0) \quad$ よって⑤は成立

よって、これと 159 ページの②式 $\int_{-\infty}^{\infty} \delta(x)dx = 1$ より

$$\int_{-\infty}^{\infty} g(x)\delta(x)dx = \int_{-\infty}^{\infty} g(0)\delta(x)dx = g(0)\int_{-\infty}^{\infty} \delta(x)dx = g(0)$$

つまり、$g(x)\delta(x)$ を実数全体で積分したら $g(0)$ になる。

（注）デルタ関数は、通常、次の式を満たす関数として定義される。

$$\int_{-\infty}^{\infty} g(x)\delta(x)dx = g(0)$$

ここで、$g(x)$ は何回でも微分可能で、導関数の値が有限な任意の関数である。ただし、この定義だと初めてデルタ関数を学ぶ人にはわかりづらいので、本書では①、②を定義とした。

第 6 章　フーリエ変換ってなんだろう

● $\delta(x)$ の性質

デルタ関数 $\delta(x)$ には次の性質がある。

(1) $\delta(x)$ は偶関数

(2) $\delta(x - x_0) = 0 \quad (x \ne x_0)$

(3) $\delta(x) = \dfrac{1}{2\pi} \displaystyle\int_{-\infty}^{\infty} e^{ikx} dk$

(4) $\displaystyle\int_{-\infty}^{\infty} g(x)\delta(x - x_0)dx = g(x_0)$

（成立理由は説明すると長くなるので付録7に掲載）

もう一歩進んで ➤ ディラックの提案

デルタ関数 $\delta(x)$ はフーリエ解析では欠かせない関数である。 だが、このような関数は実際には存在しない。なぜならば $x=0$ における関数値が定まらないからである。しかし、物理学者ディラックは「滑らかで性質のよい関数との積の積分を考えればよいときに、デルタ関数 $\delta(x)$ を使おう」と提案したのである。この $\delta(x)$ を普通の関数の世界に導入することによって、関数の世界が理論的にスッキリとまとめられる。このデルタ関数は超関数と呼ばれるものの一つである。

● デルタ関数を導入した世界では $e^{i\omega_1 t}$ と $e^{i\omega_2 t}$ は直交

複素フーリエ級数での関数セット $\{e^{in\omega_0 t} | n \text{は整数}\}$ に対し、ここでは関数セット $\{e^{i\omega t} | \omega \text{は実数}\}$ を考えてみる。すると、この関数セットの異なる二つの関数 $e^{i\omega_1 t}$、$e^{i\omega_2 t}$ $(\omega_1 \ne \omega_2)$ はデルタ関数を利用すると、垂直になる。このことを調べてみよう。

まずは、二つの関数$e^{i\omega_1 t}$、$e^{i\omega_2 t}$の内積（§4-6）を計算してみよう。

$$\int_{-\infty}^{\infty} e^{i\omega_1 t} \overline{e^{i\omega_2 t}} dt = \int_{-\infty}^{\infty} e^{i\omega_1 t} e^{-i\omega_2 t} dt = \int_{-\infty}^{\infty} e^{i(\omega_1 - \omega_2)t} dt = 2\pi\delta(\omega_1 - \omega_2)$$

これは、前ページのデルタ関数の性質（3）$\delta(x) = \dfrac{1}{2\pi}\int_{-\infty}^{\infty} e^{ikx} dk$ を利用した。すると、$\omega_1 \neq \omega_2$ のとき$\omega_1 - \omega_2 \neq 0$だから、①より、

$$\int_{-\infty}^{\infty} e^{i\omega_1 t} \overline{e^{i\omega_2 t}} dt = 2\pi\delta(\omega_1 - \omega_2) = 0$$

これは、二つの関数$e^{i\omega_1 t}$、$e^{i\omega_2 t}$が直交していることを示している。

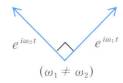

●フーリエ変換、逆フーリエ変換を導く

複素フーリエ級数で使われる基底$\{e^{in\omega_0 t} | n\text{は整数}\}$における$n\omega_0$は離散的なものであり、有限区間で定義された関数$f(t)$はこれらの和で

$$f(t) = \sum_{n=-\infty}^{\infty} c_n e^{in\omega_0 t}$$

と表された。

しかし、関数セット$\{e^{i\omega t} | \omega\text{は実数}\}$の$\omega$は実数全体を連続的に変化する。このため、無限区間で定義された関数$f(t)$の場合はΣではなく、次のように積分で表現されると考えられる。$G(\omega)$は角周波数ωの正弦波$e^{i\omega t}$の係数である。

$$f(t) = \int_{-\infty}^{\infty} G(\omega) e^{i\omega t} d\omega \quad \cdots\cdots ⑥$$

ここで、この後の計算で積分変数がダブらないように、⑥の積分変数をωからuに書き換えておくことにする。

$$f(t) = \int_{-\infty}^{\infty} G(u)e^{iut}\,du \quad \cdots\cdots ⑦$$

まず、⑦の両辺に$e^{-i\omega t}$を掛けてみる。

$$f(t)e^{-i\omega t} = \left\{ \int_{-\infty}^{\infty} G(u)e^{iut}\,du \right\}e^{-i\omega t}$$

次に、両辺を$-\infty$ から∞ までtで積分すると、

$$\int_{-\infty}^{\infty} f(t)e^{-i\omega t}\,dt = \int_{-\infty}^{\infty}\left\{ \int_{-\infty}^{\infty} G(u)e^{iut}\,du \right\}e^{-i\omega t}\,dt \quad \cdots\cdots ⑧$$

⑧の右辺は

> 2重積分は積分の順序を変更できる（付録8）

$$\int_{-\infty}^{\infty}\left\{ \int_{-\infty}^{\infty} G(u)e^{iut}\,du \right\}e^{-i\omega t}\,dt$$

＜デルタ関数$\delta(x)$の性質＞

$$= \int_{-\infty}^{\infty}\int_{-\infty}^{\infty} G(u)e^{iut}\,e^{-i\omega t}\,dt\,du$$

$$\delta(x) = \frac{1}{2\pi}\int_{-\infty}^{\infty} e^{ikx}\,dk$$

$$= \int_{-\infty}^{\infty} G(u)\int_{-\infty}^{\infty} e^{i(u-\omega)t}\,dt\,du$$

$$\int_{-\infty}^{\infty} g(x)\delta(x-x_0)\,dx = g(x_0)$$

$$= 2\pi\int_{-\infty}^{\infty} G(u)\delta(u-\omega)\,du$$

$$= 2\pi G(\omega)$$

これと⑧より $\displaystyle\int_{-\infty}^{\infty} f(t)e^{-i\omega t}\,dt = 2\pi G(\omega)$

よって、 $\displaystyle G(\omega) = \frac{1}{2\pi}\int_{-\infty}^{\infty} f(t)e^{-i\omega t}\,dt$

ここで、両辺に2π を掛けてこれを$F(\omega)$とすると、つまり、

$$F(\omega) = 2\pi G(\omega)$$

とすると、

$$F(\omega) = \int_{-\infty}^{\infty} f(t)e^{-i\omega t}\,dt \quad \cdots\cdots ⑨$$

これを関数$f(t)$の**フーリエ変換**という。また、⑦より**逆フーリエ変換**

164　6−2 基底の考えからフーリエ変換を導く

$$f(t) = \int_{-\infty}^{\infty} G(\omega)e^{i\omega t}\,d\omega = \frac{1}{2\pi}\int_{-\infty}^{\infty} F(\omega)e^{i\omega t}\,d\omega \quad \cdots\cdots \text{⑩}$$

を得る。したがって、$\{e^{i\omega t}\,|\,\omega$は実数$\}$は無限区間で定義された関数の関数空間における直交基底となる。

（注）本節のフーリエ変換の議論はデルタ関数 $\delta(x)$ の性質を利用しているが、付録7ではデルタ関数 $\delta(x)$ の性質を導くのにフーリエ変換を使っている。つまり、論理的には循環論法であるが、⑨、⑩をフーリエ変換、逆フーリエ変換の定義とすれば問題はない。

（注）次のようにフーリエ変換と逆フーリエ変換を定義する文献もある。

フーリエ変換　$F(\omega) = \dfrac{1}{\sqrt{2\pi}}\displaystyle\int_{-\infty}^{\infty} f(t)e^{-i\omega t}\,dt$

逆フーリエ変換　$f(t) = \dfrac{1}{\sqrt{2\pi}}\displaystyle\int_{-\infty}^{\infty} F(\omega)e^{i\omega t}\,d\omega$

なお、文献によって定数倍に関してさらに定義が異なることがあるので注意しなければならない。

もう一歩進んで ▶ 離散スペクトルと連続スペクトル

下記は関数 $f(t)$ の複素フーリエ級数である。

$$f(t) = \cdots + c_{-n}e^{-in\omega_0 t} + \cdots + c_{-3}e^{-3i\omega_0 t} + c_{-2}e^{-2i\omega_0 t} + c_{-1}e^{-i\omega_0 t}$$
$$+ c_0 + c_1 e^{i\omega_0 t} + c_2 e^{2i\omega_0 t} + c_3 e^{3i\omega_0 t} + \cdots + c_n e^{in\omega_0 t} + \cdots$$

$$\text{ただし、} c_n = \frac{1}{T}\int_{-\frac{T}{2}}^{\frac{T}{2}} f(t)e^{-in\omega_0 t}\,dt$$

フーリエ級数の場合、関数 $f(t)$ の複素フーリエ係数 c_n を求めることを「**関数 $f(t)$ のスペクトルを調べる**」とか、「**関数 $f(t)$ をスペクトルに分解する**」などと呼ぶことがある。そしてフーリエ変換の場合、このフーリエ級数の係数の c_n に相当するのが

$$F(\omega) = \int_{-\infty}^{\infty} f(t)e^{-i\omega t}\,dt$$

第6章

フーリエ変換ってなんだろう

165

なので、フーリエ変換 $F(\omega)$ を求めることを「関数 $f(t)$ のスペクトルを調べる」とか、「関数 $f(t)$ をスペクトルに分解する」などということがある。

なお、フーリエ級数の場合、複素正弦波 $e^{in\omega_0 t}$ の角周波数 $n\omega_0$ は不連続なトビトビの値なので、c_n は**離散スペクトル**と呼ばれる。

他方、フーリエ変換の場合、複素正弦波 $e^{i\omega t}$ の角周波数 ω は連続な値なので、$F(\omega)$ は**連続スペクトル**と呼ばれる。

6-3 フーリエ変換の性質

無限区間で定義された時間領域（位置領域）の関数 $f(t)$ を角周波数領域（スペクトル領域ともいう）の関数 $F(\omega)$ に変換するのがフーリエ変換で、その変換式は次の式で与えられる。

$$F(\omega) = \int_{-\infty}^{\infty} f(t)e^{-i\omega t}dt \quad \cdots\cdots ①$$

このフーリエ変換はいろいろな面白い性質をもっている。ここでは、そのうちのいくつかを紹介することにしよう。

時間領域の関数 $f(t)$ を角周波数領域の関数 $F(\omega)$ に変えるフーリエ変換を簡単のために $\mathbf{F}$ と名付けることにする。

$$F(\omega) = \mathbf{F}(f(t)) = \int_{-\infty}^{\infty} f(t)e^{-i\omega t}dt \qquad f(t) \xrightarrow{\mathbf{F}} F(\omega)$$

なお、任意の関数 $f(t)$ について、$F(\omega)$ が常に存在するとは限らないことに注意しよう。フーリエ変換が可能となるためには関数 $f(t)$ は少なくとも次の条件を満たしている必要がある。つまり、$f(\pm\infty) = 0$ でなければならない。

● 定数倍や和、差に関する性質

関数 $f(t)$ の定数倍 $cf(t)$、二つの関数 $f(t)$、$g(t)$ の和や差である $f(t) \pm g(t)$ のフーリエ変換には、次の線形性がある。

(1) $\mathbf{F}(cf(t)) = c\mathbf{F}(f(t))$
(2) $\mathbf{F}(f(t) \pm g(t)) = \mathbf{F}(f(t)) \pm \mathbf{F}(g(t))$ （複号同順）

（注）(1)、(2) は線形性と呼ばれる性質で、次のように簡単に書くこともある。

$\mathbf{F}(cf) = c\mathbf{F}(f)$ 、 $\mathbf{F}(f \pm g) = \mathbf{F}(f) \pm \mathbf{F}(g)$

(1)（2）の成立理由は次の定積分そのものの性質による。

$$\int_a^b cf(t)dt = c\int_a^b f(t)dt$$

$$\int_a^b \{f(t)\pm g(t)\}dt = \int_a^b f(t)dt \pm \int_a^b g(t)dt \quad （複号同順）$$

なぜならフーリエ変換①が定積分を用いて定義されているからである。

● 導関数に関する性質

$f(t)$ の導関数 $f'(t)$ をフーリエ変換したものと、もとの関数 $f(t)$ をフーリエ変換したものとの間には、次の関係がある。

$$\mathrm{F}(f'(t)) = i\omega\mathrm{F}(f(t))、\quad \mathrm{F}(f''(t)) = (i\omega)^2\mathrm{F}(f(t))$$

一般に、$\mathrm{F}(f^{(n)}(t)) = (i\omega)^n\mathrm{F}(f(t))$ となる。ここで、$f'(t)$ は $f(t)$ の第一次導関数、$f''(t)$ は $f(t)$ の第二次導関数、$f^{(n)}(t)$ は $f(t)$ の第 n 次導関数を表すものとする。

この性質は「微分した関数のフーリエ変換はもとの関数のフーリエ変換に $i\omega$ を掛けたもの」である。つまり、**関数を微分するということは、フーリエ変換の世界では、そのたびに $i\omega$ を掛けること**である。この簡潔性のゆえに、フーリエ変換は微分方程式の解法に役立つことになる。

それでは、まず、$\mathrm{F}(f'(t)) = i\omega\mathrm{F}(f(t))$ の成立理由を調べてみよう。

$$
\begin{aligned}
\mathrm{F}(f'(t)) &= \int_{-\infty}^{\infty} f'(t)e^{-i\omega t}\,dt \\
&= \left[f(t)e^{-i\omega t}\right]_{-\infty}^{\infty} - \int_{-\infty}^{\infty} f(t)(-i\omega)e^{-i\omega t}\,dt \\
&= i\omega\int_{-\infty}^{\infty} f(t)e^{-i\omega t}\,dt = i\omega\mathrm{F}(f(t))
\end{aligned}
$$

部分積分法

$f(t)$ は $f(\pm\infty) = 0$ を満たすものとする。
また、$|e^{-i\omega t}| = |\cos\omega t - i\sin\omega t| = 1$ である。

よって、$\mathrm{F}(f'(t)) = i\omega \mathrm{F}(f(t))$ が成立する。

このことより、
$$\mathrm{F}(f''(t)) = i\omega \mathrm{F}(f'(t)) = i\omega \cdot i\omega \mathrm{F}(f(t)) = (i\omega)^2 \mathrm{F}(f(t))$$
が成立する。

以下、このことを繰り返せば、$\mathrm{F}(f^{(n)}(t)) = (i\omega)^n \mathrm{F}(f(t))$ を導くことができる。ただし、$f^{(n)}(\pm\infty) = 0$ という条件が必要となる。

〔例〕 $f(t) = e^{-t}\,(t \geq 0)$、$f(t) = e^{t}\,(t < 0)$ のとき $F(\omega) = \dfrac{2}{1+\omega^2}$ であった（§6−1）。

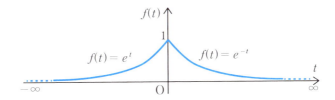

よって $f'(t)$ のフーリエ変換は、$\mathrm{F}(f'(t)) = i\omega \mathrm{F}(f(t)) = \dfrac{2i\omega}{1+\omega^2}$ となる。

●時間のシフトに関する性質

関数 $f(t)$ をフーリエ変換した関数を $F(\omega)$ とすると
$$\mathrm{F}(f(t-t_0)) = e^{-i\omega t_0} F(\omega)$$
が成立する。この性質は時間軸上で $f(t)$ を t_0 だけ平行移動した関数のフーリエ変換は、$f(t)$ のフーリエ変換 $F(\omega)$ に $e^{-i\omega t_0}$ を掛けたものに等しいということである。

なお、この成立理由は次のようになる。

フーリエ変換の定義式 $\mathrm{F}(f(t)) = \displaystyle\int_{-\infty}^{\infty} f(t) e^{-i\omega t}\,dt$ において関数 $f(t)$ を関数 $f(t-t_0)$ で置き換えると $\mathrm{F}(f(t-t_0)) = \displaystyle\int_{-\infty}^{\infty} f(t-t_0) e^{-i\omega t}\,dt$

ここで、$T = t - t_0$ と置換すると

$\int_{-\infty}^{\infty} f(t-t_0) e^{-i\omega t} dt$ ……$T = t - t_0$ より $dT = dt$

$= \int_{-\infty}^{\infty} f(T) e^{-i\omega(T+t_0)} dT$

$= e^{-i\omega t_0} \int_{-\infty}^{\infty} f(T) e^{-i\omega T} dT$ ……$\int_{-\infty}^{\infty} f(T) e^{-i\omega T} dT = \int_{-\infty}^{\infty} f(t) e^{-i\omega t} dt$
（積分の値は積分変数名によらない）

$= e^{-i\omega t_0} \int_{-\infty}^{\infty} f(t) e^{-i\omega t} dt$

$= e^{-i\omega t_0} \mathrm{F}(f(t)) = e^{-i\omega t_0} F(\omega)$

ゆえに、$\mathrm{F}(f(t-t_0)) = e^{-i\omega t_0} F(\omega)$ が成立する。

〔例〕 $f(t) = e^{-t} \ (t \geqq 0), \ f(t) = e^{t} \ (t < 0)$ のとき
$f(t-t_0) = e^{-(t-t_0)} \ (t-t_0 \geqq 0), \ f(t-t_0) = e^{t-t_0} \ (t-t_0 < 0)$ となる。

また、$\mathrm{F}(f(t)) = \int_{-\infty}^{\infty} f(t) e^{-i\omega t} dt = \dfrac{2}{1+\omega^2}$ であった（§6-1）。

よって、$\mathrm{F}(f(t-t_0)) = e^{-i\omega t_0} F(\omega) = e^{-i\omega t_0} \dfrac{2}{1+\omega^2} = \dfrac{2e^{-i\omega t_0}}{1+\omega^2}$

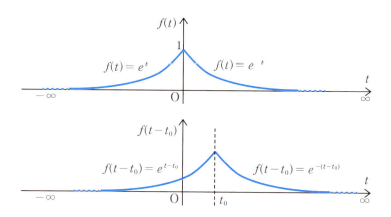

●角周波数のシフトに関する性質

関数 $f(t)$ をフーリエ変換した関数を $F(\omega)$ とすると

$$\mathrm{F}(f(t)e^{i\omega_0 t}) = F(\omega - \omega_0)$$

が成立する。この性質は時間軸上で $f(t)$ に $e^{i\omega_0 t}$ を掛け合わせると、角周波数軸上で $F(\omega)$ の形状を維持したまま ω_0 だけ平行移動することを意味する。たとえば、電話線で音声信号を送るときには音声信号の周波数帯域を電話線で送信しやすい周波数帯域に移す必要がある。このようなときにこの性質が使われるのである。この成立理由は次のようになる。

$$\mathrm{F}(f(t)e^{i\omega_0 t}) = \int_{-\infty}^{\infty} f(t)e^{i\omega_0 t} e^{-i\omega t} dt = \int_{-\infty}^{\infty} f(t)e^{-i(\omega - \omega_0)t} dt = F(\omega - \omega_0)$$

〔例〕 $f(t) = e^{-t}\ (t \geqq 0)$、$f(t) = e^{t}\ (t < 0)$ のとき

$F(\omega) = \dfrac{2}{1 + \omega^2}$ であった。

よって、$f(t)e^{i\omega_0 t}$ のフーリエ変換は

$$\mathrm{F}(f(t)e^{i\omega_0 t}) = F(\omega - \omega_0) = \frac{2}{1 + (\omega - \omega_0)^2}$$

第6章

フーリエ変換ってなんだろう

もう一歩進んで　フーリエ変換が可能な条件

　この節の冒頭で少し述べたが、フーリエ変換は任意の関数 $f(t)$ の変換を保証するものではない。本書ではこのことに関して深入りはしないが、フーリエ変換可能な関数 $f(t)$ の条件を以下に掲載しておこう。

> 　関数 $f(t)$ の絶対値の積分 $\displaystyle\int_{-\infty}^{\infty} |f(t)| dt$ が収束すれば、つまり、
>
> $\displaystyle\int_{-\infty}^{\infty} |f(t)| dt$ が有限確定値であれば、$f(t)$ はフーリエ変換可能で
>
> $F(\omega)$ が定まる。

　なお、関数 $f(t)$ の絶対値の積分 $\displaystyle\int_{-\infty}^{\infty} |f(t)| dt$ が収束するとき、関数 $f(t)$ は**絶対可積分**であるという。

　また、関数 $f(t)$ が絶対可積分であるとき、$f(\pm\infty) = 0$ が成立することになる。フーリエ級数よりもフーリエ変換のほうが関数 $f(t)$ に強い制約が課せられる。

第7章

ラプラス変換ってなんだろう

無限区間で定義された周期性のない関数に対して、その周波数情報を得るためには「フーリエ変換」を行なえばよい。しかし、無限区間で積分するため、フーリエ変換ができる関数は限られてくる。この足かせを減らすにはどうしたらいいのだろうか。

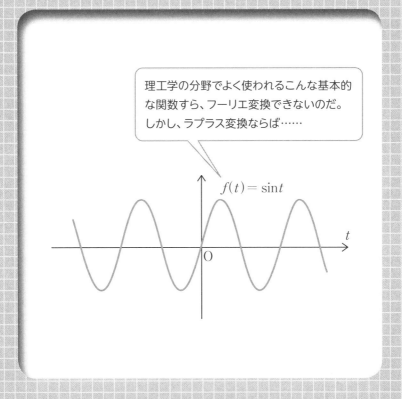

理工学の分野でよく使われるこんな基本的な関数すら、フーリエ変換できないのだ。しかし、ラプラス変換ならば……

$f(t) = \sin t$

7-1 ラプラス変換とは

無限区間で定義された時間領域（空間領域）の関数 $f(t)$ を角周波数領域の関数に変換するフーリエ変換は次の式で与えられた。

フーリエ変換 $F(\omega) = \int_{-\infty}^{\infty} f(t) e^{-i\omega t} dt$ ……①

ただし、この変換は関数 $f(t)$ が何でもよいわけではない。関数 $f(t)$ は**絶対可積分**（§6-3）、つまり積分 $\int_{-\infty}^{\infty} |f(t)| dt$ が収束するという条件を満たさなければならない。しかし、基本的な関数ですら、この条件を満たさないことがあり、フーリエ変換ができないことになる。そこで、工夫されたのが**ラプラス変換**である。

フーリエ変換は、一番簡単な次の関数に対しても無力である。

$$f(t) = \begin{cases} 1 & (0 \leq t) \\ 0 & (t < 0) \end{cases} \quad \cdots\cdots ②$$

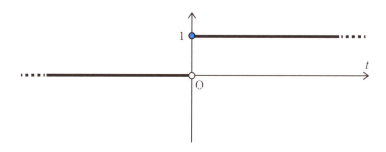

（注）この関数は**ユニット関数**（またはユニットステップ関数、ヘビサイドの単位階段関数）と呼ばれている。なお、ヘビサイド（1850〜1925）とはイギリスの電気工学者の名前である。

なぜならば

$$F(\omega) = \int_{-\infty}^{\infty} f(t)e^{-i\omega t}\,dt = \int_{-\infty}^{0} 0 \times e^{-i\omega t}\,dt + \int_{0}^{\infty} 1 \times e^{-i\omega t}\,dt$$

$$= \left[\frac{e^{-i\omega t}}{-i\omega}\right]_0^{\infty} = \frac{1}{-i\omega}[\cos\omega t - i\sin\omega t]_0^{\infty} = 収束しない$$

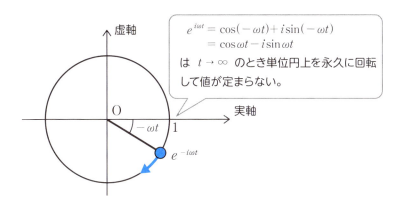

つまり、②のフーリエ変換は発散してしまう。そこで、このような関数も積分可能になるように、**フーリエ変換に一工夫加えたものが「ラプラス変換」**である。その一工夫とは、関数 $f(t)$ に「$t \geq 0$ では e^{-ct} という関数、$t < 0$ では 0 という関数」を掛けてできる新たな関数 $f_1(t)$ をフーリエ変換するのである。

$f(t)$ が②の場合 $f_1(t)$ は次のようになる。

$$f_1(t) = f(t)e^{-ct} = \begin{cases} e^{-ct} & (0 \leq t) \\ 0 & (t < 0) \end{cases} \quad \cdots\cdots ③$$

$c > 0$ のとき e^{-ct} は次図のように減衰関数なので、c を適当に選べば②のような関数に対してフーリエ変換の発散を食い止めることができる。

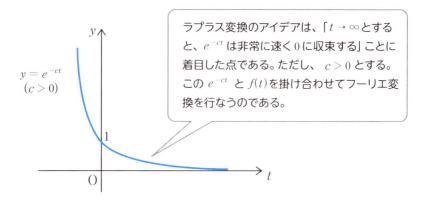

実際に③の $f_1(t)$ をフーリエ変換すると次のようになる。

$$F(\omega) = \int_{-\infty}^{\infty} f_1(t)e^{-i\omega t}dt = \int_{-\infty}^{0} 0 \times e^{-ct} \times e^{-i\omega t}dt + \int_{0}^{\infty} 1 \times e^{-ct} \times e^{-i\omega t}dt$$

$$= \int_{0}^{\infty} e^{-(c+i\omega)t}dt = \frac{1}{-(c+i\omega)}[e^{-(c+i\omega)t}]_{0}^{\infty}$$

$$= \frac{1}{-(c+i\omega)}(e^{-(c+i\omega)\times\infty} - e^{0}) = \frac{1}{c+i\omega}$$

つまり、$f_1(t)$ のフーリエ変換は $\dfrac{1}{c+i\omega}$ になる。

（注）$e^{-(c+i\omega)\times\infty}$ とは $\displaystyle\lim_{t\to\infty}e^{-(c+i\omega)t}$ の意味で、これは 0 に収束する。なぜならば、$c > 0$ より

$$\lim_{t\to\infty}e^{-(c+i\omega)t} = \lim_{t\to\infty}e^{-ct}e^{-i\omega t} = \lim_{t\to\infty}e^{-ct}(\cos\omega t - i\sin\omega t) = 0$$

↓ ↓
0　　　絶対値が 1 の複素数

●ラプラス変換の定義

そこでフーリエ変換 $F(\omega) = \displaystyle\int_{-\infty}^{\infty} f(t)e^{-i\omega t}dt$ に対し、関数 $f(t)$ $(t \geqq 0)$ の次の変換を新たに考えることにする。

$$\int_{0}^{\infty} f(t)e^{-ct}e^{-i\omega t}dt = \int_{0}^{\infty} f(t)e^{-(c+i\omega)t}dt = \int_{0}^{\infty} f(t)e^{-st}dt \quad (s = c + i\omega)$$

このように、$f(t)$ を $\int_0^\infty f(t)e^{-st}\,dt$ に変換することを**ラプラス変換**とい

い、ラプラス変換した式を $F(s)$ と表すことにする。つまり、

$f(t)$ のラプラス変換　$F(s)=\int_0^\infty f(t)e^{-st}\,dt$　……④

④式の s は $c+i\omega$ のことで、c と ω は実数であるから s は複素数である。**ラプラス変換では、④の積分が収束するように複素数 s の実部 c の値を適当にとる**ことになる。つまり、積分 $\int_0^\infty f(t)e^{-st}\,dt$ を可能にするためのおまじないが複素数 s の実部 c に託されているのである。

　なお、フーリエ変換の①式において積分の下端は $-\infty$ だが、ラプラス変換の④式においては積分の下端は 0 になっている。そこで、④のことを**片側ラプラス変換**ということにする。これに対して積分の下端を $-\infty$ にとったものを**両側ラプラス変換**というが、片側ラプラス変換のほうが一般的である。それは、理工学の分野では時刻 $t=0$ でスイッチを入れて現象を始動させ、その後の変化を観察することが多いので、関数 $f(t)$ に $f(t)=0$　$(t<0)$ という条件をつけることが多いからである。このとき、

$$\int_{-\infty}^\infty f(t)e^{-st}\,dt=\int_{-\infty}^0 0\times e^{-st}\,dt+\int_0^\infty f(t)e^{-st}\,dt$$
$$=0+\int_0^\infty f(t)e^{-st}\,dt=\int_0^\infty f(t)e^{-st}\,dt$$

● t 関数、s 関数

　ラプラス変換　$F(s)=\int_0^\infty f(t)e^{-st}\,dt$ ……④　において $f(t)$ は**原関数**とか

t 関数などと呼ばれている。また、$F(s)$ は**像関数**とか**s 関数**と呼ばれている。関数 $f(t)$ が t 関数と呼ばれるのは、多くの場合、関数 f の変数に

time（時刻）の t が用いられるからである。また、$F(s)$ が s 関数と呼ばれるのは、多くの文献で関数 F の変数に s が用いられているからである。ここで、注意したいのは④において、積分変数 t は実数であるが、被積分関数 $f(t)e^{-st}$ は s が複素数なので複素数の世界の関数（複素関数）を考えているということである。ラプラス変換では④の積分が収束するように s は適当な数を仮定することになる。

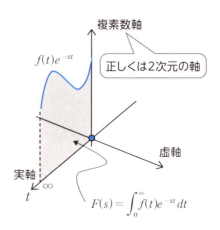

 ラプラス変換

$f(t)$ のラプラス変換 $F(s) = \int_0^\infty f(t)e^{-st}dt$

ただし、s は複素数 $c+i\omega$ で、c と ω は実数。c はこの積分が収束するように適当に選ぶ。

もう一歩進んで　表関数と裏関数

ラプラス変換ではラプラス変換する前のもとの関数 $f(t)$ を**表関数**ともいう。これは原関数（t 関数）のことである。これに対して、ラプラス変換した後の関数 $F(s)$ を**裏関数**ともいう。これは像関数（s 関数）のことである。なんとなく素敵な名前である。

7-2 ラプラス変換の逆変換は

フーリエ変換と逆フーリエ変換は、次の式で与えられた。

フーリエ変換 $\displaystyle F(\omega) = \int_{-\infty}^{\infty} f(t)e^{-i\omega t}\,dt$

逆フーリエ変換 $\displaystyle f(t) = \frac{1}{2\pi}\int_{-\infty}^{\infty} F(\omega)e^{i\omega t}\,d\omega$

では、前節で紹介したラプラス変換の逆変換、つまり、逆ラプラス変換はどんな変換式になるのだろうか？

ラプラス変換 $\displaystyle F(s) = \int_{0}^{\infty} f(t)e^{-st}\,dt$ （sは複素数）

逆ラプラス変換 **？**

　ラプラス変換の逆変換を考えるにあたって、まずは、ラプラス変換そのものをもう一度検討してみよう。

●ラプラス変換を再度フーリエ変換から考えてみよう

　関数 $f(t)$ をフーリエ変換した式 $F_0(\omega)$ は次の式で与えられる。

$$F_0(\omega) = \int_{-\infty}^{\infty} f(t)e^{-i\omega t}\,dt$$

　したがって、$f_1(t) = f(t)e^{-ct}\ (t \geqq 0)$、$f_1(t) = 0\ (t < 0)$ によって定義された $f_1(t)$ をフーリエ変換した $F_1(\omega)$ は次のようになる。ただし、c は定数。

$$F_1(\omega) = \int_{-\infty}^{\infty} f_1(t)e^{-i\omega t}\,dt = \int_{-\infty}^{0} 0 \times e^{-i\omega t}\,dt + \int_{0}^{\infty} f(t)e^{-ct}\,e^{-i\omega t}\,dt$$

$$= \int_{0}^{\infty} f(t)e^{-(c+i\omega)t}\,dt \quad \cdots\cdots ①$$

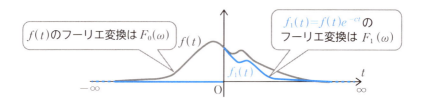

ここで、$s = c + i\omega$ とおくと、$\omega = \dfrac{s - c}{i}$ より

①の $F_1(\omega) = \int_0^\infty f(t) e^{-(c+i\omega)t} dt$ は $F_1\left(\dfrac{s-c}{i}\right) = \int_0^\infty f(t) e^{-st} dt$ と書ける。

さらに、F_1 は s の関数だから、$F(s) = F_1\left(\dfrac{s-c}{i}\right)$ とおくと、

$$F(s) = \int_0^\infty f(t) e^{-st} dt \quad \cdots\cdots ②$$

これは前節で示した関数 $f(t)$ のラプラス変換と同じである。ここで、$s = c + i\omega$ は複素数（c、ω は実数）であり、s の存在領域を、**複素領域**、**s 領域**、**s 空間**）などと呼ぶことにする。ちなみに、変数 t の存在する空間を t **領域**や t **空間**などと呼ぶのである。

●逆ラプラス変換を導く

関数 $f_1(t)$ のフーリエ変換は $F_1(\omega) = \int_{-\infty}^\infty f_1(t) e^{-i\omega t} dt$ である。したがって、次の逆フーリエ変換が得られる。

$$f_1(t) = \dfrac{1}{2\pi} \int_{-\infty}^\infty F_1(\omega) e^{i\omega t} d\omega \quad \cdots\cdots ③$$

ここで、$t \geq 0$ のとき $f_1(t) = f(t) e^{-ct}$ である。よって、③は

$$f(t)e^{-ct} = \frac{1}{2\pi}\int_{-\infty}^{\infty}F_1(\omega)e^{i\omega t}d\omega \quad (t \geq 0)$$

と書ける。この両辺にe^{ct}を掛けると

$$f(t) = \frac{1}{2\pi}\int_{-\infty}^{\infty}F_1(\omega)e^{i\omega t}e^{ct}d\omega = \frac{1}{2\pi}\int_{-\infty}^{\infty}F_1(\omega)e^{(c+i\omega)t}d\omega \quad (t \geq 0) \quad \cdots\cdots ④$$

ここで、$s = c + i\omega$ より $ds = id\omega$ となる。

また、

ω	$-\infty$	$\to$	∞
s	$c - i\infty$	$\to$	$c + i\infty$

である。よって④は

$$f(t) = \frac{1}{2\pi i}\int_{c-i\infty}^{c+i\infty}F_1\left(\frac{s-c}{i}\right)e^{st}ds \quad (t \geq 0)$$

ここで $F(s) = F_1\left(\dfrac{s-c}{i}\right)$ より

$$f(t) = \frac{1}{2\pi i}\int_{c-i\infty}^{c+i\infty}F(s)e^{st}ds \quad (t \geq 0)$$

これが、ラプラス変換②に対する**逆ラプラス変換**となる。ここで、積分変数sは複素数で、その実部cは定数だが、虚部ωが$-\infty$から∞まで変化するので、**積分経路**は図のように、複素平面上の虚軸に平行な直線となる。**逆ラプラス変換は典型的な複素関数の積分である**。本書では複素関数の積分については知らなくても何とか

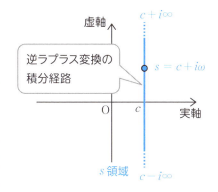

なるが、その原理を＜もう一歩進んで＞として183ページに紹介しておいた。

●ラプラス変換とフーリエ変換の関係

フーリエ変換 $F(\omega) = \int_{-\infty}^{\infty} f(t)e^{-i\omega t}dt$ で使われる複素正弦波 $e^{-i\omega t}$ はおとなしすぎる（絶対値が1）。そのため、関数 $f(t)$ によってはフーリエ変換の積分が発散してしまうことがある。そこで、ラプラス変換 $F(s) = \int_{0}^{\infty} f(t)e^{-st}dt$ は絶対値が急激に減少する複素正弦波 e^{-st} を利用することによって積分を可能にしたのである。

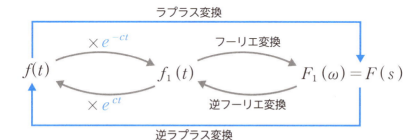

> **Note** 関数 $f(t)$ のラプラス変換
>
> ラプラス変換　　$F(s) = \int_{0}^{\infty} f(t)e^{-st}dt$　　（s は複素数）
>
> 逆ラプラス変換　　$f(t) = \dfrac{1}{2\pi i}\int_{c-i\infty}^{c+i\infty} F(s)e^{st}ds$　　（$t \geqq 0$）

もう一歩進んで ▶ 複素関数の積分

変数が複素数 z である関数 $f(z)$ を複素関数という。フーリエ解析をしっかりと理解しよう思ったら、複素関数の微分・積分を扱う「複素解析」の勉強は欠かせない。ここでは、複素関数の積分を簡単に紹介しておこう。

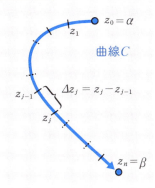

複素平面上に α を始点とし β を終点とする向きのついた曲線 C があり、C 上の点 z に対して複素関数 $f(z)$ が定義されているとする。このとき、曲線 C を n 分割し図のように各分点に

$$z_0 (=\alpha), z_1, z_2, z_3, \cdots, z_{j-1}, z_j, \cdots, z_{n-1}, z_n (=\beta)$$

と名前を付け、$\Delta z_j = z_j - z_{j-1}$ として次の和を考える。

$$f(z_1)\Delta z_1 + f(z_2)\Delta z_2 + f(z_3)\Delta z_3 + \cdots$$
$$+ f(z_j)\Delta z_j + \cdots + f(z_n)\Delta z_n \quad \cdots\cdots ①$$

この和は次ページ上図の横が $\Delta z_j = z_j - z_{j-1}$、高さ $f(z_j)$ の n 枚の長方形の和とイメージできる(実際には、こんな長方形は描けない)。

ここで、$n \to \infty$ とし、どの Δz_j も 0 に限りなく近づくように分割を限りなく細かくしたときに、①が一定の値に近づけば、その値を曲線 C に沿った複素関数 $f(z)$ の**線積分**といい、$\int_C f(z)dz$ と書くことにする。

$$\int_C f(z)dz = \lim_{\substack{n \to \infty \\ \Delta z_j \to 0}} \sum_{j=1}^{n} f(z_j)\Delta z_j$$

これが複素関数の積分であり、この曲線 C を**積分経路**という。

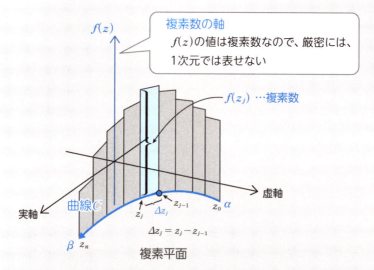

複素平面

　高校で学んだ積分は、曲線 C が x 軸（実軸）上にあり、関数値 $f(x)$ も実数の場合である。

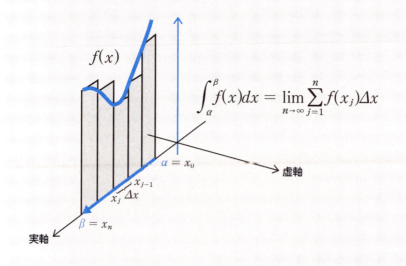

ラプラス変換の性質

ラプラス変換の計算は一般には大変である。しかし、この節で紹介するラプラス変換の性質と次節で紹介する「ラプラス変換表」を組み合わせることにより、効率よくラプラス変換ができるようになる。

関数 $f(t)$ のラプラス変換は次の式で与えられる。

$$F(s) = \int_0^\infty f(t)e^{-st}\,dt \quad \cdots\cdots ①$$

本書では、関数 $f(t)$ がこのラプラス変換①によって変換された s 関数を記号 L を用いて $\mathrm{L}(f(t))$、または、もっと、簡単に $\mathrm{L}(f)$ と書くことにする。つまり、$\mathrm{L}(f(t)) = F(s)$、または、簡単に $\mathrm{L}(f) = F$ である。

なお、以下の説明において s 関数 $F(s)$、$G(s)$ は t 関数 $f(t)$、$g(t)$ をそれぞれラプラス変換した関数とする。

● ラプラス変換の線形性

ラプラス変換には次の線形性がある。

$$\mathrm{L}(cf(t)) = c\mathrm{L}(f(t))$$
$$\mathrm{L}(f(t) \pm g(t)) = \mathrm{L}(f(t)) \pm \mathrm{L}(g(t)) \quad (複号同順)$$

これらの成立理由はラプラス変換①の計算が積分を使った計算のためであり、その積分計算そのものに線形性があるからである。

$$\int_a^b cf(x)dx = c\int_a^b f(x)dx \quad (c は定数)$$

$$\int_a^b \{f(x) \pm g(x)\}dx = \int_a^b f(x)dx \pm \int_a^b g(x)dx \quad (複号同順)$$

●ラプラス変換は1:1対応である

異なる関数 $f(t)$ と $g(t)$ をラプラス変換すると、それぞれ異なる関数 $F(s)$ と $G(s)$ が生まれる。つまり、

$$f(t) \neq g(t) \quad \Rightarrow \quad F(s) \neq G(s)$$

これと同値な対偶命題は

$$F(s) = G(s) \quad \Rightarrow \quad f(t) = g(t)$$

となる。

この「1:1」という性質は重要である。なぜならば、ラプラス変換後の $F(s)$ に対して、ラプラス変換される前の関数 $f(t)$ がただ1つ確定するからである。

ラプラス変換が1:1という性質をもつ理由は簡単である。それは、逆ラプラス変換より $F(s)$ に対し、$f(t) = \dfrac{1}{2\pi i}\displaystyle\int_{c-i\infty}^{c+i\infty} F(s)e^{st}ds$ がただ一つ確定するからである。

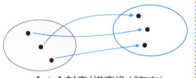 

1:1対応(逆変換が存在)　　1:1対応でない
　　　　　　　　　　　　(逆変換が存在しない)

●微分のラプラス変換

微分に関しては次の単純な公式が成立する。

$$\mathrm{L}(f'(t)) = sF(s) - f(0) \quad \cdots\cdots ②$$

つまり、関数 $f(t)$ を微分した $f'(t)$ のラプラス変換はもとの関数 $f(t)$ をラプラス変換したものを s 倍して $f(0)$ を引いた関数になることを示している。

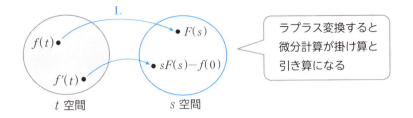

②と同様にして、次の微分に関する公式が成立する。
$$L(f''(t)) = s^2 F(s) - sf(0) - f'(0)$$

一般に
$$L(f^{(n)}(t)) = s^n F(s) - s^{n-1} f(0) - s^{n-2} f'(0) - \cdots$$
$$- sf^{(n-2)}(0) - f^{(n-1)}(0)$$

ここでは、最初の公式②の成立理由を紹介しよう。他の場合も同じである。

$$\begin{aligned} L(f'(t)) &= \int_0^\infty f'(t)e^{-st} dt \\ &= [f(t)e^{-st}]_0^\infty - \int_0^\infty f(t)(-s)e^{-st} dt \\ &= f(\infty)e^{-s\times\infty} - f(0)e^0 + s\int_0^\infty f(t)e^{-st} dt \\ &= 0 - f(0) \times 1 + sL(f(t)) \\ &= sL(f(t)) - f(0) = sF(s) - f(0) \end{aligned}$$

部分積分法を利用
$$\int_a^b f'(t)g(t) dt$$
$$= [f(t)g(t)]_a^b - \int_a^b f(t)g'(t) dt$$

ここで、ラプラス変換では $f(\infty)e^{-s\times\infty} = 0$、つまり、$\lim_{t\to\infty} f(t)e^{-s\times t} = 0$ となる関数 $f(t)$ と複素数 s を前提に考えている。実際に、複素数 $s = c + i\omega$ の実部 c を正とするとき、多くの実用的な関数 $f(t)$ は次の式を満たす。

$$\lim_{t\to\infty} e^{-ct} f(t) = \lim_{t\to\infty} \frac{f(t)}{e^{ct}} = 0 \quad (c > 0)$$

つまり、$f(t)$ よりも指数関数 e^{ct} のほうが急速に大きくなるのである。

このとき、

$$\lim_{t\to\infty}|f(t)e^{-st}| = \lim_{t\to\infty}|f(t)e^{-ct-i\omega t}|$$
$$= \lim_{t\to\infty}\left|\frac{f(t)}{e^{ct}}(\cos\omega t - i\sin\omega t)\right|$$
$$= \lim_{t\to\infty}\left|\frac{f(t)}{e^{ct}}\right| = 0$$

ゆえに、$c>0$ のとき $\lim_{t\to\infty}f(t)e^{-s\times t} = f(\infty)e^{-s\times\infty} = 0$

●ラプラス変換の推移則（その1）

関数 $f(t)$ のラプラス変換が $F(s)$ のとき、関数 $e^{-at}f(t)$ のラプラス変換は $F(s+a)$ となる。ただし、a は定数とする。つまり、

$$L(e^{-at}f(t)) = F(s+a)$$

このことの成立理由は以下のようである。

$$L(e^{-at}f(t)) = \int_0^\infty e^{-at}f(t)e^{-st}dt = \int_0^\infty f(t)e^{-(s+a)t}dt = F(s+a)$$

●ラプラス変換の推移則（その2）

$t \geq 0$ のとき $u(t)=1$、$t<0$ のとき $u(t)=0$ である関数を**ユニット関数**という。

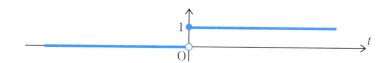

この関数を利用すると $f(t)$ が時間軸上で t_0 だけ移動した関数 $f(t-t_0)$ に関して次のことが成立する。ただし、$t_0>0$ とする。

$$L(f(t-t_0)u(t-t_0)) = e^{-st_0}F(s)$$

このことの成立理由は以下のようである。

$$\mathrm{L}\,(f(t-t_0)u(t-t_0)) = \int_0^\infty f(t-t_0)u(t-t_0)e^{-st}\,dt$$

$t-t_0 = q$ と置換

$$= \int_{-t_0}^\infty f(q)u(q)e^{-s(q+t_0)}\,dq$$

$$= \int_{-t_0}^0 f(q)u(q)e^{-s(q+t_0)}\,dq + \int_0^\infty f(q)u(q)e^{-s(q+t_0)}\,dq$$

$$= e^{-st_0}\int_{t_0}^0 f(q)\times 0\times e^{-sq}\,dq + e^{-st_0}\int_0^\infty f(q)\times 1\times e^{-sq}\,dq$$

$$= 0 + e^{-st_0}\int_0^\infty f(q)e^{-sq}\,dq = e^{-st_0}F(s)$$

● ラプラス変換の相似則

関数 $f(t)$ のラプラス変換が $F(s)$ のとき、関数 $f(at)$ のラプラス変換は $\dfrac{1}{a}F\left(\dfrac{s}{a}\right)$ となる。つまり、

$$\mathrm{L}\,(f(at)) = \frac{1}{a}F\left(\frac{s}{a}\right) \qquad \text{ただし、}a>0$$

このことの成立理由は以下のようである。

$$\mathrm{L}\,(f(at)) = \int_0^\infty f(at)e^{-st}\,dt = \int_0^\infty f(u)e^{-s\frac{u}{a}}\frac{1}{a}\,du$$

$u = at$ と置換

$$= \frac{1}{a}\int_0^\infty f(u)e^{-\frac{s}{a}u}\,du = \frac{1}{a}F\left(\frac{s}{a}\right)$$

第7章

ラプラス変換ってなんだろう

189

ラプラス変換の性質

逆ラプラス変換 $f(t)=\dfrac{1}{2\pi i}\displaystyle\int_{c-i\infty}^{c+i\infty}F(s)e^{st}\,ds$ の計算は、まさしく複素関数の積分である。しかし、本節で紹介したラプラス変換の性質を利用すると、複素関数の積分を回避することができる。これは大変ありがたいことである。また、微分方程式を解く上でも、ラプラス変換の性質はよく使われる。そこでラプラス変換の性質を一覧表にまとめておこう。

名 称	ラプラス変換の性質
線形性	$L(cf(t)) = cL(f(t))$ $L(f(t) \pm g(t)) = L(f(t)) \pm L(g(t))$　（複号同順）
1：1	$f(t) \neq g(t) \Rightarrow F(s) \neq G(s)$
微　分	$L(f'(t)) = sF(s) - f(0)$ $L(f''(t)) = s^2 F(s) - sf(0) - f'(0)$ $L(f^{(n)}(t)) = s^n F(s) - s^{n-1} f(0) - s^{n-2} f'(0) -$ $\cdots - sf^{(n-2)}(0) - f^{(n-1)}(0)$
推移則	$L(e^{-at} f(t)) = F(s+a)$ $L(f(t-t_0)u(t-t_0)) = e^{-st_0} F(s)$ 　　　　　　　ただし、$u(t)$はユニット関数
相似則	$L(f(at)) = \dfrac{1}{a} F\left(\dfrac{s}{a}\right)$

基本的な関数のラプラス変換

ここでは基本的な関数 $f(t)$ について、そのラプラス変換 $F(s)$ を求めておこう。ここで求めた $F(s)$ は、今後、微分方程式の解法などで逆ラプラス変換を行なう際におおいに役立つことになる。

関数 $f(t)$ のラプラス変換は次の式で与えられる。

$$F(s) = \int_0^\infty f(t)e^{-st}\,dt \quad \cdots\cdots ①$$

この式を使って基本的な関数 $f(t)$ のラプラス変換を求めておこう。

●ユニット関数のラプラス変換

ユニット関数（または、ユニットステップ関数、ヘビサイドの単位階段関数）$u(t)$ は次の式で与えられる。

$$u(t) = \begin{cases} 1 & (0 \leqq t) \\ 0 & (t < 0) \end{cases}$$

この式を①に代入すると、

$$\begin{aligned}
F(s) &= \int_0^\infty u(t)e^{-st}\,dt = \int_0^\infty 1 \times e^{-st}\,dt \\
&= \left[\frac{e^{-st}}{-s}\right]_0^\infty = \frac{e^{-s\times\infty}}{-s} - \frac{e^0}{-s} = 0 + \frac{1}{s} \\
&= \frac{1}{s}
\end{aligned}$$

つまり、ユニット関数をラプラス変換すると $F(s) = \dfrac{1}{s}$ となる。

（注1）ここで、$s = c + i\omega$ の実部 c は正とする。このとき $\lim_{t \to \infty} e^{-st} = 0$、つまり、$e^{-s \times \infty} = 0$ が成立する。なぜならば、$|e^{-i\omega t}| = |\cos(-\omega t) + i\sin(-\omega t)| = 1$ より

$$\lim_{t \to \infty}|e^{-st}| = \lim_{t \to \infty}|e^{-(c+i\omega)t}| = \lim_{t \to \infty}|e^{-ct}e^{-i\omega t}| = \lim_{t \to \infty}|e^{-ct}||e^{-i\omega t}| = \lim_{t \to \infty}\left|\frac{1}{e^{ct}}\right| \times 1 = \frac{1}{\infty} = 0$$

ゆえに、$\lim_{t \to \infty} e^{-st} = e^{-s \times \infty} = 0$

●デルタ関数 $\delta(t)$ のラプラス変換

デルタ関数 $\delta(t)$ は次の式を満たす（§6−2）。

$$\delta(t) = 0 \qquad (t \neq 0)$$

$$\int_{-\infty}^{\infty} g(t)\delta(t)dt = g(0)$$

$\delta(t)$

よって $\delta(t)$ のラプラス変換は

$$t < 0 \ \text{で} \ \delta(t)e^{-st} = 0 \times e^{-st} = 0$$

$$F(s) = \int_0^\infty f(t)e^{-st}\,dt = \int_0^\infty \delta(t)e^{-st}\,dt = \int_{-\infty}^\infty \delta(t)e^{-st}\,dt = e^{-s \times 0} = 1$$

つまり、デルタ関数 $\delta(t)$ をラプラス変換すると $F(s) = 1$ となる。

● n 次関数 t^n のラプラス変換

まずは、1次関数 $f(t) = t$ をラプラス変換してみよう。

$$\begin{aligned}
F(s) &= \int_0^\infty f(t)e^{-st}\,dt = \int_0^\infty te^{-st}\,dt \\
&= \left[t\left(\frac{e^{-st}}{-s}\right)\right]_0^\infty - \int_0^\infty (t)'\left(\frac{e^{-st}}{-s}\right)dt \\
&= \infty \times \left(\frac{e^{-s \times \infty}}{-s}\right) - 0 \times \left(\frac{e^0}{-s}\right) + \frac{1}{s}\int_0^\infty e^{-st}\,dt
\end{aligned}$$

部分積分法を利用
$$\int_a^b f(t)g'(t)dt$$
$$= [f(t)g(t)]_a^b - \int_a^b f'(t)g(t)dt$$

192　7−4 基本的な関数のラプラス変換

$$= 0 - 0 + \frac{1}{s}\int_0^\infty e^{-st}\,dt$$

$$= \frac{1}{s}\left[\frac{e^{-st}}{-s}\right]_0^\infty = \frac{1}{s}\left(\frac{e^{-s\times\infty}}{-s} - \frac{e^0}{-s}\right) = \frac{1}{s^2}$$

よって、1次関数 $f(t) = t$ のラプラス変換は $F(s) = \dfrac{1}{s^2}$ である。

（注2）ここでは、$s = c + i\omega$ の実部 c は正とする。このとき $\lim\limits_{t\to\infty} te^{-st} = 0$、$\lim\limits_{t\to\infty} e^{-st} = 0$、つまり $\infty \times e^{-s\times\infty} = 0$、$e^{-s\times\infty} = 0$ が成立する（注1と §7−3「●微分のラプラス変換」参照）。

次に、2次関数 $f(t) = t^2$ をラプラス変換してみよう。

$$F(s) = \int_0^\infty f(t)e^{-st}\,dt = \int_0^\infty t^2 e^{-st}\,dt$$

$$= \left[t^2\left(\frac{e^{-st}}{-s}\right)\right]_0^\infty - \int_0^\infty (t^2)'\left(\frac{e^{-st}}{-s}\right)dt$$

$$= \infty \times \left(\frac{e^{-s\times\infty}}{-s}\right) - 0 \times \frac{e^0}{-s} + \frac{2}{s}\int_0^\infty te^{-st}\,dt = 0 - 0 + \frac{2}{s}\times\frac{1}{s^2} = \frac{2!}{s^3}$$

$f(t) = t$ **のラプラス変換は** $F(s) = \dfrac{1}{s^2}$

よって、2次関数 $f(t) = t^2$ のラプラス変換は $F(s) = \dfrac{2!}{s^3}$ である。

（注3）ここで、$s = c + i\omega$ の実部 c は正とする。このとき $\lim\limits_{t\to\infty} t^2 e^{-st} = 0$、つまり、$\infty \times e^{-s\times\infty} = 0$ が成立する（§7−3「●微分のラプラス変換」参照）。

このように部分積分を繰り返すことによって、関数 t^n のラプラス変換として $F(s) = \dfrac{n!}{s^{n+1}}$ を得る。

第7章

ラプラス変換ってなんだろう

193

●指数関数 e^{at} のラプラス変換

指数関数 e^{at} をラプラス変換してみよう。

$$F(s) = \int_0^\infty f(t)e^{-st}\,dt = \int_0^\infty e^{at}\,e^{-st}\,dt = \int_0^\infty e^{(a-s)t}\,dt = \left[\frac{e^{(a-s)t}}{a-s}\right]_0^\infty$$

$$= \frac{e^{(a-s)\times\infty}}{a-s} - \frac{e^0}{a-s} = \frac{1}{s-a}$$

（注4）ここで、複素数 s は複素数 $s-a$ の実部が正になる s を採用する。このとき、$\displaystyle\lim_{t\to\infty} e^{(a-s)t} = \lim_{t\to\infty}\frac{1}{e^{(s-a)t}} = \frac{1}{\infty} = 0$ が成立する（注1参照）。

●三角関数のラプラス変換

三角関数 $\cos\omega t$、$\sin\omega t$ をラプラス変換してみよう。

（1）$\cos\omega t$ の場合

$\cos\omega t$ を①の $f(t)$ に代入すると

$$F(s) = \int_0^\infty f(t)e^{-st}\,dt = \int_0^\infty (\cos\omega t)e^{-st}\,dt = \int_0^\infty \frac{e^{i\omega t} + e^{-i\omega t}}{2}e^{-st}\,dt$$

$$= \frac{1}{2}\int_0^\infty (e^{(i\omega-s)t} + e^{(-i\omega-s)t})\,dt = \frac{1}{2}\left[\frac{e^{(i\omega-s)t}}{i\omega-s} + \frac{e^{(-i\omega-s)t}}{-i\omega-s}\right]_0^\infty$$

$$= \frac{1}{2}\left(\frac{e^{(i\omega-s)\times\infty}}{i\omega-s} + \frac{e^{(-i\omega-s)\times\infty}}{-i\omega-s} - \frac{e^0}{i\omega\;s} - \frac{e^0}{i\omega\;-s}\right)$$

$$= \frac{1}{2}\left(0 + 0 - \frac{1}{i\omega-s} - \frac{1}{-i\omega-s}\right) = \frac{s}{s^2+\omega^2}$$

つまり、三角関数 $\cos\omega t$ をラプラス変換すると $F(s) = \dfrac{s}{s^2+\omega^2}$ となる。

（注5）オイラーの公式 $e^{i\theta} = \cos\theta + i\sin\theta$ より、$e^{-i\theta} = \cos\theta - i\sin\theta$ となる。この二つの式より、$\cos\theta = \dfrac{e^{i\theta} + e^{-i\theta}}{2}$、$\sin\theta = \dfrac{e^{i\theta} - e^{-i\theta}}{2i}$

（注6）複素数 s の実部 c を正にすれば

$$\lim_{t \to \infty} e^{(i\omega - s)t} = \lim_{t \to \infty} \frac{e^{i\omega t}}{e^{st}} = 0 \text{、} \quad \lim_{t \to \infty} e^{(-i\omega - s)t} = \lim_{t \to \infty} \frac{e^{-i\omega t}}{e^{st}} = 0$$

となる（注1参照）。

（2）$\sin\omega t$ の場合

$\sin\omega t$ を①の $f(t)$ に代入すると

$$F(s) = \int_0^\infty f(t)e^{-st}\,dt = \int_0^\infty (\sin\omega t)e^{-st}\,dt = \int_0^\infty \frac{e^{i\omega t} - e^{-i\omega t}}{2i} e^{-st}\,dt$$

$$= \frac{1}{2i}\int_0^\infty (e^{(i\omega - s)t} - e^{-(i\omega + s)t})\,dt = \frac{1}{2i}\left[\frac{e^{(i\omega - s)t}}{i\omega - s} - \frac{e^{(-i\omega - s)t}}{-i\omega - s}\right]_0^\infty$$

$$= \frac{1}{2i}\left(\frac{e^{(i\omega - s)\times\infty}}{i\omega - s} - \frac{e^{(-i\omega - s)\times\infty}}{-i\omega - s} - \frac{e^0}{i\omega - s} + \frac{e^0}{-i\omega - s}\right)$$

$$= \frac{1}{2i}\left(0 - 0 - \frac{1}{i\omega - s} + \frac{1}{-i\omega - s}\right) = \frac{\omega}{s^2 + \omega^2}$$

つまり、三角関数 $\sin\omega t$ をラプラス変換すると $F(s) = \dfrac{\omega}{s^2 + \omega^2}$ となる。

（注7）複素数 s の実部 c を正にすれば

$$\lim_{t \to \infty} e^{(i\omega - s)t} = \lim_{t \to \infty} \frac{e^{i\omega t}}{e^{st}} = 0 \text{、} \quad \lim_{t \to \infty} e^{(-i\omega - s)t} = \lim_{t \to \infty} \frac{e^{-i\omega t}}{e^{st}} = 0$$

となる（注1参照）。

第7章 ラプラス変換ってなんだろう

基本的な関数のラプラス変換表

以下に基本的な関数のラプラス変換を一覧表にまとめておこう。

t 関数 $f(t)$　ただし、$t \geq 0$	s 関数 $F(s)$
$f(t) = 1$　（ユニット関数）	$F(s) = \dfrac{1}{s}$
$f(t) = t^n$　（n 次関数）	$F(s) = \dfrac{n!}{s^{n+1}}$
$f(t) = \delta(t)$　（デルタ関数）	$F(s) = 1$
$f(t) = e^{at}$　（指数関数）	$F(s) = \dfrac{1}{s-a}$
$f(t) = \cos\omega t$　（三角関数）	$F(s) = \dfrac{s}{s^2 + \omega^2}$
$f(t) = \sin\omega t$　（三角関数）	$F(s) = \dfrac{\omega}{s^2 + \omega^2}$

第8章

離散データによる
フーリエ解析

時間や位置の変化とともに連続的に変化する自然現象や社会現象を観察しフーリエ解析しようとするとき、それらの現象を表現した関数 $f(t)$ をそのまま入手できるわけではない。得られるのはトビトビの離散データである。そこで、ここでは、これらの離散データをもとにフーリエ解析する方法を探ってみることにする。

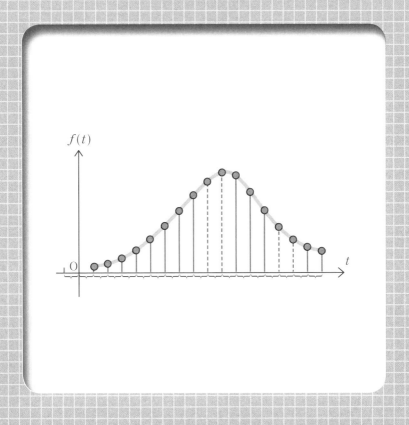

8-1 フーリエ解析にはサンプリングは欠かせない

映像や音声などの信号の多くは「連続信号」である。数学的には連続関数で表され、そのグラフは切れ目なくつながっている。しかし、連続信号を測定したものは離散的な値になる。なぜならば、計測、測定するときにはトビトビの時刻や位置で計ることになるからである。

本章では連続信号から得られた**離散信号をもとに、もとの連続信号の周波数情報を入手する方法を調べる**ことにする。それが**離散フーリエ変換**である。まずは、その際使われる、連続信号から離散信号を入手する方法である「サンプリング」について調べてみよう。

●サンプリング

時の経過とともに子供の身長は連続的に変化している。しかし、実際問題、身長の変化の様子を漏らさず正確に記録することはできない。そこで、身長の変化を一時間毎、一か月毎、一年毎のように、一定の間隔 D ごとに測定、記録することになる。すると、連続信号から次の離散信号が得られる。

$$\{\cdots\cdots, 65.1, 71.5, 80.2, 89.9, \cdots\cdots, 120.4, 131.8, \cdots\cdots\}$$

時刻 t における子供の身長などを $f(t)$（これは連続信号）として、このことを一般化すると、次のように表せる。

$$\{\cdots\cdots, f(-D), f(0), f(D), f(2D), f(3D), \cdots\cdots, f(kD), \cdots\cdots\}$$

……離散信号

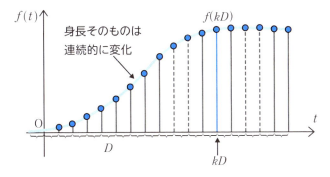

このように、一定の間隔 D ごとに連続信号から離散信号を取得する操作は**サンプリング**（**標本化**）と呼ばれている。また、区切った一定の間隔 D は**サンプリング周期**、サンプリング周期の逆数 $1/D$ は**サンプリング周波数**と呼ばれている。

●有限時間におけるサンプリング

連続信号 $f(t)$ から離散信号を取り出すとき、取り出す時間を次の有限時間としてみよう（左下図）。

$$0 \leq t < T \quad (T\text{は正の定数}) \quad \cdots\cdots ①$$

もし、長い時間の連続信号であれば（右下図）、幅が T のブロックに区切って処理することになる。

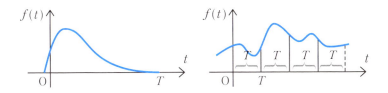

上記の連続信号 $f(t)$ $(0 \leq t < T)$ から離散信号を取り出すわけだが、ここでは、簡単のために、まずは、4個を取り出す場合を考えてみよう。

そのために、①の区間幅 T を4等分し、各等分点の時刻からデータを

取得することにする。このとき、サンプリング周期（信号間隔）D は次の式を満たす。

$$T = 4D$$

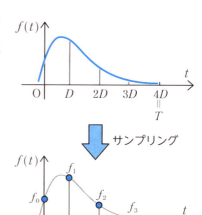

また、サンプリング時刻は次のように表せる。

$$t = 0, D, 2D, 3D$$

これらの時刻で $f(t)$ の値を求めると次の信号値の時系列が得られる。

$$\{f_0, \ f_1, \ f_2, \ f_3\}$$

これらの、信号値と連続信号 $f(t)$ は次の関係で結ばれている。

$$f_k = f(kD) \quad (k = 0, 1, 2, 3)$$

この、区間 $0 \leq t < T$ における連続信号 $f(t)$ からの4個のサンプリングを n 個のサンプリングに一般化すると、次の n 個のサンプリングデータを得る。

$$\{f_0, f_1, f_2, f_3, \cdots, f_k, \cdots, f_{n-1}\}$$

$$\text{ただし、} f_k = f(kD) \quad (k = 0, 1, 2, 3, \cdots, n-1)$$

（注）次節以降のことだが、ちょっと一言。$D = \dfrac{T}{n}$ なので n が大きいほど D が小さくなり、上記の離散データから、もとの連続信号に関する多くの周波数情報が得られることになる。ただし、離散フーリエ変換（次節）における計算量が飛躍的に増大する。

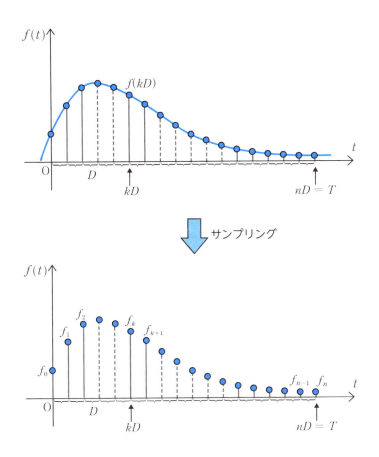

もう一歩進んで アナログ信号、デジタル信号

　時間的（空間的）に連続した信号をアナログ信号といい、「時間的（空間的）に不連続な信号をデジタル信号という。上図の青いグラフで表される信号 $f(t)$ は「アナログ信号」で、サンプリングによる青い点列で表される信号は「デジタル信号」である。

8-2 サンプリングデータをもとに離散フーリエ変換

フーリエ級数やフーリエ変換は、連続信号 $f(t)$ から周波数情報を得る解析法である。しかし、観測の対象は連続信号であっても、実際に得られる観測値は離散信号になってしまう。そこで、得られた n 個の観測値からもとの連続信号 $f(t)$ の周波数情報を得る方法が必要になる。これに答えてくれるのが離散フーリエ変換という考え方である。

有限区間 $0 \leq t \leq T$ における連続信号 $f(t)$ から周波数情報を得るには次の複素フーリエ級数を利用すればよかった（§5-8）。

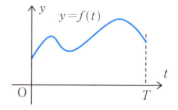

$$f(t) = \cdots + c_{-n}e^{-in\omega_0 t} + \cdots + c_{-3}e^{-3i\omega_0 t} + c_{-2}e^{-2i\omega_0 t} + c_{-1}e^{-i\omega_0 t}$$
$$+ c_0 + c_1 e^{i\omega_0 t} + c_2 e^{2i\omega_0 t} + c_3 e^{3i\omega_0 t} + \cdots + c_n e^{in\omega_0 t} + \cdots \quad \cdots\cdots ①$$

$$ただし、\omega_0 = \frac{2\pi}{T}, \quad c_n = \frac{1}{T}\int_0^T f(t)e^{-in\omega_0 t}dt \quad \cdots\cdots ②$$

つまり、周波数 $n\omega_0$ に関係する情報は正弦波 $e^{in\omega_0 t}$ の係数（フーリエ係数）②式よりわかることになる。この②式の積分計算は $f(t)$ が連続であればその値を求めることができる。しかし、$f(t)$ が離散的なときは②の計算は無意味になってしまう。したがって、観測値である n 個の離散信号 $\{f_0, f_1, f_2, f_3, \cdots, f_k, \cdots, f_{n-1}\}$ から $f(t)$ を①のように級数展開した場合のフーリエ係数を求めることはできない。つまり、①の

$$\{\cdots, c_{-n}, \cdots, c_{-3}, c_{-2}, c_{-1}, c_0, c_1, c_2, c_3, \cdots, c_n, \cdots\}$$

を求めることはできない。

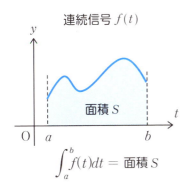
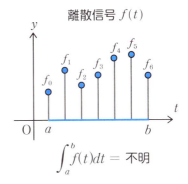

● $\{1, e^{i\omega_0 t}, e^{2i\omega_0 t}, e^{3i\omega_0 t}, \cdots, e^{i(n-1)\omega_0 t}\}$ で表現

　繰り返すが、離散信号に対しては②の積分計算は無意味になるので、離散信号 $\{f_0, f_1, f_2, f_3, \cdots, f_{n-1}\}$ からもとの連続信号 $f(t)$ を①の形に表現することはできない。そこで、①式の右辺の一部を利用した式を用いて、$f(t)$ に近い連続信号を表現してみることにする。つまり、$f(t)$ に近い連続信号 $x(t)$ として関数セット

$$\{1, e^{i\omega_0 t}, e^{2i\omega_0 t}, e^{3i\omega_0 t}, \cdots, e^{i(n-1)\omega_0 t}\}$$

の一次結合

$$x(t) = a_0 + a_1 e^{i\omega_0 t} + a_2 e^{2i\omega_0 t} + a_3 e^{3i\omega_0 t} + \cdots + a_{n-1} e^{i(n-1)\omega_0 t}$$

を利用するのである。ただし、$a_0, a_1, a_2, a_3, \cdots, a_{n-1}$ は定数で、$x(t)$ は

$$x(0) = f_0, x(D) = f_1, x(2D) = f_2, \cdots\cdots, x((n-1)D) = f_{n-1} \quad \cdots\cdots ③$$

を満たすものとする（下図）。

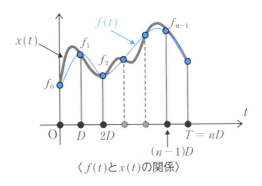

〈$f(t)$ と $x(t)$ の関係〉

このような連続信号 $x(t)$ は $\{f_0, f_1, f_2, f_3, \cdots, f_{n-1}\}$ から一つ求めることができる。以下にその方法を調べてみよう。

話を簡単にするために、有限区間 $0 \leq t \leq T$ における連続信号 $f(t)$ からサンプリングされた4つの離散信号 $\{f_0, f_1, f_2, f_3\}$ を得たとしよう。

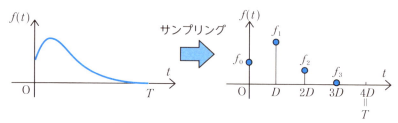

ここで、4つの正弦波からなる関数セット $\{1, e^{i\omega_0 t}, e^{2i\omega_0 t}, e^{3i\omega_0 t}\}$ の一次結合で表現された連続信号

$$x(t) = a_0 + a_1 e^{i\omega_0 t} + a_2 e^{2i\omega_0 t} + a_3 e^{3i\omega_0 t} \quad \cdots\cdots ④$$

を考える。ただし、a_0, a_1, a_2, a_3 は定数とする。

次に、④式の ω_0 を $\omega_0 = \dfrac{2\pi}{T} = \dfrac{2\pi}{4D}$ で書き換えると、

$$x(t) = a_0 + a_1 e^{i\frac{2\pi}{4D} \times t} + a_2 e^{i\frac{2\pi}{4D} \times 2t} + a_3 e^{i\frac{2\pi}{4D} \times 3t} \quad \cdots\cdots ⑤$$

を得る。f_0, f_1, f_2, f_3 はそれぞれ時刻 $t = 0, D, 2D, 3D$ におけるサンプリングデータだから、③より次の関係を満たす。

$$f_0 = x(0), f_1 = x(D), f_2 = x(2D), f_3 = x(3D)$$

よって、これらを⑤に代入すると次の4つの式を得る。

$$f_0 = x(0) = a_0 + a_1 e^{i\frac{2\pi}{4D} \times 0} + a_2 e^{i\frac{2\pi}{4D} \times 0} + a_3 e^{i\frac{2\pi}{4D} \times 0}$$

$$f_1 = x(D) = a_0 + a_1 e^{i\frac{2\pi}{4D} \times D} + a_2 e^{i\frac{2\pi}{4D} \times 2D} + a_3 e^{i\frac{2\pi}{4D} \times 3D}$$

$$f_2 = x(2D) = a_0 + a_1 e^{i\frac{2\pi}{4D} \times 2D} + a_2 e^{i\frac{2\pi}{4D} \times 4D} + a_3 e^{i\frac{2\pi}{4D} \times 6D}$$

$$f_3 = x(3D) = a_0 + a_1 e^{i\frac{2\pi}{4D} \times 3D} + a_2 e^{i\frac{2\pi}{4D} \times 6D} + a_3 e^{i\frac{2\pi}{4D} \times 9D}$$

整理すると、

$$
\left.
\begin{aligned}
f_0 &= a_0 + a_1 + a_2 + a_3 \\
f_1 &= a_0 + a_1 e^{i\frac{2\pi}{4}} + a_2 e^{i\frac{4\pi}{4}} + a_3 e^{i\frac{6\pi}{4}} \\
f_2 &= a_0 + a_1 e^{i\frac{4\pi}{4}} + a_2 e^{i\frac{8\pi}{4}} + a_3 e^{i\frac{12\pi}{4}} \\
f_3 &= a_0 + a_1 e^{i\frac{6\pi}{4}} + a_2 e^{i\frac{12\pi}{4}} + a_3 e^{i\frac{18\pi}{4}}
\end{aligned}
\right\} \quad \cdots\cdots ⑥
$$

　ここで、a_0, a_1, a_2, a_3 を未知数と考えると⑥式は 4 元連立 1 次方程式となる。未知数が 4 つ、異なる方程式が 4 つなので、基本的にはこの方程式⑥は解くことができる。したがって a_0, a_1, a_2, a_3 を使って表現することができる。つまり、離散信号 $\{f_0, f_1, f_2, f_3\}$ から⑥の係数 $\{a_0, a_1, a_2, a_3\}$ が求められる。

（注）4 元連立 1 次方程式は、未知数の係数によっては解が無数に求められたり、または解が存在しないことがある。

●行列を用いて表現

　このように見通しはたったが 4 つの式を並べた連立方程式⑥を見ていても $\{f_0, f_1, f_2, f_3\}$ と $\{a_0, a_1, a_2, a_3\}$ の関係がよくわからない。そこで、数学の強力な道具である「行列」を用いて $\{f_0, f_1, f_2, f_3\}$ と $\{a_0, a_1, a_2, a_3\}$ の関係を見てみることにしよう。

行列は

$$
\begin{pmatrix} a & b & c \\ d & e & f \end{pmatrix}, \begin{pmatrix} a \\ b \\ c \end{pmatrix}, (a \;\; b)
$$

のように数を並べて（　）でくくったもの。詳しくは付録9参照。

（注）行列は連立方程式を解く上で強力な道具である。行列は線形代数という数学の分野で学ぶことになるが、初めてだという人は「付録 9」を参照して欲しい。知っていて損はしないし、また、奥が深いが決して難しい世界ではない。

　先の連立方程式⑥を一括して行列を用いて表現すると次のようになる。

第 8 章　離散データによるフーリエ解析

$$\begin{pmatrix} f_0 \\ f_1 \\ f_2 \\ f_3 \end{pmatrix} = \begin{pmatrix} 1 & 1 & 1 & 1 \\ 1 & e^{i\frac{2\pi}{4}} & e^{i\frac{4\pi}{4}} & e^{i\frac{6\pi}{4}} \\ 1 & e^{i\frac{4\pi}{4}} & e^{i\frac{8\pi}{4}} & e^{i\frac{12\pi}{4}} \\ 1 & e^{i\frac{6\pi}{4}} & e^{i\frac{12\pi}{4}} & e^{i\frac{18\pi}{4}} \end{pmatrix} \begin{pmatrix} a_0 \\ a_1 \\ a_2 \\ a_3 \end{pmatrix} \quad \cdots\cdots ⑦$$

> 行列で表すと、連立1次方程式の構造がスッキリする‼

　次に、⑦式の右辺の 4×4 行列の行と列を入れかえ（これを**転置行列**という）、さらにその各成分を共役な複素数で書き換えた行列（**随伴行列**という）を⑦式の両辺に左から掛ける。

$$\begin{pmatrix} 1 & 1 & 1 & 1 \\ 1 & e^{-i\frac{2\pi}{4}} & e^{-i\frac{4\pi}{4}} & e^{-i\frac{6\pi}{4}} \\ 1 & e^{-i\frac{4\pi}{4}} & e^{-i\frac{8\pi}{4}} & e^{-i\frac{12\pi}{4}} \\ 1 & e^{-i\frac{6\pi}{4}} & e^{-i\frac{12\pi}{4}} & e^{-i\frac{18\pi}{4}} \end{pmatrix} \begin{pmatrix} f_0 \\ f_1 \\ f_2 \\ f_3 \end{pmatrix}$$

$$= \begin{pmatrix} 1 & 1 & 1 & 1 \\ 1 & e^{-i\frac{2\pi}{4}} & e^{-i\frac{4\pi}{4}} & e^{-i\frac{6\pi}{4}} \\ 1 & e^{-i\frac{4\pi}{4}} & e^{-i\frac{8\pi}{4}} & e^{-i\frac{12\pi}{4}} \\ 1 & e^{-i\frac{6\pi}{4}} & e^{-i\frac{12\pi}{4}} & e^{-i\frac{18\pi}{4}} \end{pmatrix} \begin{pmatrix} 1 & 1 & 1 & 1 \\ 1 & e^{i\frac{2\pi}{4}} & e^{i\frac{4\pi}{4}} & e^{i\frac{6\pi}{4}} \\ 1 & e^{i\frac{4\pi}{4}} & e^{i\frac{8\pi}{4}} & e^{i\frac{12\pi}{4}} \\ 1 & e^{i\frac{6\pi}{4}} & e^{i\frac{12\pi}{4}} & e^{i\frac{18\pi}{4}} \end{pmatrix} \begin{pmatrix} a_0 \\ a_1 \\ a_2 \\ a_3 \end{pmatrix} \quad \cdots\cdots ⑧$$

ここで、右辺の 4×4 行列同士の積だけを計算すると、

$$\begin{pmatrix} 1 & 1 & 1 & 1 \\ 1 & e^{-i\frac{2\pi}{4}} & e^{-i\frac{4\pi}{4}} & e^{-i\frac{6\pi}{4}} \\ 1 & e^{-i\frac{4\pi}{4}} & e^{-i\frac{8\pi}{4}} & e^{-i\frac{12\pi}{4}} \\ 1 & e^{-i\frac{6\pi}{4}} & e^{-i\frac{12\pi}{4}} & e^{-i\frac{18\pi}{4}} \end{pmatrix} \begin{pmatrix} 1 & 1 & 1 & 1 \\ 1 & e^{i\frac{2\pi}{4}} & e^{i\frac{4\pi}{4}} & e^{i\frac{6\pi}{4}} \\ 1 & e^{i\frac{4\pi}{4}} & e^{i\frac{8\pi}{4}} & e^{i\frac{12\pi}{4}} \\ 1 & e^{i\frac{6\pi}{4}} & e^{i\frac{12\pi}{4}} & e^{i\frac{18\pi}{4}} \end{pmatrix}$$

$$= \begin{pmatrix} 1 & 1 & 1 & 1 \\ 1 & -i & -1 & i \\ 1 & -1 & 1 & -1 \\ 1 & i & -1 & -i \end{pmatrix} \begin{pmatrix} 1 & 1 & 1 & 1 \\ 1 & i & -1 & -i \\ 1 & -1 & 1 & -1 \\ 1 & -i & -1 & i \end{pmatrix} = \begin{pmatrix} 4 & 0 & 0 & 0 \\ 0 & 4 & 0 & 0 \\ 0 & 0 & 4 & 0 \\ 0 & 0 & 0 & 4 \end{pmatrix}$$

よって、⑧は次のように簡単になる。

206　8−2　サンプリングデータをもとに離散フーリエ変換

$$\begin{pmatrix} 1 & 1 & 1 & 1 \\ 1 & e^{-i\frac{2\pi}{4}} & e^{-i\frac{4\pi}{4}} & e^{-i\frac{6\pi}{4}} \\ 1 & e^{-i\frac{4\pi}{4}} & e^{-i\frac{8\pi}{4}} & e^{-i\frac{12\pi}{4}} \\ 1 & e^{-i\frac{6\pi}{4}} & e^{-i\frac{12\pi}{4}} & e^{-i\frac{18\pi}{4}} \end{pmatrix}\begin{pmatrix} f_0 \\ f_1 \\ f_2 \\ f_3 \end{pmatrix} = \begin{pmatrix} 4 & 0 & 0 & 0 \\ 0 & 4 & 0 & 0 \\ 0 & 0 & 4 & 0 \\ 0 & 0 & 0 & 4 \end{pmatrix}\begin{pmatrix} a_0 \\ a_1 \\ a_2 \\ a_3 \end{pmatrix} = 4\begin{pmatrix} a_0 \\ a_1 \\ a_2 \\ a_3 \end{pmatrix} \quad \cdots\cdots ⑨$$

ここで、$4\begin{pmatrix} a_0 \\ a_1 \\ a_2 \\ a_3 \end{pmatrix} = \begin{pmatrix} \rho_0 \\ \rho_1 \\ \rho_2 \\ \rho_3 \end{pmatrix}$ ……⑩とすると、⑨は

離散フーリエ変換

$$\begin{pmatrix} \rho_0 \\ \rho_1 \\ \rho_2 \\ \rho_3 \end{pmatrix} = \begin{pmatrix} 1 & 1 & 1 & 1 \\ 1 & e^{-i\frac{2\pi}{4}} & e^{-i\frac{4\pi}{4}} & e^{-i\frac{6\pi}{4}} \\ 1 & e^{-i\frac{4\pi}{4}} & e^{-i\frac{8\pi}{4}} & e^{-i\frac{12\pi}{4}} \\ 1 & e^{-i\frac{6\pi}{4}} & e^{-i\frac{12\pi}{4}} & e^{-i\frac{18\pi}{4}} \end{pmatrix}\begin{pmatrix} f_0 \\ f_1 \\ f_2 \\ f_3 \end{pmatrix} \quad \cdots\cdots ⑪$$

さらに、⑦も⑩で置き換えると次の式を得る。

逆離散フーリエ変換

$$\begin{pmatrix} f_0 \\ f_1 \\ f_2 \\ f_3 \end{pmatrix} = \frac{1}{4}\begin{pmatrix} 1 & 1 & 1 & 1 \\ 1 & e^{i\frac{2\pi}{4}} & e^{i\frac{4\pi}{4}} & e^{i\frac{6\pi}{4}} \\ 1 & e^{i\frac{4\pi}{4}} & e^{i\frac{8\pi}{4}} & e^{i\frac{12\pi}{4}} \\ 1 & e^{i\frac{6\pi}{4}} & e^{i\frac{12\pi}{4}} & e^{i\frac{18\pi}{4}} \end{pmatrix}\begin{pmatrix} \rho_0 \\ \rho_1 \\ \rho_2 \\ \rho_3 \end{pmatrix} \quad \cdots\cdots ⑫$$

こうして得られた⑪式を4個の離散信号$\{f_0, f_1, f_2, f_3\}$の**離散フーリエ変換**（DFT：Discrete Fourier Transform）といい、また、⑫を**逆離散フーリエ変換**（IDFT：Inverse Discrete Fourier Transform）という。

⑪より離散信号$\{f_0, f_1, f_2, f_3\}$から$\{\rho_0, \rho_1, \rho_2, \rho_3\}$が求められ、⑩から$x(t) = a_0 + a_1 e^{i\omega_0 t} + a_2 e^{2i\omega_0 t} + a_3 e^{3i\omega_0 t}$ の係数$\{a_0, a_1, a_2, a_3\}$が求められる。したがって、もとの連続信号$f(t)$の周波数情報の近似値を$x(t)$の周波数情報から得ることができる。これが離散フーリエ変換の考え方である。なお、①、②式のc_nと④式のa_nは等しくないことに注意しよう。

（注）文献によっては⑩式で置き換えない⑨式を離散フーリエ変換、⑦式を逆離散フーリエ変換というものもあるので注意して欲しい。

第8章

離散データによるフーリエ解析

207

なお、オイラーの公式 $e^{i\theta} = \cos\theta + i\sin\theta$ を用いると⑪、⑫式は簡単に次のようになる。

$$\begin{pmatrix} \rho_0 \\ \rho_1 \\ \rho_2 \\ \rho_3 \end{pmatrix} = \begin{pmatrix} 1 & 1 & 1 & 1 \\ 1 & -i & -1 & i \\ 1 & -1 & 1 & -1 \\ 1 & i & -1 & -i \end{pmatrix} \begin{pmatrix} f_0 \\ f_1 \\ f_2 \\ f_3 \end{pmatrix} \quad \cdots\cdots ⑪'$$

$$\begin{pmatrix} f_0 \\ f_1 \\ f_2 \\ f_3 \end{pmatrix} = \frac{1}{4} \begin{pmatrix} 1 & 1 & 1 & 1 \\ 1 & i & -1 & -i \\ 1 & -1 & 1 & -1 \\ 1 & -i & -1 & i \end{pmatrix} \begin{pmatrix} \rho_0 \\ \rho_1 \\ \rho_2 \\ \rho_3 \end{pmatrix} \quad \cdots\cdots ⑫'$$

このことは、次の例で理解できる。

$$e^{-i\frac{2\pi}{4}} = e^{i\left(-\frac{\pi}{2}\right)} = \cos\left(-\frac{\pi}{2}\right) + i\sin\left(-\frac{\pi}{2}\right) = -i$$

$$e^{i\frac{12\pi}{4}} = \cos\left(\frac{12\pi}{4}\right) + i\sin\left(\frac{12\pi}{4}\right) = -1$$

（注）実は上記のことは⑧から⑨を導くときに、すでに使っていた。

●サンプルデータが n 個の場合の DFT、IDFT の公式

先の方法で求めた $x(t)$ の周波数情報は、もとの連続信号 $f(t)$ の周波数情報に近いものを表していると捉えるのが離散フーリエ変換の考え方である。これは、どちらかというと離散フーリエ変換というよりも離散フーリエ級数の考え方である。サンプルデータが 4 個 $\{f_0, f_1, f_2, f_3\}$ の場合に離散フーリエ変換の公式⑪、逆離散フーリエ変換⑫を導いたが、離散信号が n 個 $\{f_0, f_1, f_2, f_3, \cdots, f_k, \cdots, f_{n-1}\}$ の場合にも、同様に計算することにより、離散フーリエ変換の公式と逆離散フーリエ変換の公式を導くことができる。以下に、その公式を紹介しよう。

$$
\begin{pmatrix} \rho_0 \\ \rho_1 \\ \rho_2 \\ \vdots \\ \rho_{n-1} \end{pmatrix} = \begin{pmatrix} 1 & 1 & 1 & \cdots & 1 \\ 1 & e^{-i\frac{2\pi}{n}} & e^{-i\frac{4\pi}{n}} & \cdots & e^{-i\frac{2\pi(n-1)}{n}} \\ 1 & e^{-i\frac{4\pi}{n}} & e^{-i\frac{8\pi}{n}} & \cdots & e^{-i\frac{4\pi(n-1)}{n}} \\ \vdots & \vdots & \vdots & \vdots & \vdots \\ 1 & e^{-i\frac{2\pi(n-1)}{n}} & e^{-i\frac{4\pi(n-1)}{n}} & \cdots & e^{-i\frac{2\pi(n-1)(n-1)}{n}} \end{pmatrix} \begin{pmatrix} f_0 \\ f_1 \\ f_2 \\ \vdots \\ f_{n-1} \end{pmatrix} \quad \cdots \cdots ⑬
$$

$$
\begin{pmatrix} f_0 \\ f_1 \\ f_2 \\ \vdots \\ f_{n-1} \end{pmatrix} = \frac{1}{n} \begin{pmatrix} 1 & 1 & 1 & \cdots & 1 \\ 1 & e^{i\frac{2\pi}{n}} & e^{i\frac{4\pi}{n}} & \cdots & e^{i\frac{2\pi(n-1)}{n}} \\ 1 & e^{i\frac{4\pi}{n}} & e^{i\frac{8\pi}{n}} & \cdots & e^{i\frac{4\pi(n-1)}{n}} \\ \vdots & \vdots & \vdots & \vdots & \vdots \\ 1 & e^{i\frac{2\pi(n-1)}{n}} & e^{i\frac{4\pi(n-1)}{n}} & \cdots & e^{i\frac{2\pi(n-1)(n-1)}{n}} \end{pmatrix} \begin{pmatrix} \rho_0 \\ \rho_1 \\ \rho_2 \\ \vdots \\ \rho_{n-1} \end{pmatrix} \quad \cdots \cdots ⑭
$$

なお、$W = \dfrac{2\pi}{n}$ と置いた次の式のほうが一般化した離散フーリエ変換、逆離散フーリエ変換がスッキリしてよくわかる。

$$
\begin{pmatrix} \rho_0 \\ \rho_1 \\ \rho_2 \\ \vdots \\ \rho_{n-1} \end{pmatrix} = \begin{pmatrix} e^{-iW\times 0\times 0} & e^{-iW\times 0\times 1} & e^{-iW\times 0\times 2} & \cdots & e^{-iW\times 0\times(n-1)} \\ e^{-iW\times 1\times 0} & e^{-iW\times 1\times 1} & e^{-iW\times 1\times 2} & \cdots & e^{-iW\times 1\times(n-1)} \\ e^{-iW\times 2\times 0} & e^{-iW\times 2\times 1} & e^{-iW\times 2\times 2} & \cdots & e^{-iW\times 2\times(n-1)} \\ \vdots & \vdots & \vdots & \vdots & \vdots \\ e^{-iW\times(n-1)\times 0} & e^{-iW\times(n-1)\times 1} & e^{-iW\times(n-1)\times 2} & \cdots & e^{-iW\times(n-1)\times(n-1)} \end{pmatrix} \begin{pmatrix} f_0 \\ f_1 \\ f_2 \\ \vdots \\ f_{n-1} \end{pmatrix}
$$

$$
\begin{pmatrix} f_0 \\ f_1 \\ f_2 \\ \vdots \\ f_{n-1} \end{pmatrix} = \frac{1}{n} \begin{pmatrix} e^{iW\times 0\times 0} & e^{iW\times 0\times 1} & e^{iW\times 0\times 2} & \cdots & e^{iW\times 0\times(n-1)} \\ e^{iW\times 1\times 0} & e^{iW\times 1\times 1} & e^{iW\times 1\times 2} & \cdots & e^{iW\times 1\times(n-1)} \\ e^{iW\times 2\times 0} & e^{iW\times 2\times 1} & e^{iW\times 2\times 2} & \cdots & e^{iW\times 2\times(n-1)} \\ \vdots & \vdots & \vdots & \vdots & \vdots \\ e^{iW\times(n-1)\times 0} & e^{iW\times(n-1)\times 1} & e^{iW\times(n-1)\times 2} & \cdots & e^{iW\times(n-1)\times(n-1)} \end{pmatrix} \begin{pmatrix} \rho_0 \\ \rho_1 \\ \rho_2 \\ \vdots \\ \rho_{n-1} \end{pmatrix}
$$

●離散フーリエ変換を使ってみよう

たとえば、有限区間 $0 \leqq t \leqq 1$ におけるある連続信号 $f(t)$ から 4 個の離散信号 $\{2, 1.5, 1, 0.5\}$ を得た場合の離散フーリエ変換の係数 $\{\rho_0, \rho_1, \rho_2, \rho_3\}$ を求めてみよう。そのために⑪′を利用すると

第8章

離散データによるフーリエ解析

$$\begin{pmatrix} \rho_0 \\ \rho_1 \\ \rho_2 \\ \rho_3 \end{pmatrix} = \begin{pmatrix} 1 & 1 & 1 & 1 \\ 1 & -i & -1 & i \\ 1 & -1 & 1 & -1 \\ 1 & i & -1 & -i \end{pmatrix} \begin{pmatrix} 2 \\ 1.5 \\ 1 \\ 0.5 \end{pmatrix} = \begin{pmatrix} 5 \\ 1-i \\ 1 \\ 1+i \end{pmatrix}$$

を得る。よって、$\rho_0 = 5, \rho_1 = 1-i, \rho_2 = 1, \rho_3 = 1+i$

ここで、$x(t) = a_0 + a_1 e^{i\frac{2\pi}{4D} \times t} + a_2 e^{i\frac{2\pi}{4D} \times 2t} + a_3 e^{i\frac{2\pi}{4D} \times 3t}$ を得るために $\rho_0, \rho_1, \rho_2, \rho_3$ から元の係数 a_0, a_1, a_2, a_3 を⑩より求めると、

$$a_0 = \frac{5}{4}, a_1 = \frac{1-i}{4}, a_2 = \frac{1}{4}, a_3 = \frac{1+i}{4}$$

これと、$4D = 1$ より、

$$x(t) = \frac{5}{4} + \frac{1-i}{4} e^{i\frac{2\pi}{4D} \times t} + \frac{1}{4} e^{i\frac{2\pi}{4D} \times 2t} + \frac{1+i}{4} e^{i\frac{2\pi}{4D} \times 3t}$$
$$= \frac{5}{4} + \frac{1-i}{4} e^{2\pi t i} + \frac{1}{4} e^{4\pi t i} + \frac{1+i}{4} e^{6\pi t i} \quad \cdots\cdots ⑮$$

これより、$x(t)$ の周波数情報を求めると、角周波数が $0, 2\pi, 4\pi, 6\pi$ である複素正弦波の大きさ（振幅）の比は次のようになる。

$$|a_0| : |a_1| : |a_2| : |a_3| = \left|\frac{5}{4}\right| : \left|\frac{1-i}{4}\right| : \left|\frac{1}{4}\right| : \left|\frac{1+i}{4}\right| = \frac{5}{4} : \frac{\sqrt{2}}{4} : \frac{1}{4} : \frac{\sqrt{2}}{4}$$
$$= 5 : \sqrt{2} : 1 : \sqrt{2}$$

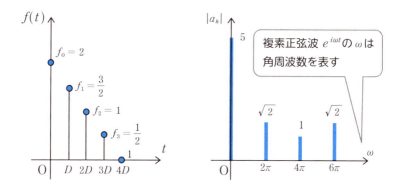

なお、4 個の離散信号 $\{2, 1.5, 1, 0.5\}$ が得られるもとの連続信号 $f(t)$ の一つの例として $f(t) = -2t + 2$ $(0 \leqq t \leqq 1)$ がある。そこで、ここからサンプリング周期 1/4 でサンプリングしたものが $\{2, 1.5, 1, 0.5\}$ であると考えてみる。

　この関数 $f(t) = -2t + 2$ を複素フーリエ級数展開の公式（下記）を利用して展開すると、$T = 1$ より次のようになる。

$$f(t) = \cdots + c_{-n}e^{-2n\pi ti} + \cdots + c_{-3}e^{-6\pi ti} + c_{-2}e^{-4\pi ti} + c_{-1}e^{-2\pi ti}$$
$$+ c_0 + c_1 e^{2\pi ti} + c_2 e^{4\pi ti} + c_3 e^{6\pi ti} + \cdots + c_n e^{2n\pi ti} + \cdots$$

〔フーリエ級数展開の公式〕

$$f(t) = \cdots + c_{-n}e^{-i\frac{2n\pi t}{T}} + \cdots + c_{-3}e^{-i\frac{6\pi t}{T}} + c_{-2}e^{-i\frac{4\pi t}{T}} + c_{-1}e^{-i\frac{2\pi t}{T}}$$
$$+ c_0 + c_1 e^{i\frac{2\pi t}{T}} + c_2 e^{i\frac{4\pi t}{T}} + c_3 e^{i\frac{6\pi t}{T}} + \cdots + c_n e^{i\frac{2n\pi t}{T}} + \cdots$$

$$c_n = \frac{1}{T}\int_0^T f(t)e^{-i\frac{2n\pi t}{T}}\,dt \qquad (n \text{ は整数})$$

次に c_n を求めてみよう。

$n \neq 0$ のとき、

$$c_n = \frac{1}{T}\int_0^T f(t)e^{-i\frac{2n\pi t}{T}}\,dt = \int_0^1 (-2t + 2)e^{-2n\pi ti}\,dt$$
$$= -2\int_0^1 t e^{-2n\pi ti}\,dt + 2\int_0^1 e^{-2n\pi ti}\,dt$$

ここで、

$$\int_0^1 e^{-2n\pi it}\,dt = \left[\frac{e^{-2n\pi it}}{-2n\pi i}\right]_0^1 = \frac{1}{-2n\pi i}(e^{-2n\pi i} - e^0) = \frac{1}{-2n\pi i}(1 - 1) = 0$$

211

$$\int_0^1 te^{-2n\pi ti}\,dt = \int_0^1 t\left(\frac{e^{-2n\pi ti}}{-2n\pi i}\right)'dt = \left[t\frac{e^{-2n\pi ti}}{-2n\pi i}\right]_0^1 - \int_0^1 \frac{e^{-2n\pi ti}}{-2n\pi i}dt$$

$$= \left(\frac{e^{-2n\pi i}}{-2n\pi i}-0\right)+\frac{1}{2n\pi i}\int_0^1 e^{-2n\pi ti}\,dt$$

$$= \frac{1}{-2n\pi i}+0 = \frac{i}{2n\pi}$$

よって、$c_n = \dfrac{1}{T}\displaystyle\int_0^T f(t)e^{-i\frac{2n\pi t}{T}}dt = -2\dfrac{i}{2n\pi}+2\times 0 = -\dfrac{i}{n\pi}$

$n=0$ のとき、$c_0 = \dfrac{1}{T}\displaystyle\int_0^T f(t)e^0\,dt = \int_0^1(-2t+2)dt = 1$

ゆえに、

$$f(t) = \cdots + \frac{i}{n\pi}e^{-2\pi nti}+\cdots+\frac{i}{3\pi}e^{-6\pi ti}+\frac{i}{2\pi}e^{-4\pi ti}+\frac{i}{\pi}e^{-2\pi ti}$$

$$+1-\frac{i}{\pi}e^{2\pi ti}-\frac{i}{2\pi}e^{4\pi ti}-\frac{i}{3\pi}e^{6\pi ti}-\cdots-\frac{i}{n\pi}e^{2\pi nti}+\cdots \quad\cdots\cdots ⑯$$

ここで、⑯の項から⑮の $x(t) = \dfrac{5}{4}+\dfrac{1-i}{4}e^{2\pi ti}+\dfrac{1}{4}e^{4\pi ti}+\dfrac{1+i}{4}e^{6\pi ti}$ に相当する部分（色字）に着目する。

$$f(t) = \cdots + \frac{i}{n\pi}e^{-2\pi nti}+\cdots+\frac{i}{3\pi}e^{-6\pi ti}+\frac{i}{2\pi}e^{-4\pi ti}+\frac{i}{\pi}e^{-2\pi ti}+1-\frac{i}{\pi}e^{2\pi ti}$$

$$-\frac{i}{2\pi}e^{4\pi ti}-\frac{i}{3\pi}e^{6\pi ti}-\cdots-\frac{i}{n\pi}e^{2\pi nti}+\cdots \quad\cdots\cdots ⑯（再掲）$$

すると、この部分の角周波数が $0,\ 2\pi,\ 4\pi,\ 6\pi$ である複素正弦波の大きさ（振幅）の比は

$$1:\left|-\frac{i}{\pi}\right|:\left|-\frac{i}{2\pi}\right|:\left|-\frac{i}{3\pi}\right| = 1:\frac{1}{\pi}:\frac{1}{2\pi}:\frac{1}{3\pi}$$

$$= 5:\frac{5}{\pi}:\frac{5}{2\pi}:\frac{5}{3\pi} = 5:1.6:0.8:0.5$$

これと、先の $|a_0|:|a_1|:|a_2|:|a_3| = 5:\sqrt{2}:1:\sqrt{2}$ を比較してみると、

212　8－2 サンプリングデータをもとに離散フーリエ変換

たった 4 個の離散信号から離散フーリエ変換で求めた $x(t)$ からでも、もとの連続信号 $f(t)$ の周波数情報の概数を伺い知ることができる。

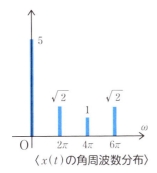

〈$x(t)$ の角周波数分布〉

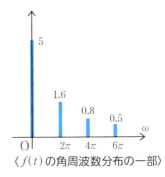

〈$f(t)$ の角周波数分布の一部〉

8-3 サンプリングに一工夫させた離散コサイン変換

前節では有限区間 $0 \leq t \leq T$ における連続信号 $f(t)$ からサンプリングした n 個の離散信号 $\{f_0, f_1, f_2, f_3, \cdots, f_{n-1}\}$ をもとに、$f(t)$ の周波数情報を探る方法を調べた（離散フーリエ変換）。ここでは、離散フーリエ変換のサンプリング時刻に工夫をこらし、フーリエ余弦級数を利用して $f(t)$ の周波数情報を得る方法を調べてみよう。

$0 \leq t \leq T$ における連続信号 $f(t)$ からサンプリング周期 D でサンプリングされた離散信号を $\{f_0, f_1, f_2, f_3, \cdots, f_{n-1}\}$ とする。このとき、

$$x(t) = a_0 + a_1 e^{i\frac{2\pi}{nD} \times t} + a_2 e^{i\frac{2\pi}{nD} \times 2t} + a_3 e^{i\frac{2\pi}{nD} \times 3t} + \cdots + a_{n-1} e^{i\frac{2\pi}{nD} \times (n-1)t}$$

$$f_k = x(kD) \qquad (k = 0, 1, 2, \cdots, n-1)$$

としたときの $\{a_0, a_1, a_2, a_3, \cdots, a_{n-1}\}$ を求め、この $x(t)$ をもとに、もとの $f(t)$ の周波数情報を探るのが離散フーリエ変換であった（§8-2）。

●サンプリング時刻を一工夫

有限区間 $0 \leq t \leq T$ における連続信号 $f(t)$ に対する離散フーリエ変換では、サンプリング周期 D の端点における時刻で離散信号をサンプリングした。これに対して、これから説明する離散コサイン変換では周期 D の真ん中の時刻でサンプリングする。

話を簡単にするために区間 $0 \leq t \leq T$ を 4 等分した $D = \dfrac{T}{4}$ をサンプリング周期としてみる。このとき、離散コサイン変換のサンプリング時刻は $\dfrac{D}{2}, \dfrac{3}{2}D, \dfrac{5}{2}D, \dfrac{7}{2}D$ となる（次ページ右上図）。

214　8-3 サンプリングに一工夫させた離散コサイン変換

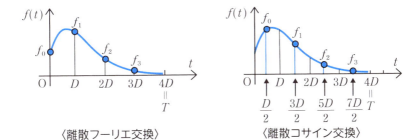

〈離散フーリエ変換〉　　　　　〈離散コサイン変換〉

（注）実際には区間 $0 \leq t \leq T$ を 8 等分した $D = \dfrac{T}{8}$ をサンプリング周期とすることが多い。

●離散信号の偶関数化

時刻 $\dfrac{D}{2}, \dfrac{3}{2}D, \dfrac{5}{2}D, \dfrac{7}{2}D$ で得られた右上図の離散信号 f_0, f_1, f_2, f_3 を、縦軸を中心に折り返し、左右対称な離散信号に拡張する。すなわち、データの偶関数化を行なう。このとき定義区間は $-T \leq t \leq T$ で区間幅は $2T$ になる。

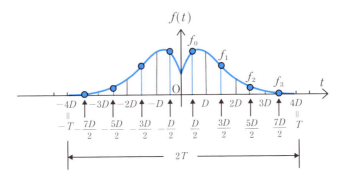

●フーリエ余弦級数の活用

$f(t)$ は $0 \leq t \leq T$ における連続信号であるが、上図のように、$f(t)$ を $-T \leq t \leq T$ で定義された連続信号とみなせば、左右対称な関数となるのでフーリエ余弦級数で表されることになる。

ここで、区間$-\dfrac{L}{2} \leqq t \leqq \dfrac{L}{2}$におけるフーリエ余弦級数は

$$f(t) = a_0 + a_1\cos\dfrac{2\pi t}{L} + a_2\cos\dfrac{4\pi t}{L}$$

$$+ a_3\cos\dfrac{6\pi t}{L} + \cdots + a_n\cos\dfrac{2n\pi t}{L} + \cdots$$

$$ただし、\quad a_0 = \dfrac{2}{L}\int_0^{\frac{L}{2}} f(t)dt, \ a_n = \dfrac{4}{L}\int_0^{\frac{L}{2}} f(t)\cos\dfrac{2n\pi t}{L}dt$$

であった（§5−6）。

$L = 2T$で置き換えると、区間$-T \leqq t \leqq T$におけるフーリエ余弦級数は

$$f(t) = a_0 + a_1\cos\dfrac{\pi t}{T} + a_2\cos\dfrac{2\pi t}{T} + a_3\cos\dfrac{3\pi t}{T} + \cdots + a_n\cos\dfrac{n\pi t}{T} + \cdots$$

$$ただし、\quad a_0 = \dfrac{1}{T}\int_0^{T} f(t)dt, \ a_n = \dfrac{2}{T}\int_0^{T} f(t)\cos\dfrac{n\pi t}{T}dt$$

ここで、関数セット$\left\{1, \ \cos\dfrac{\pi t}{T}, \ \cos\dfrac{2\pi t}{T}, \ \cos\dfrac{3\pi t}{T}\right\}$の一次結合である次の連続信号$x(t)$を考える。

$$x(t) = c_0 + c_1\cos\dfrac{\pi t}{T} + c_2\cos\dfrac{2\pi t}{T} + c_3\cos\dfrac{3\pi t}{T} \quad \cdots\cdots①$$

この①をもとにもとの連続信号$f(t)$の周波数情報を探るわけである。このとき、①の4つの係数c_0, c_1, c_2, c_3の値はサンプリングされた4つの離散データ$\{f_0, f_1, f_2, f_3\}$から求めることになる。つまり、

$$f_0 = x\left(\dfrac{D}{2}\right), f_1 = x\left(\dfrac{3D}{2}\right), f_2 = x\left(\dfrac{5D}{2}\right), f_3 = x\left(\dfrac{7D}{2}\right)$$

を満たすことから求めることになる。すると、求めたc_0, c_1, c_2, c_3から、

連続信号$x(t)$における正弦波$\left\{1, \cos\dfrac{\pi t}{T}, \cos\dfrac{2\pi t}{T}, \cos\dfrac{3\pi t}{T}\right\}$

の関与する度合いがわかり、$f(t)$の周波数情報を探ることができる。

これが離散コサイン変換（DCT：Discrete Cosine Transform）の考え方である。どちらかというと離散コサイン変換というよりも離散フーリエ余弦級数のほうが妥当な命名かもしれない。なお、この c_0, c_1, c_2, c_3 は DCT 係数と呼ばれている。

●$\{f_0, f_1, f_2, f_3\}$から$\{c_0, c_1, c_2, c_3\}$を求める

①式 $x(t) = c_0 + c_1 \cos \dfrac{\pi t}{T} + c_2 \cos \dfrac{2\pi t}{T} + c_3 \cos \dfrac{3\pi t}{T}$ における T を $T = 4D$ で書き換えると

$$x(t) = c_0 + c_1 \cos \frac{\pi}{4D} t + c_2 \cos \frac{\pi}{4D} 2t + c_3 \cos \frac{\pi}{4D} 3t \quad \cdots\cdots ②$$

この②に、$f_0 = x\left(\dfrac{D}{2}\right), f_1 = x\left(\dfrac{3D}{2}\right), f_2 = x\left(\dfrac{5D}{2}\right), f_3 = x\left(\dfrac{7D}{2}\right)$を代入すると、次の式を得る。

$$f_0 = x\left(\frac{D}{2}\right) = c_0 + c_1 \cos \frac{\pi}{4D} \frac{D}{2} + c_2 \cos \frac{\pi}{4D} \frac{2D}{2} + c_3 \cos \frac{\pi}{4D} \frac{3D}{2}$$

$$f_1 = x\left(\frac{3D}{2}\right) = c_0 + c_1 \cos \frac{\pi}{4D} \frac{3D}{2} + c_2 \cos \frac{\pi}{4D} \frac{6D}{2} + c_3 \cos \frac{\pi}{4D} \frac{9D}{2}$$

$$f_2 = x\left(\frac{5D}{2}\right) = c_0 + c_1 \cos \frac{\pi}{4D} \frac{5D}{2} + c_2 \cos \frac{\pi}{4D} \frac{10D}{2} + c_3 \cos \frac{\pi}{4D} \frac{15D}{2}$$

$$f_3 = x\left(\frac{7D}{2}\right) = c_0 + c_1 \cos \frac{\pi}{4D} \frac{7D}{2} + c_2 \cos \frac{\pi}{4D} \frac{14D}{2} + c_3 \cos \frac{\pi}{4D} \frac{21D}{2}$$

整理すると

$$\left.\begin{aligned}
f_0 &= c_0 + c_1 \cos \frac{\pi}{8} + c_2 \cos \frac{2\pi}{8} + c_3 \cos \frac{3\pi}{8} \\[6pt]
f_1 &= c_0 + c_1 \cos \frac{3\pi}{8} + c_2 \cos \frac{6\pi}{8} + c_3 \cos \frac{9\pi}{8} \\[6pt]
f_2 &= c_0 + c_1 \cos \frac{5\pi}{8} + c_2 \cos \frac{10\pi}{8} + c_3 \cos \frac{15\pi}{8} \\[6pt]
f_3 &= c_0 + c_1 \cos \frac{7\pi}{8} + c_2 \cos \frac{14\pi}{8} + c_3 \cos \frac{21\pi}{8}
\end{aligned}\right\} \quad \cdots\cdots ③$$

第8章　離散データによるフーリエ解析

ここで、c_0, c_1, c_2, c_3 を未知数と考えると、③式は 4 元連立 1 次方程式で、基本的にはこの方程式③は解くことができる。したがって c_0, c_1, c_2, c_3 を f_0, f_1, f_2, f_3 を使って表現することができる。その結果、離散信号 f_0, f_1, f_2, f_3 から①の係数 c_0, c_1, c_2, c_3 が求められるので $x(t)$ の周波数情報を得ることができる。この情報をもとに、もとの連続信号 $f(t)$ の周波数情報を探ることができる。

（注）4 元連立 1 次方程式は未知数の係数によっては解が無数に求められたり、または、解が存在しないことがある。

● 行列で表現

このように見通しは立ったが、4 つの式を並べた連立方程式③を見ていても $\{f_0, f_1, f_2, f_3\}$ の関係が定かではない。そこで、数学の強力な道具である「行列」を用いて $\{f_0, f_1, f_2, f_3\}$ と $\{c_0, c_1, c_2, c_3\}$ の関係を見てみることにしよう。行列を使った計算は初めてだという方は付録 9 を参照して欲しい。

先の連立方程式③を一括して行列を用いて表現すると次のようになる。

$$
\begin{pmatrix} f_0 \\ f_1 \\ f_2 \\ f_3 \end{pmatrix} = \begin{pmatrix} 1 & \cos\dfrac{\pi}{8} & \cos\dfrac{2\pi}{8} & \cos\dfrac{3\pi}{8} \\ 1 & \cos\dfrac{3\pi}{8} & \cos\dfrac{6\pi}{8} & \cos\dfrac{9\pi}{8} \\ 1 & \cos\dfrac{5\pi}{8} & \cos\dfrac{10\pi}{8} & \cos\dfrac{15\pi}{8} \\ 1 & \cos\dfrac{7\pi}{8} & \cos\dfrac{14\pi}{8} & \cos\dfrac{21\pi}{8} \end{pmatrix} \begin{pmatrix} c_0 \\ c_1 \\ c_2 \\ c_3 \end{pmatrix} \quad \cdots\cdots ④
$$

④式の右辺の 4×4 行列の行と列を入れかえた行列（**転置行列**という）を④式の両辺に左から掛ける。

$$\begin{pmatrix} 1 & 1 & 1 & 1 \\ \cos\dfrac{\pi}{8} & \cos\dfrac{3\pi}{8} & \cos\dfrac{5\pi}{8} & \cos\dfrac{7\pi}{8} \\ \cos\dfrac{2\pi}{8} & \cos\dfrac{6\pi}{8} & \cos\dfrac{10\pi}{8} & \cos\dfrac{14\pi}{8} \\ \cos\dfrac{3\pi}{8} & \cos\dfrac{9\pi}{8} & \cos\dfrac{15\pi}{8} & \cos\dfrac{21\pi}{8} \end{pmatrix}\begin{pmatrix} f_0 \\ f_1 \\ f_2 \\ f_3 \end{pmatrix}$$

$$= \begin{pmatrix} 1 & 1 & 1 & 1 \\ \cos\dfrac{\pi}{8} & \cos\dfrac{3\pi}{8} & \cos\dfrac{5\pi}{8} & \cos\dfrac{7\pi}{8} \\ \cos\dfrac{2\pi}{8} & \cos\dfrac{6\pi}{8} & \cos\dfrac{10\pi}{8} & \cos\dfrac{14\pi}{8} \\ \cos\dfrac{3\pi}{8} & \cos\dfrac{9\pi}{8} & \cos\dfrac{15\pi}{8} & \cos\dfrac{21\pi}{8} \end{pmatrix}\begin{pmatrix} 1 & \cos\dfrac{\pi}{8} & \cos\dfrac{2\pi}{8} & \cos\dfrac{3\pi}{8} \\ 1 & \cos\dfrac{3\pi}{8} & \cos\dfrac{6\pi}{8} & \cos\dfrac{9\pi}{8} \\ 1 & \cos\dfrac{5\pi}{8} & \cos\dfrac{10\pi}{8} & \cos\dfrac{15\pi}{8} \\ 1 & \cos\dfrac{7\pi}{8} & \cos\dfrac{14\pi}{8} & \cos\dfrac{21\pi}{8} \end{pmatrix}\begin{pmatrix} c_0 \\ c_1 \\ c_2 \\ c_3 \end{pmatrix}$$

$$\cdots\cdots ⑤$$

ここで、⑤式の右辺の 4×4 行列同士の積の部分のみを計算すると

$$\begin{pmatrix} 1 & 1 & 1 & 1 \\ \cos\dfrac{\pi}{8} & \cos\dfrac{3\pi}{8} & \cos\dfrac{5\pi}{8} & \cos\dfrac{7\pi}{8} \\ \cos\dfrac{2\pi}{8} & \cos\dfrac{6\pi}{8} & \cos\dfrac{10\pi}{8} & \cos\dfrac{14\pi}{8} \\ \cos\dfrac{3\pi}{8} & \cos\dfrac{9\pi}{8} & \cos\dfrac{15\pi}{8} & \cos\dfrac{21\pi}{8} \end{pmatrix}\begin{pmatrix} 1 & \cos\dfrac{\pi}{8} & \cos\dfrac{2\pi}{8} & \cos\dfrac{3\pi}{8} \\ 1 & \cos\dfrac{3\pi}{8} & \cos\dfrac{6\pi}{8} & \cos\dfrac{9\pi}{8} \\ 1 & \cos\dfrac{5\pi}{8} & \cos\dfrac{10\pi}{8} & \cos\dfrac{15\pi}{8} \\ 1 & \cos\dfrac{7\pi}{8} & \cos\dfrac{14\pi}{8} & \cos\dfrac{21\pi}{8} \end{pmatrix}$$

$$= \begin{pmatrix} 4 & 0 & 0 & 0 \\ 0 & 2 & 0 & 0 \\ 0 & 0 & 2 & 0 \\ 0 & 0 & 0 & 2 \end{pmatrix}$$

この理由を調べてみよう。たとえば、左側の行列の 1 行目と右側の行列 1 列目の内積を計算すると、

$$(1 \quad 1 \quad 1 \quad 1)\begin{pmatrix} 1 \\ 1 \\ 1 \\ 1 \end{pmatrix} = 1 \times 1 + 1 \times 1 + 1 \times 1 + 1 \times 1 = 4$$

また、左側の行列の 2 行目と右側の行列 2 列目の内積を計算すると、

$$\left(\cos\frac{\pi}{8} \quad \cos\frac{3\pi}{8} \quad \cos\frac{5\pi}{8} \quad \cos\frac{7\pi}{8}\right)\begin{pmatrix} \cos\dfrac{\pi}{8} \\ \cos\dfrac{3\pi}{8} \\ \cos\dfrac{5\pi}{8} \\ \cos\dfrac{7\pi}{8} \end{pmatrix}$$

$$= \cos^2\frac{\pi}{8} + \cos^2\frac{3\pi}{8} + \cos^2\frac{5\pi}{8} + \cos^2\frac{7\pi}{8}$$

$$= \frac{1}{2}\left\{\cos\left(\frac{\pi}{8}+\frac{\pi}{8}\right)+\cos\left(\frac{\pi}{8}-\frac{\pi}{8}\right)\right\} + \frac{1}{2}\left\{\cos\left(\frac{3\pi}{8}+\frac{3\pi}{8}\right)+\cos\left(\frac{3\pi}{8}-\frac{3\pi}{8}\right)\right\}$$

$$+ \frac{1}{2}\left\{\cos\left(\frac{5\pi}{8}+\frac{5\pi}{8}\right)+\cos\left(\frac{5\pi}{8}-\frac{5\pi}{8}\right)\right\}$$

$$+ \frac{1}{2}\left\{\cos\left(\frac{7\pi}{8}+\frac{7\pi}{8}\right)+\cos\left(\frac{7\pi}{8}-\frac{7\pi}{8}\right)\right\}$$

$$= \frac{1}{2}\left\{\left(\cos\frac{\pi}{4}+1\right)+\left(\cos\frac{3\pi}{4}+1\right)+\left(\cos\frac{5\pi}{4}+1\right)+\left(\cos\frac{7\pi}{4}+1\right)\right\} = 2$$

ここでは、次の積和公式を利用した。
$$\cos^2 A = \frac{1+\cos 2A}{2} \text{ も利用可}$$

$$\cos A\cos B = \frac{1}{2}\{\cos(A+B)+\cos(A-B)\}$$

また、たとえば、左側の行列の 3 行目と右側の行列 2 列目の内積を計算すると、

$$\left(\cos\frac{2\pi}{8} \quad \cos\frac{6\pi}{8} \quad \cos\frac{10\pi}{8} \quad \cos\frac{14\pi}{8}\right)\begin{pmatrix}\cos\dfrac{\pi}{8}\\[2mm]\cos\dfrac{3\pi}{8}\\[2mm]\cos\dfrac{5\pi}{8}\\[2mm]\cos\dfrac{7\pi}{8}\end{pmatrix}$$

$$= \cos\frac{2\pi}{8}\cos\frac{\pi}{8} + \cos\frac{6\pi}{8}\cos\frac{3\pi}{8} + \cos\frac{10\pi}{8}\cos\frac{5\pi}{8} + \cos\frac{14\pi}{8}\cos\frac{7\pi}{8}$$

$$= \frac{1}{2}\left\{\cos\left(\frac{2\pi}{8}+\frac{\pi}{8}\right) + \cos\left(\frac{2\pi}{8}-\frac{\pi}{8}\right)\right\}$$

$$\quad + \frac{1}{2}\left\{\cos\left(\frac{6\pi}{8}+\frac{3\pi}{8}\right) + \cos\left(\frac{6\pi}{8}-\frac{3\pi}{8}\right)\right\}$$

$$\quad + \frac{1}{2}\left\{\cos\left(\frac{10\pi}{8}+\frac{5\pi}{8}\right) + \cos\left(\frac{10\pi}{8}-\frac{5\pi}{8}\right)\right\}$$

$$\quad + \frac{1}{2}\left\{\cos\left(\frac{14\pi}{8}+\frac{7\pi}{8}\right) + \cos\left(\frac{14\pi}{8}-\frac{7\pi}{8}\right)\right\}$$

$$= \frac{1}{2}\left\{\left(\cos\frac{3\pi}{8}+\cos\frac{\pi}{8}\right) + \left(\cos\frac{9\pi}{8}+\cos\frac{3\pi}{8}\right)\right.$$

$$\quad\quad \left. + \left(\cos\frac{15\pi}{8}+\cos\frac{5\pi}{8}\right) + \left(\cos\frac{21\pi}{8}+\cos\frac{7\pi}{8}\right)\right\}$$

$$= \frac{1}{2}\left\{\left(\cos\frac{3\pi}{8}+\cos\frac{\pi}{8}\right) + \left(-\cos\frac{\pi}{8}+\cos\frac{3\pi}{8}\right)\right.$$

$$\quad\quad \left. + \left(\cos\frac{\pi}{8}-\cos\frac{3\pi}{8}\right) + \left(-\cos\frac{3\pi}{8}-\cos\frac{\pi}{8}\right)\right\} = 0$$

ここでは、三角関数の積和公式

$$\cos A\cos B = \frac{1}{2}\{\cos(A+B)+\cos(A-B)\}$$

の他に $\cos(\pi\pm A) = -\cos A$ も利用した。

よって、⑤式は次のように書ける。

$$
\begin{pmatrix}
1 & 1 & 1 & 1 \\
\cos\dfrac{\pi}{8} & \cos\dfrac{3\pi}{8} & \cos\dfrac{5\pi}{8} & \cos\dfrac{7\pi}{8} \\
\cos\dfrac{2\pi}{8} & \cos\dfrac{6\pi}{8} & \cos\dfrac{10\pi}{8} & \cos\dfrac{14\pi}{8} \\
\cos\dfrac{3\pi}{8} & \cos\dfrac{9\pi}{8} & \cos\dfrac{15\pi}{8} & \cos\dfrac{21\pi}{8}
\end{pmatrix}
\begin{pmatrix}
f_0 \\ f_1 \\ f_2 \\ f_3
\end{pmatrix}
=
\begin{pmatrix}
4 & 0 & 0 & 0 \\
0 & 2 & 0 & 0 \\
0 & 0 & 2 & 0 \\
0 & 0 & 0 & 2
\end{pmatrix}
\begin{pmatrix}
c_0 \\ c_1 \\ c_2 \\ c_3
\end{pmatrix}
\quad \cdots\cdots ⑥
$$

⑥の両辺に左から
$\begin{pmatrix} 4 & 0 & 0 & 0 \\ 0 & 2 & 0 & 0 \\ 0 & 0 & 2 & 0 \\ 0 & 0 & 0 & 2 \end{pmatrix}$
の逆行列
$\begin{pmatrix} \dfrac{1}{4} & 0 & 0 & 0 \\ 0 & \dfrac{1}{2} & 0 & 0 \\ 0 & 0 & \dfrac{1}{2} & 0 \\ 0 & 0 & 0 & \dfrac{1}{2} \end{pmatrix}$
を掛けると、

$$
\begin{pmatrix}
\dfrac{1}{4} & 0 & 0 & 0 \\
0 & \dfrac{1}{2} & 0 & 0 \\
0 & 0 & \dfrac{1}{2} & 0 \\
0 & 0 & 0 & \dfrac{1}{2}
\end{pmatrix}
\begin{pmatrix}
4 & 0 & 0 & 0 \\
0 & 2 & 0 & 0 \\
0 & 0 & 2 & 0 \\
0 & 0 & 0 & 2
\end{pmatrix}
=
\begin{pmatrix}
1 & 0 & 0 & 0 \\
0 & 1 & 0 & 0 \\
0 & 0 & 1 & 0 \\
0 & 0 & 0 & 1
\end{pmatrix}
\quad と \quad
\begin{pmatrix}
1 & 0 & 0 & 0 \\
0 & 1 & 0 & 0 \\
0 & 0 & 1 & 0 \\
0 & 0 & 0 & 1
\end{pmatrix}
\begin{pmatrix}
c_0 \\ c_1 \\ c_2 \\ c_3
\end{pmatrix}
=
\begin{pmatrix}
c_0 \\ c_1 \\ c_2 \\ c_3
\end{pmatrix}
$$

より⑥は

$$
\begin{pmatrix}
\dfrac{1}{4} & 0 & 0 & 0 \\
0 & \dfrac{1}{2} & 0 & 0 \\
0 & 0 & \dfrac{1}{2} & 0 \\
0 & 0 & 0 & \dfrac{1}{2}
\end{pmatrix}
\begin{pmatrix}
1 & 1 & 1 & 1 \\
\cos\dfrac{\pi}{8} & \cos\dfrac{3\pi}{8} & \cos\dfrac{5\pi}{8} & \cos\dfrac{7\pi}{8} \\
\cos\dfrac{2\pi}{8} & \cos\dfrac{6\pi}{8} & \cos\dfrac{10\pi}{8} & \cos\dfrac{14\pi}{8} \\
\cos\dfrac{3\pi}{8} & \cos\dfrac{9\pi}{8} & \cos\dfrac{15\pi}{8} & \cos\dfrac{21\pi}{8}
\end{pmatrix}
\begin{pmatrix}
f_0 \\ f_1 \\ f_2 \\ f_3
\end{pmatrix}
=
\begin{pmatrix}
c_0 \\ c_1 \\ c_2 \\ c_3
\end{pmatrix}
$$

となる。これを計算し、等号の左右を入れかえると

222　8−3 サンプリングに一工夫させた離散コサイン変換

$$\begin{pmatrix} c_0 \\ c_1 \\ c_2 \\ c_3 \end{pmatrix} = \begin{pmatrix} \dfrac{1}{4} & \dfrac{1}{4} & \dfrac{1}{4} & \dfrac{1}{4} \\[2mm] \dfrac{1}{2}\cos\dfrac{\pi}{8} & \dfrac{1}{2}\cos\dfrac{3\pi}{8} & \dfrac{1}{2}\cos\dfrac{5\pi}{8} & \dfrac{1}{2}\cos\dfrac{7\pi}{8} \\[2mm] \dfrac{1}{2}\cos\dfrac{2\pi}{8} & \dfrac{1}{2}\cos\dfrac{6\pi}{8} & \dfrac{1}{2}\cos\dfrac{10\pi}{8} & \dfrac{1}{2}\cos\dfrac{14\pi}{8} \\[2mm] \dfrac{1}{2}\cos\dfrac{3\pi}{8} & \dfrac{1}{2}\cos\dfrac{9\pi}{8} & \dfrac{1}{2}\cos\dfrac{15\pi}{8} & \dfrac{1}{2}\cos\dfrac{21\pi}{8} \end{pmatrix} \begin{pmatrix} f_0 \\ f_1 \\ f_2 \\ f_3 \end{pmatrix} \quad \cdots\cdots ⑦$$

　この⑦が**離散コサイン変換**（DCT）で、離散信号 $\{f_0, f_1, f_2, f_3\}$ から DCT 係数 $\{c_0, c_1, c_2, c_3\}$ を求める式である。これに対して、④は**逆離散コサイン変換**（IDCT：Inverse Discrete Cosine Transform）と呼ばれている。

（注）DFT のときと同様、文献によって定数倍の違いがあることに注意しよう。

　なお、参考までに 3 つの離散信号の場合の離散コサイン変換、逆離散コサイン変換の式は次のようになる。

$$\begin{pmatrix} c_0 \\ c_1 \\ c_2 \end{pmatrix} = \begin{pmatrix} \dfrac{1}{3} & \dfrac{1}{3} & \dfrac{1}{3} \\[2mm] \dfrac{2}{3}\cos\dfrac{\pi}{6} & \dfrac{2}{3}\cos\dfrac{3\pi}{6} & \dfrac{2}{3}\cos\dfrac{5\pi}{6} \\[2mm] \dfrac{2}{3}\cos\dfrac{2\pi}{6} & \dfrac{2}{3}\cos\dfrac{6\pi}{6} & \dfrac{2}{3}\cos\dfrac{10\pi}{6} \end{pmatrix} \begin{pmatrix} f_0 \\ f_1 \\ f_2 \end{pmatrix} \quad \cdots\cdots \text{離散コサイン変換}$$

$$\begin{pmatrix} f_0 \\ f_1 \\ f_2 \end{pmatrix} = \begin{pmatrix} 1 & \cos\dfrac{\pi}{6} & \cos\dfrac{2\pi}{6} \\[2mm] 1 & \cos\dfrac{3\pi}{6} & \cos\dfrac{6\pi}{6} \\[2mm] 1 & \cos\dfrac{5\pi}{6} & \cos\dfrac{10\pi}{6} \end{pmatrix} \begin{pmatrix} c_0 \\ c_1 \\ c_2 \end{pmatrix} \quad \cdots\cdots \text{逆離散コサイン変換}$$

第8章　離散データによるフーリエ解析

●8個の離散信号に対する離散コサイン変換

離散コサイン変換の活用例に MP3 や JPEG などの情報圧縮がある。これらの場合には 8 個の離散信号を取り扱うのが一般的である。ここでは、JPEG を例に実際に離散コサイン変換がどのように使われるのか調べてみよう。画像データの圧縮例については §9−5 で扱うことにする。

4 個の離散信号に対する離散コサイン変換とその逆変換の式⑦と④を導いたのと同じ方法で 8 個の離散信号に対する離散コサイン変換と逆変換を導くことができる。

連続信号 $f(t)$ からサンプリングした 8 個の離散信号を図のように $\{f_0, f_1, f_2, f_3, f_4, f_5, f_6, f_7\}$ とする。

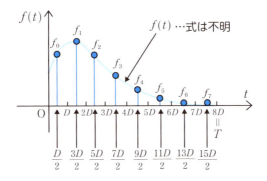

ここで、関数セット $\left\{1, \cos\dfrac{\pi t}{T}, \cos\dfrac{2\pi t}{T}, \cos\dfrac{3\pi t}{T}, \cdots, \cos\dfrac{7\pi t}{T}\right\}$ の一次結合を $x(t)$ とする。つまり、

$$x(t) = c_0 + c_1\cos\dfrac{\pi t}{T} + c_2\cos\dfrac{2\pi t}{T} + c_3\cos\dfrac{3\pi t}{T} + \cdots + c_7\cos\dfrac{7\pi t}{T}$$

ただし、$x(t)$ は次の条件を満たしているものとする。

$$f_0 = x\left(\dfrac{D}{2}\right), f_1 = x\left(\dfrac{3D}{2}\right), f_2 = x\left(\dfrac{5D}{2}\right), f_3 = x\left(\dfrac{7D}{2}\right),$$

$$f_4 = x\left(\dfrac{9D}{2}\right), f_5 = x\left(\dfrac{11D}{2}\right), f_6 = x\left(\dfrac{13D}{2}\right), f_7 = x\left(\dfrac{15D}{2}\right)$$

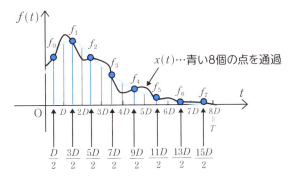

このとき、離散信号 $\{f_0, f_1, f_2, f_3, f_4, f_5, f_6, f_7\}$ と DCT 係数 $\{c_0, c_1, c_2, c_3, c_4, c_5, c_6, c_7\}$ は次の関係で結ばれている。

$$\begin{pmatrix} c_0 \\ c_1 \\ c_2 \\ \cdots \\ c_7 \end{pmatrix} = \begin{pmatrix} \dfrac{1}{8} & \dfrac{1}{8} & \dfrac{1}{8} & \cdots & \dfrac{1}{8} \\ \dfrac{1}{4}\cos\dfrac{\pi}{16} & \dfrac{1}{4}\cos\dfrac{3\pi}{16} & \dfrac{1}{4}\cos\dfrac{5\pi}{16} & \cdots & \dfrac{1}{4}\cos\dfrac{15\pi}{16} \\ \dfrac{1}{4}\cos\dfrac{2\pi}{16} & \dfrac{1}{4}\cos\dfrac{6\pi}{16} & \dfrac{1}{4}\cos\dfrac{10\pi}{16} & \cdots & \dfrac{1}{4}\cos\dfrac{30\pi}{16} \\ \cdots & \cdots & \cdots & & \cdots \\ \dfrac{1}{4}\cos\dfrac{7\pi}{16} & \dfrac{1}{4}\cos\dfrac{21\pi}{16} & \dfrac{1}{4}\cos\dfrac{35\pi}{16} & \cdots & \dfrac{1}{4}\cos\dfrac{105\pi}{16} \end{pmatrix} \begin{pmatrix} f_0 \\ f_1 \\ f_2 \\ \cdots \\ f_7 \end{pmatrix} \quad \cdots\cdots ⑧$$

$$\begin{pmatrix} f_0 \\ f_1 \\ f_2 \\ \cdots \\ f_7 \end{pmatrix} = \begin{pmatrix} 1 & \cos\dfrac{\pi}{16} & \cos\dfrac{2\pi}{16} & \cdots & \cos\dfrac{7\pi}{16} \\ 1 & \cos\dfrac{3\pi}{16} & \cos\dfrac{6\pi}{16} & \cdots & \cos\dfrac{21\pi}{16} \\ 1 & \cos\dfrac{5\pi}{16} & \cos\dfrac{10\pi}{16} & \cdots & \cos\dfrac{35\pi}{16} \\ \cdots & \cdots & \cdots & & \cdots \\ 1 & \cos\dfrac{15\pi}{16} & \cos\dfrac{30\pi}{16} & \cdots & \cos\dfrac{105\pi}{16} \end{pmatrix} \begin{pmatrix} c_0 \\ c_1 \\ c_2 \\ \cdots \\ c_7 \end{pmatrix} \quad \cdots\cdots ⑨$$

⑧は離散コサイン変換、⑨は逆離散コサイン変換である。

(注) 文献によって公式に違いがあるので注意しよう。

● **実際に使ってみよう**

ここでは、具体的な 8 個の離散信号をもとに情報圧縮を体験してみることにする。

区間 $0 \leq t \leq 1$ で定義された関数 $f(t) = -2t + 2$ について、この区間を 8 等分し、その中点から得られる離散信号として次の値が得られる。

$$(f_0, f_1, f_2, f_3, f_4, f_5, f_6, f_7)$$
$$= \left(\frac{30}{16}, \frac{26}{16}, \frac{22}{16}, \frac{18}{16}, \frac{14}{16}, \frac{10}{16}, \frac{6}{16}, \frac{2}{16}\right)$$
$$= (1.875, 1.625, 1.375, 1.125, 0.875, 0.625, 0.375, 0.125)$$

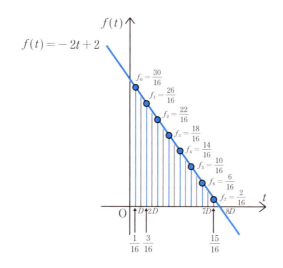

⑧を利用して DCT 係数を求める。ただし、計算が大変なので Excel を使うことにする。

次ページのワークシートから次の DCT 係数が得られる。

$$(c_0, c_1, c_2, c_3, c_4, c_5, c_6, c_7)$$
$$= (1.00,\ 0.81,\ 0.00,\ 0.08,\ 0.00,\ 0.03,\ 0.00,\ 0.01)$$

これを見ると DCT 係数が偏っていることがわかる。つまり、角周波数の大きい正弦波の DCT 係数はかなり小さくなっている。

	0	1	2	3	4	5	6	7
	離散コサイン変換(DCT)							
	π = 3.141593			π/16=	0.19635			
	DCT行列							
0	0.1250	0.1250	0.1250	0.1250	0.1250	0.1250	0.1250	0.1250
1	0.2452	0.2079	0.1389	0.0488	-0.0488	-0.1389	-0.2079	-0.2452
2	0.2310	0.0957	-0.0957	-0.2310	-0.2310	-0.0957	0.0957	0.2310
3	0.2079	-0.0488	-0.2452	-0.1389	0.1389	0.2452	0.0488	-0.2079
4	0.1768	-0.1768	-0.1768	0.1768	0.1768	-0.1768	-0.1768	0.1768
5	0.1389	-0.2452	0.0488	0.2079	-0.2079	-0.0488	0.2452	-0.1389
6	0.0957	-0.2310	0.2310	-0.0957	-0.0957	0.2310	-0.2310	0.0957
7	0.0488	-0.1389	0.2079	-0.2452	0.2452	-0.2079	0.1389	-0.0488

	信号データ	DCT係数
0	1.875	1.0000
1	1.625	0.8053
2	1.375	0.0000
3	1.125	0.0842
4	0.875	0.0000
5	0.625	0.0251
6	0.375	0.0000
7	0.125	0.0063

行列の積の計算には MMULT関数を利用

(⑧を用いた離散コサイン変換)

そこで値の小さい DCT 係数を 0 とみなして情報量の小さい角周波数部分を捨ててみることにする。たとえば、DCT 係数

$$(c_0, c_1, c_2, c_3, c_4, c_5, c_6, c_7)$$
$$= (1.00, 0.81, 0.00, 0.08, 0.00, 0.03, 0.00, 0.01)$$

の 3 番目以降を無視した

$$(c_0, c_1, c_2, c_3, c_4, c_5, c_6, c_7) =$$
$$(1.00, 0.81, 0.00, 0.00, 0.00, 0.00, 0.00, 0.00)$$

を用いて⑨の逆離散コサイン変換をしてみるのである。

すると、元の信号データは

$$(f_0, f_1, f_2, f_3, f_4, f_5, f_6, f_7)$$
$$= (1.875, 1.625, 1.375, 1.125, 0.875, 0.625, 0.375, 0.125) \quad \cdots\cdots ⑩$$

であったが、この DCT 係数を簡略化した $(1.00, 0.81, 0, 0, \cdots, 0)$ から逆離散コサイン変換⑨で次のデータが復元される（次ページ Excel 利用）。

$$(1.79, 1.67, 1.45, 1.16, 0.84, 0.55, 0.33, 0.21) \quad \cdots\cdots ⑪$$

第8章 離散データによるフーリエ解析

復元されたデータ⑪は、右図よりもとの離散信号⑩に近い値だとわかる。ここで、右図の黒いグラフはもとのデータで青のグラフは修復後のデータである。

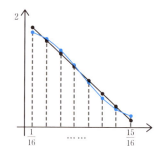

	A	B	C	D	E	F	G	H	I	J
1		逆離散コサイン変換(IDCT)								
2		π =	3.141593		π/16 =	0.19635				
3			逆DCT行列							
4				0	1	2	3	4	5	6	7
5		0	1.0000	0.9808	0.9239	0.8315	0.7071	0.5556	0.3827	0.1951
6		1	1.0000	0.8315	0.3827	-0.1951	-0.7071	-0.9808	-0.9239	-0.5556
7		2	1.0000	0.5556	-0.3827	-0.9808	-0.7071	0.1951	0.9239	0.8315
8		3	1.0000	0.1951	-0.9239	-0.5556	0.7071	0.8315	-0.3827	-0.9808
9		4	1.0000	-0.1951	-0.9239	0.5556	0.7071	-0.8315	-0.3827	0.9808
10		5	1.0000	-0.5556	-0.3827	0.9808	-0.7071	-0.1951	0.9239	-0.8315
11		6	1.0000	-0.8315	0.3827	0.1951	-0.7071	0.9808	-0.9239	0.5556
12		7	1.0000	-0.9808	0.9239	-0.8315	0.7071	-0.5556	0.3827	-0.1951
13										
14			信号データ	DCT係数		修正係数	復元データ			
15		0	1.875	1.0000		1.0000	1.789817			
16		1	1.625	0.8053		0.8053	1.669574			
17		2	1.375	0.0000		0	1.447395			
18		3	1.125	0.0842		0	1.157104			
19		4	0.875	0.0000		0	0.842896			
20		5	0.625	0.0251		0	0.552605			
21		6	0.375	0.0000		0	0.330426			
22		7	0.125	0.0063		0	0.210183			

行列の積の計算にはMMULT関数を利用

（⑨を用いた逆離散コサイン変換）

もう一歩進んで　行列の計算とコンピュータ

　行列の計算は行数、列数が大きくなると手計算の限界を超えてしまう。そこで、コンピュータを利用することになるが、幸いなことにプログラミングをしなくても身近なExcelを使えば簡単である。行列の計算に関するいろいろな関数が用意されているからである。本節では行列の掛け算などでExcelを使っている。

第 9 章

フーリエ変換やラプラス変換を応用してみよう

フーリエ解析はフーリエが熱伝導に関する問題を解決しようとしたところに端を発する。このようにフーリエ解析は応用を前提に発展した解析学であり、実際、さまざまな分野で活用されている。ここでは、フーリエ解析を微分方程式の解法、線形応答理論、データ圧縮に応用した例を紹介しておこう。

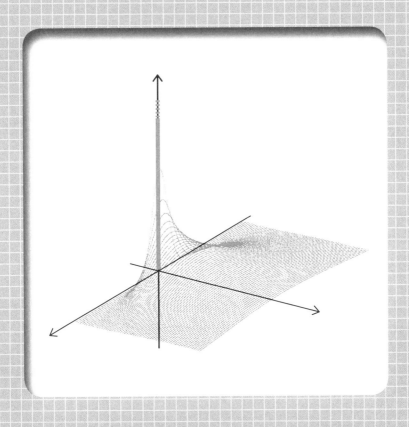

9-1 微分方程式とは

自然科学や社会科学では、実験や観測などをして得られた法則を数式に置き換える。その際、導関数を含んだ方程式で表現されることが多い。これが微分方程式である。**この方程式を解くことによって、もとの法則のからくりが解明できる。**微分方程式を解く方法は数学的にいろいろ工夫されているが、フーリエ級数、フーリエ変換、ラプラス変換を用いても解くことができ、このことがフーリエ解析の価値を高めている。

独立変数 x の関数 $y=(x)$ とその導関数 $\dfrac{dy}{dx}, \dfrac{d^2y}{dx^2}, \dfrac{d^3y}{dx^3}, \cdots, \dfrac{d^ny}{dx^n}$、および、独立変数 x の間に成り立つ等式を微分方程式という。たとえば、次のようなものがある。

$$\frac{dy}{dx}+\frac{x}{y}=0 \quad \cdots\cdots① 、\quad \frac{d^2y}{dx^2}+x\frac{dy}{dx}+3y=0 \quad \cdots\cdots②$$

（注）導関数 $\dfrac{dy}{dx}, \dfrac{d^2y}{dx^2}, \dfrac{d^3y}{dx^3}, \cdots, \dfrac{d^ny}{dx^n}$ は簡単に $y', y'', y''', \cdots, y^{(n)}$ と表現される。なお、これらを順に1次導関数、2次導関数、3次導関数、…、n 次導関数という。

● 微分方程式の階数

微分方程式の中に現れる未知関数の導関数のなかで、n 次のものが最も次数の高いものであれば、この n を微分方程式の階数といい、この方程式を n 階微分方程式という。たとえば、上記①式は1階微分方程式、②式は2階微分方程式である。

● 微分方程式の解

微分方程式を満足する関数をその「解」といい、**全部の解を求めること**

を微分方程式を解くという。微分方程式の階数と同じ個数の任意定数を含む解を**一般解**といい、一般解に含まれる任意定数に特定の値を与えて得られる解を**特殊解**という。

たとえば、微分方程式 $\dfrac{d^2y}{dx^2} = 2$ については次のようになる。

一般解は $y = x^2 + ax + b$ （a、bは任意定数）

特殊解は $y = x^2 + x + 1$ 、 $y = x^2$

なお、微分方程式において、特定の独立変数の値における関数値や導関数値に条件をつけると特殊解を得ることになる。このときの条件を**初期条件**という。

たとえば、微分方程式 $\dfrac{d^2y}{dx^2} = 2$ に $x = 0$ のとき $y = 1$ という初期条件をつけると、この方程式の解は $y = x^2 + ax + 1$ （aは任意定数）となる。

● 偏微分とは

微分は1変数の関数 $f(x)$ に限らない。変数が複数の場合もある。たとえば2変数関数 $z = f(x, y)$ を考えてみよう。これはyを一定としたとき、xの関数となる。そこで $\displaystyle\lim_{\Delta x \to 0}\dfrac{f(x + \Delta x, y) - f(x, y)}{\Delta x}$ を $f(x, y)$ の**偏導関数**といい、記号、$\dfrac{\partial z}{\partial x}$, $\dfrac{\partial}{\partial x}f(x, y)$, f_x, $f_x(x, y)$ などと書くことにする。すなわち、$\dfrac{\partial z}{\partial x} = \displaystyle\lim_{\Delta x \to 0}\dfrac{f(x + \Delta x, y) - f(x, y)}{\Delta x}$

同様に、$\dfrac{\partial z}{\partial y} = \displaystyle\lim_{\Delta y \to 0}\dfrac{f(x, y + \Delta y) - f(x, y)}{\Delta y}$

何だか難しそうだが、$z = f(x, y)$ のとき、$\dfrac{\partial z}{\partial x}$ を求めるには、**yを定数を表す文字と考えて、xについてのみ微分すればよい**。同様に、$\dfrac{\partial z}{\partial y}$ を求めるには、xを定数を表す文字と考えて、yについてのみ微分すればよい。なお、変数が3個以上の場合も同様に偏微分が考えられる。

231

〔例〕 関数 $f(x, y) = x^2 - xy + y^2$ の場合、

$$\frac{\partial f}{\partial x} = 2x - y、\quad \frac{\partial f}{\partial y} = -x + 2y$$

● 偏微分方程式とは

二つ以上の独立変数 $x, y, \cdots$ と未知関数 $f(x, y, \cdots)$ およびその偏導関数 $\dfrac{\partial f}{\partial x}$、$\dfrac{\partial f}{\partial y}$、$\dfrac{\partial^2 f}{\partial x^2}$ などを含む方程式を**偏微分方程式**という。偏微分方程式に含まれる最高次の導関数の次数をその方程式の**階数**という。

一般に n 階の偏微分方程式を解くと、n 個の**任意関数**を含む解が得られる。このような n 個の任意関数を含む解を**一般解**、任意関数を含まない解を**特殊解**という。

（注）$\dfrac{\partial^2 f}{\partial x^2} = \dfrac{\partial}{\partial x}\left(\dfrac{\partial f}{\partial x}\right)$、$\dfrac{\partial^2 f}{\partial x \partial y} = \dfrac{\partial}{\partial x}\left(\dfrac{\partial f}{\partial y}\right)$ である。

（注）偏微分方程式に対して独立変数が一つの微分方程式を**常微分方程式**という。

〔例〕 $\dfrac{\partial h(x, t)}{\partial t} = a\dfrac{\partial^2 h(x, t)}{\partial x^2}$ ⋯⋯ フーリエの熱伝導方程式

9-2 フーリエの熱伝導方程式を解いてみよう

フーリエがフーリエ級数やフーリエ変換の考えに至ったのは、熱伝導の問題を解決しようとした時であった。そのため、ここでは、少し難しいが、フーリエ変換を用いて熱伝導に関する微分方程式を解くことに挑戦してみよう。フーリエ（フランス：1768〜1830）の凄さを実感できる。

熱は高温から低温の領域に拡散すると考えたフーリエは、無限に長い棒の位置 x における温度 h は位置 x と時間 t の関数 $h(x, t)$ であり、この関数 $h(x, t)$ は次の偏微分方程式（§9−1）を満たすことを導き出した。

$$\frac{\partial h}{\partial t} = a \frac{\partial^2 h}{\partial x^2} \quad \cdots\cdots ①$$

①式における a は熱拡散率と呼ばれる定数で物質によって異なる。

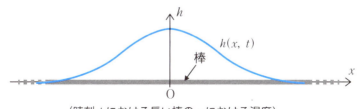

（時刻 t における長い棒の x における温度）

ここでは、時刻 0 において、上記の棒の1点 O（原点）にだけ瞬間的に熱を与え、その熱の分布が時間的にどのように変化するかを調べてみることとする。つまり、この初期条件から無限に長い棒の温度分布 $h(x, t)$ を求めてみることにする。

無限に長い棒の一点（原点）にのみ熱を与えることより、時刻 0 における温度分布 $h(x, t)$ はデルタ関数 $\delta(x)$（§6−2）を用いて次のように書ける。

$$h(x, 0) = h_0 \delta(x) \quad \cdots\cdots ②$$

ただし、h_0 は定数で棒に原点で瞬間的に与える熱の強さに比例するものとする。この②式を図示すると次のようになる。

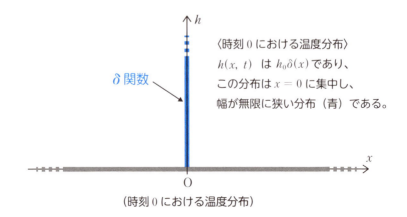

（時刻0における温度分布）

● $h(x, t)$ を段階を追って求める

偏微分方程式 $\dfrac{\partial h}{\partial t} = a \dfrac{\partial^2 h}{\partial x^2}$ ……① の解を求めるに当たり、$h(x, t)$ が x のみの関数 $p(x)$ と t のみの関数 $q(t)$ の積の形であるとしてみる。つまり、

$$h(x, t) = p(x) q(t) \quad \cdots\cdots ③$$

（注）③の形を**変数分離形**という。また、このような仮定を設けて解く方法を**変数分離法**という。物理的な解は1つなので、もし、この仮定で解けたらそれは解となる。

この形を前提にフーリエ変換と逆フーリエ変換を用いて温度分布 $h(x, t)$ を求めてみるが、その前に、変数分離形の③式を x についてフーリエ変換するとどうなるかを調べておこう。

$h(x, t)$ を x についてフーリエ変換した式を $H(u, t)$、$p(x)$ を x についてフーリエ変換した式 $P(u)$ とする。つまり、

$$H(u,\ t)=\int_{-\infty}^{\infty}h(x,\ t)e^{-iux}dx$$

$$P(u)=\int_{-\infty}^{\infty}P(x)e^{-iux}dx$$

このとき、

$$H(u,\ t)=\int_{-\infty}^{\infty}h(x,\ t)e^{-iux}dx$$

$$=\int_{-\infty}^{\infty}p(x)q(t)e^{-iux}dx$$

積分変数は x なので $q(t)$ は定数扱い

$$=q(t)\int_{-\infty}^{\infty}p(x)e^{-iux}dx$$

$$=q(t)P(u)$$

つまり、 $H(u,\ t)=q(t)\times P(u)$ ……④ となる。

（注）本書では、基本的には時間領域の関数 $f(t)$ をフーリエ変換して得られる角周波数領域の関数を $F(\omega)$ と表現した。ここでは空間（位置 x）領域に着目した関数 $h(x,\ t)$ をフーリエ変換して得られた周波数領域の関数を、u を用いて $H(u,\ t)$ と書いている。また、空間（位置 x）領域の関数 $p(x)$ をフーリエ変換して得られた周波数領域の関数も、u を用いて $P(u)$ と書いている。フーリエ変換の変数 x のペアとして u を用いたのである。

(1) 熱伝導方程式の両辺を x についてフーリエ変換する

$h(x,\ t)=p(x)q(t)$ より

$$\frac{\partial h}{\partial t}=p(x)\frac{dq(t)}{dt}、\ \frac{\partial^2 h}{\partial x^2}=\frac{d^2 p(x)}{dx^2}q(t)\quad\cdots\cdots⑤$$

これを用いて、①の熱伝導方程式 $\dfrac{\partial h}{\partial t}=a\dfrac{\partial^2 h}{\partial x^2}$ を書き換えると、

$$p(x)\frac{dq(t)}{dt}=a\frac{d^2 p(x)}{dx^2}q(t)$$

この両辺を x の関数と考えてフーリエ変換すると

$$\int_{-\infty}^{\infty}p(x)\frac{dq(t)}{dt}e^{-iux}dx=a\int_{-\infty}^{\infty}\frac{d^2 p(x)}{dx^2}q(t)e^{-iux}dx$$

……フーリエ変換の変数 x のペアとして u を用いた

ゆえに

$$\frac{dq(t)}{dt}\int_{-\infty}^{\infty}p(x)e^{-iux}dx=aq(t)\int_{-\infty}^{\infty}\frac{d^2p(x)}{dx^2}e^{-iux}dx \quad \cdots\cdots 積分変数は x$$

導関数ともとの関数のフーリエ変換に関する性質（下記の枠内）より

$$\frac{dq(t)}{dt}\int_{-\infty}^{\infty}p(x)e^{-iux}dx=aq(t)(iu)^2\int_{-\infty}^{\infty}p(x)e^{-iux}dx$$

関数 $f(t)$ の n 次導関数 $f^{(n)}(t)$ をフーリエ変換したものと、もとの関数 $f(t)$ をフーリエ変換したものの間には次の関係がある。

$$\mathbf{F}(f^{(n)}(t))=(i\omega)^n\mathbf{F}(f(t)) \quad （§6-3 より一部抜粋）$$

よって、$\dfrac{dq(t)}{dt}=aq(t)(iu)^2=-au^2q(t)$

この微分方程式 $\dfrac{dq(t)}{dt}=-au^2q(t)$ の解は $q(t)=Ce^{-au^2t}$ である（下記の枠内参照）。ただし、C は定数とする。

微分方程式 $\dfrac{dq}{dt}=kq$ は $\dfrac{1}{q}\dfrac{dq}{dt}=k$ と変形できる。両辺を t で積分すると、$\displaystyle\int\frac{1}{q}\frac{dq}{dt}dt=\int kdt$ となり $\displaystyle\int\frac{1}{q}dq=\int kdt$ となる。これより

$$\log_e q=kt+C_1$$

よって、$q=e^{kt+C_1}=Ce^{kt}$ を得る。ただし、C_1, C は定数。

これと④より

$$H(u, t)=P(u)\times Ce^{-au^2t} \quad \cdots\cdots ⑥$$

ゆえに、$H(u, 0)=P(u)\times Ce^0=C\times P(u) \quad \cdots\cdots ⑦$

また、この $H(u, 0)$ は $h(x, 0)$ をフーリエ変換したものと考えられる。

236　9-2 フーリエの熱伝導方程式を解いてみよう

つまり、$H(u, 0) = \int_{-\infty}^{\infty} h(x, 0)e^{-iux} dx$

また、初期条件より時刻 0 における温度分布は次のように書けた。

$$h(x, 0) = h_0 \delta(x) \quad \cdots\cdots ②$$

よって

$$H(u, 0) = \int_{-\infty}^{\infty} h(x, 0)e^{-iux} dx = \int_{-\infty}^{\infty} h_0 \delta(x)e^{-iux} dx = h_0 \int_{-\infty}^{\infty} e^{-iux} \delta(x) dx$$

ここで、デルタ関数の性質 $\int_{-\infty}^{\infty} g(x)\delta(x)dx = g(0)$ （§6−2）より、

$$\int_{-\infty}^{\infty} e^{-iux} \delta(x)dx = e^{-iu \times 0} = e^0 = 1 \qquad \leftarrow \qquad g(x) = e^{-iux} \text{ の場合}$$

よって、$H(u, 0) = h_0 \int_{-\infty}^{\infty} e^{-iux} \delta(x)dx = h_0$

これと⑦より、$C \times P(u) = h_0$

ゆえに⑥より $H(u, t) = P(u) \times Ce^{-au^2 t} = h_0 e^{-au^2 t} \quad \cdots\cdots ⑧$

(2) $H(u, t)$ を逆フーリエ変換する

$H(u, t)$ は $h(x, t)$ を x についてフーリエ変換した式だから、$H(u, t)$ を逆フーリエ変換すれば $h(x, t)$ が求められる。つまり、

$$h(x, t) = \frac{1}{2\pi} \int_{-\infty}^{\infty} H(u, t)e^{iux} du = \frac{1}{2\pi} \int_{-\infty}^{\infty} h_0 e^{-au^2 t} e^{iux} du$$

$$= \frac{h_0}{2\pi} \int_{-\infty}^{\infty} e^{-au^2 t} e^{iux} du \quad \cdots\cdots ⑨$$

空間（位置）領域の関数 $f(x)$ について

フーリエ変換　　$F(\omega) = \int_{-\infty}^{\infty} f(x)e^{-i\omega x} dx$

逆フーリエ変換　$f(x) = \frac{1}{2\pi} \int_{-\infty}^{\infty} F(\omega)e^{i\omega x} d\omega$

⑨は角周波数 ω が u で表現されている。

ここで、次の積分の知識を使うことにしよう。

$$\frac{1}{2\pi}\int_{-\infty}^{\infty}\sqrt{\frac{\pi}{a}}e^{-u^2/4a}e^{iux}du = e^{-ax^2} \quad \text{つまり}$$

$$\int_{-\infty}^{\infty}e^{-u^2/4a}e^{iux}du = 2\pi\sqrt{\frac{a}{\pi}}e^{-ax^2} \quad \cdots\cdots ⑩$$

（注）これは節末の＜もう一歩進んで＞における逆フーリエ変換の式の ω に u を、t に x を代入したものである。

⑨式において $u = \dfrac{\omega}{2a\sqrt{t}}$ と置換し⑩を利用すると $du = \dfrac{d\omega}{2a\sqrt{t}}$ より

$$\begin{aligned}
h(x,\ t) &= \frac{h_0}{2\pi}\int_{-\infty}^{\infty}e^{-au^2t}e^{iux}du = \frac{h_0}{2\pi}\frac{1}{2a\sqrt{t}}\int_{-\infty}^{\infty}e^{-\omega^2/4a}e^{i\frac{\omega}{2a\sqrt{t}}x}d\omega \\
&= \frac{h_0}{4\pi a\sqrt{t}}\int_{-\infty}^{\infty}e^{-\omega^2/4a}e^{i\rho\omega}d\omega = \frac{h_0}{4\pi a\sqrt{t}}2\pi\sqrt{\frac{a}{\pi}}e^{-a\rho^2} \quad \left(\rho = \frac{x}{2a\sqrt{t}}\right) \\
&= \frac{h_0}{2\sqrt{a\pi t}}e^{-\frac{x^2}{4at}}
\end{aligned}$$

⑩式利用

となる。つまり、$h(x,\ t) = \dfrac{h_0}{2\sqrt{a\pi t}}e^{-\frac{x^2}{4at}}$ を得る。これは、t を固定すれば x についてガウス分布（正規分布）をしている。

● $h(x,\ t)$ をグラフで見てみよう

下記のグラフは時間によって温度分布 $h(x,\ t)$ が変化する様子を2次元のグラフで表した例である。

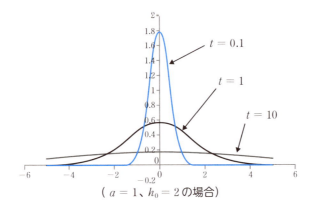

（$a = 1$、$h_0 = 2$ の場合）

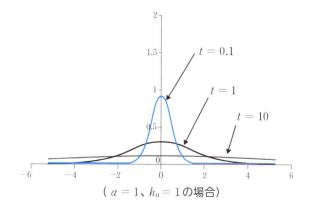

（ $a = 1$ 、$h_0 = 1$ の場合）

なお、下図は 3 次元空間で $h = h(x, t)$ のグラフを表した例である。

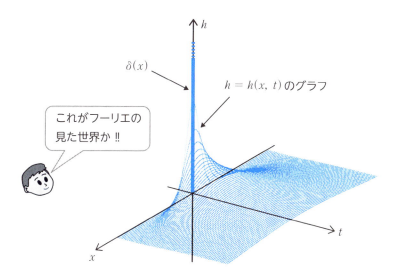

もう一歩進んで ▶ $f(t) = e^{-at^2}$ $(a > 0)$ のフーリエ変換

関数 e^{-at^2} $(a > 0)$ は**ガウシアン**（**ガウス型関数**）と呼ばれ、いろいろな分野で使われている。この関数のフーリエ変換は次のようになる。

フーリエ変換

$$F(\omega) = \int_{-\infty}^{\infty} f(t) e^{-i\omega t}\, dt = \int_{-\infty}^{\infty} e^{-at^2} e^{-i\omega t}\, dt = \sqrt{\frac{\pi}{a}}\, e^{-\omega^2/4a}$$

逆フーリエ変換

$$f(t) = \frac{1}{2\pi} \int_{-\infty}^{\infty} F(\omega) e^{i\omega t}\, d\omega$$

$$= \frac{1}{2\pi} \int_{-\infty}^{\infty} \sqrt{\frac{\pi}{a}}\, e^{-\omega^2/4a}\, e^{i\omega t}\, d\omega = e^{-at^2}$$

（注）上記の変換式は複素関数の積分と $\displaystyle\int_{-\infty}^{\infty} e^{-ax^2}\, dx = \sqrt{\frac{\pi}{a}}$ を利用して導かれる。

240　9−2　フーリエの熱伝導方程式を解いてみよう

9-3 ラプラス変換で微分方程式を解いてみよう

一般に微分方程式を解くのは困難である。しかし、ラプラス変換を利用すると微分方程式が簡単に解けることがある。ここでは、その方法を次の微分方程式を利用して調べてみよう。

$$\frac{d^2x}{dt^2} + a\frac{dx}{dt} + bx = f(t) \quad \cdots\cdots ①$$

ただし、x は t の関数 $x(t)$ である。

①は2階の**線形微分方程式**と呼ばれるものである。これは、たとえば、バネに結ばれた固体が外力を受けて運動するときの固体の位置 x が満たしている方程式である。また、LC回路（コンデンサーとコイルからなる回路）に外部電圧をかけたときのコンデンサーにためられた電気量 x が満たす式でもある。

● ラプラス変換を使わない方法で解く

まず最初に、ラプラス変換を使わないで解く方法を要点のみ紹介しておこう（詳しくは微分方程式の専門書に掲載されている）。

①を解くには、①の左辺を 0 と置いた次の微分方程式②の一般解をまず求めることになる。

$$\frac{d^2x}{dt^2} + a\frac{dx}{dt} + bx = 0 \quad \cdots\cdots ②$$

この②を①の**補助方程式**という。

微分方程式の理論によると、①の解は補助方程式②の一般解に①の特殊解を加えることによって得られることになる。つまり、

①の一般解 ＝ ②の一般解 ＋ ①の特殊解

また、②の一般解については、次の公式としてまとめられることがわかっている。

$\dfrac{d^2x}{dt^2}+a\dfrac{dx}{dt}+bx=0$の一般解$x(t)$を求める公式

（イ）$a^2-4b>0$のとき

$\qquad t^2+at+b=0$の異なる二つの実数解をα、βとすると、

$$x(t)=pe^{\alpha t}+qe^{\beta t}\qquad（p,\ q\text{は任意定数}）$$

（ロ）$a^2-4b=0$のとき

$\qquad t^2+at+b=0$の重解をαとすると、

$$x(t)=(p+qt)e^{\alpha t}\qquad（p,\ q\text{は任意定数}）$$

（イ）$a^2-4b<0$のとき

$\qquad t^2+at+b=0$の異なる二つの虚数解を$\alpha\pm\beta i$とすると、

$$x(t)=e^{\alpha t}(p\cos\beta t+q\sin\beta t)\qquad（p,\ q\text{は任意定数}）$$

しかし、①の特殊解については、これを求める一般的な方法はなく、それぞれの場合に適切な処理が必要となる。

〔例〕 微分方程式 $\dfrac{d^2x}{dt^2}-2\dfrac{dx}{dt}+x=t$ ……③ を解いてみよう。

$\qquad\qquad\qquad\qquad\qquad$ ただし、$x(0)-0$、$x'(0)=0$とする。

（解）③の補助方程式 $\dfrac{d^2x}{dt^2}-2\dfrac{dx}{dt}+x=0$……④ の一般解は、これを求める公式を利用することにより、$x(t)=(p+qt)e^t$となる。次に微分方程式③の特殊解を求めるために$x=mt+n$として③に代入してみる。

（注）$x=mt+n$である必然性はない。たまたま、こうしただけである。

すると$\dfrac{d^2x}{dt^2}=0$、$\dfrac{dx}{dt}=m$ より③は$0-2m+mt+n=t$

これが、任意の t で成立することより $m=1,\ n=2$

よって、③の特殊解として $x=t+2$ を得る。

ゆえに、「③の一般解 = ④の一般解 + ③の特殊解」なので、③の一般解は　$x(t)=(p+qt)e^t+t+2$　($p,\ q$ は任意定数)となる。

初期条件 $x(0)=0$ より $x(0)=p+2=0$　よって、$p=-2$

$x'(0)=0$ より

$\qquad x'(0)=q+p+1=0$ [注2]　よって、$q=-p-1=1$

よって、求める解は

$$x(t)=(-2+t)e^t+t+2$$

(注)　$x'(t)=qe^t+(p+qt)e^t+1$

● ラプラス変換を使って微分方程式を解く

次にラプラス変換を使って先の微分方程式 $\dfrac{d^2x}{dt^2}-2\dfrac{dx}{dt}+x=t$　……③

$$ただし、x(0)=0、x'(0)=0$$

を解いてみよう。二つのステップに分けて進めることにする。

(1) 微分方程式の両辺をラプラス変換して s 領域の解 $F(s)$ を求める

関数 $x(t)$ をラプラス変換した式を $F(s)$ とし、微分方程式③の両辺をラプラス変換すると次の式を得る。

$$(s^2F(s)-sx(0)-x'(0))-2(sF(s)-x(0))+F(s)=\frac{1}{s^2}\quad ……⑤$$

この式を得るには次のラプラス変換の性質(§7−3から抜粋)と、基本的なラプラス変換の公式(§7−4から抜粋)を活用した。ただし、この公式の $f(t)$ をここでは、$x(t)$ に読み替えて使うことになる。なお、次ページにより⑤式を得るに当たっての変換先を詳しく示しておこう。

●ラプラス変換の線形性

$$\mathbf{L}(cf(t)) = c\mathbf{L}(f(t))$$

$$\mathbf{L}(f(t) \pm g(t)) = \mathbf{L}(f(t)) \pm \mathbf{L}(g(t)) \quad (複号同順)$$

●関数 $f(t)$ をラプラス変換した式を $F(s)$ とすると

$$\mathbf{L}(f'(t)) = sF(s) - f(0)$$

$$\mathbf{L}(f''(t)) = s^2 F(s) - sf(0) - f'(0)$$

●指数関数のラプラス変換

$$f(t) = e^{at} \quad のとき \quad F(s) = \frac{1}{s-a}$$

●ユニット関数、n 次関数のラプラス変換

$$f(t) = 1 \quad のとき \quad F(s) = \frac{1}{s}、$$

$$f(t) = t^n \quad のとき \quad F(s) = \frac{n!}{s^{n+1}}$$

●ラプラス変換の推移則

$$\mathbf{L}(f(t)) = F(s) \quad のとき \quad \mathbf{L}(e^{-at}f(t)) = F(s+a)$$

$$\mathbf{L}(t) = \frac{1}{s^2} \quad より \quad \mathbf{L}(e^{-at} \times t) = F(s+a) = \frac{1}{(s+a)^2}$$

$$\boxed{\frac{d^2 x}{dt^2}} - 2\boxed{\frac{dx}{dt}} + \boxed{x} = \boxed{t}$$

ラプラス変換

$$\boxed{(s^2 F(s) - sx(0) - x'(0))} - 2\boxed{(sF(s) - x(0))} + \boxed{F(s)} = \boxed{\frac{1}{s^2}}$$

初期条件 $x(0) = 0$、$x'(0) = 0$ より⑤は次のようになる。

$$(s^2 - 2s + 1)F(s) = \frac{1}{s^2}$$

ゆえに　$F(s) = \dfrac{1}{s^2(s-1)^2}$

右辺を部分分数に分解することにより、

$$F(s) = \dfrac{2}{s} + \dfrac{1}{s^2} + \dfrac{-2}{s-1} + \dfrac{1}{(s-1)^2} \quad \cdots\cdots ⑥$$

(2) 逆ラプラス変換をして t 領域の解 $x(t)$ を求める

⑥式の両辺を逆ラプラス変換をして次の解を得る。

$$x(t) = 2 + t - 2e^t + te^t$$

なお、この式を得るにはラプラス変換が1：1の変換であることを利用して逆ラプラス変換をすればよい。つまり、前ページのラプラス変換の公式（§7-4から抜粋）を逆に見ればよい。

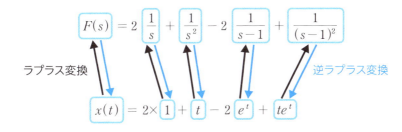

微分方程式が解けてしまった!!
使ったのはラプラス変換表と
四則計算（＋、－、×、÷）だけだ。
スゴイなぁ。

● ラプラス変換を使って微分方程式を解く原理

ラプラス変換を使って微分方程式を解いたわけだが、この原理を微分方程式③を使って確認しておこう。

(t領域)
微分方程式
$$\frac{d^2x}{dt^2} - 2\frac{dx}{dt} + x = t、x(0) = 0、x'(0) = 0$$

} 表関数

 ラプラス変換

(s領域)
$$F(s) = \frac{1}{s^2(s-1)^2}$$

ラプラス変換表が使えるように変形

(s領域)
$$F(s) = \frac{2}{s} + \frac{1}{s^2} + \frac{-2}{s-1} + \frac{1}{(s-1)^2}$$

} 裏関数

逆ラプラス変換

(t領域)
$$x(t) = (-2+t)e^t + t + 2$$

} 表関数

9-4 一瞬の衝撃ですべてがわかる線形応答理論

音楽ホールはいろいろな楽器や音声が奏でられ、どの発信音に対しても素敵な音響効果が期待される場所である。しかし、いろいろな発信音に対してそれらの音響効果を調べるのは大変なことである。こんなとき、1つの信号を発信音として入力すれば、他のすべての発信音に対する音響効果がわかるという理論がある。それが、**線形応答理論**である。

音声などの信号が入力されれば、それに応じた信号が出力されるシステムを**応答システム**という。

たとえば、風呂場で手を「パン」とたたくと反響音がする。「パン」という音が入力で、反響音が出力、風呂場が応答システムである。また、マイク（マイクロフォン）に話しかけると人の声帯によって生じた空気振動がマイクを通して電気信号に変換される。このとき、空気振動が入力で電気信号が出力、マイクが応答システムである。さらにまた、地震波に対しては地震波が入力でビルの揺れが出力、ビルが応答システムである。このように、応答システムは身の回りだけでもたくさんある。

● 線形システム

　入力する信号の大きさを2倍にすれば出力が2倍になり、2つの信号が入力されればそれぞれ独立に出力される。このような応答システムを**線形システム**という。式で書けば次のようになる。

　入力を時間 t の関数として $x(t)$、$x_1(t)$、$x_2(t)$ とし、それぞれに対する出力を $y(t)$、$y_1(t)$、$y_2(t)$ とし、c を定数とする。このとき、

- $cx(t)$　に対して　$cy(t)$
- $x_1(t)+x_2(t)$　に対して　$y_1(t)+y_2(t)$

が対応するシステムを線形システムという。

　なお、ついでに

- $x(t-c)$　に対して　$y(t-c)$

が対応するシステムを**時不変システム**ということも紹介しておこう。これから紹介する線形応答理論は線形システムと時不変システムを兼ね備えたシステムを前提にする。

● 畳み込み積分

　線形応答理論を考える上で大切な計算がある。それは畳み込み積分といわれるもので次の式で定義される。

　二つの関数 $f(t)$ と $g(t)$ に対して

$$\int_{-\infty}^{\infty} f(\tau)g(t-\tau)d\tau$$

を**畳み込み積分**といい $f*g(t)$ と書く。つまり、

$$f*g(t)=\int_{-\infty}^{\infty} f(\tau)g(t-\tau)d\tau \quad \cdots\cdots①$$

　この積分は積分変数が τ（タウ）なので、積分結果は t の関数となる。このことは次の例でわかる。

〔例〕 二つの関数 $f(t)=t$ と $g(t)=t^2$ に対して畳み込み積分の計算は

$$\int_{-\infty}^{\infty} f(\tau)g(t-\tau)d\tau = \int_{-\infty}^{\infty} \tau \times (t-\tau)^2 d\tau = \int_{-\infty}^{\infty} (\tau^3 - 2t\tau^2 + t^2\tau)d\tau$$
$$= \int_{-\infty}^{\infty} \tau^3 d\tau - 2t\int_{-\infty}^{\infty} \tau^2 d\tau + t^2 \int_{-\infty}^{\infty} \tau d\tau$$

ただし、①の積分区間は実数全体なので、これが収束して値をもつためには二つの関数 $f(t)$ と $g(t)$ が何でもいいというわけではない。実際、上記の例は値をもたない。フーリエ解析で扱う畳み込み積分では $f(t)$ と $g(t)$ は、それぞれ場合分けして定義されることが多い。そのため、実際の計算は複雑である。詳しくは付録6を参照して欲しい。

● 畳み込み積分とフーリエ変換、ラプラス変換

畳み込み積分は複雑な計算だが、これをフーリエ変換やラプラス変換した複素正弦波の立場から見ると、単純な積の計算になる。

(1) フーリエ変換の畳み込み定理

二つの関数 $f(t)$、$g(t)$ をフーリエ変換して得られる関数を $F(\omega)$、$G(\omega)$ とすると、次の定理が成立する。

$$f*g(t) \text{のフーリエ変換} = F(\omega)G(\omega) \quad \cdots\cdots ②$$

これを**フーリエ変換の畳み込み定理**という（理由は付録6参照）。

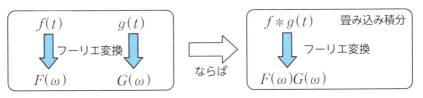

(2) ラプラス変換の畳み込み定理

二つの関数 $f(t)$、$g(t)$ をラプラス変換して得られる関数を $F(s)$、

$G(s)$ とする。ただし、$t<0$ のとき、$f(t)=0$、$g(t)=0$ とする。このとき次の定理が成立する。

$$f*g(t) \text{のラプラス変換} = F(s)G(s) \quad \cdots\cdots ③$$

これを**ラプラス変換の畳み込み定理**という（証明は付録6参照）。

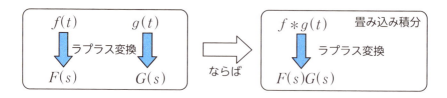

● **線形応答理論**

応答システムが線形システムであり、かつ、時不変システムであれば、この応答システムへの任意の入力 $x(t)$ に対して出力 $y(t)$ は次のように $x(t)$ と $h(t)$ の畳み込み積分となることがわかっている。

$$y(t) = x*h(t) = \int_{-\infty}^{\infty} x(\tau)h(t-\tau)d\tau \quad \cdots\cdots ④$$

ただし、関数 $h(t)$ は線形システムにデルタ関数 $\delta(t)$（§6-2）で表される信号を入力したときの出力である（次ページ図）。これが**線形応答理論**である。ここで、$\delta(t)$ は**単位インパルス関数**、略して、**単位インパルス**、出力を表す関数 $h(t)$ は**インパルス応答関数**、略して、**インパルス応答**と呼ばれている。

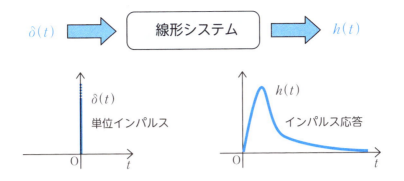

つまり、単位インパルス$\delta(t)$に対するインパルス応答$h(t)$さえわかれば、任意の入力$x(t)$に対してその出力$y(t)$が④式でわかるというのが線形応答理論なのである。

なお、インパルス応答$h(t)$はシステムによって異なる。そこで、線形応答システムの理論をもう少し厳密にいうと次のようになる。

> 単位インパルス$\delta(t)$を、ある線形システムAに入力して得られるインパルス応答を$h_A(t)$とすれば、任意の入力$x(t)$に対する線形システムAからの出力$y(t)$は$x(t)$と$h_A(t)$の畳み込み積分で得られる。

● フーリエ変換と線形応答理論

線形システムに単位インパルス$\delta(t)$を入力したときに得られる出力関数$h(t)$を、インパルス応答というが、このインパルス応答をフーリエ変換した$H(\omega)$を**伝達関数**という。つまり、

伝達関数　$H(\omega) = \int_{-\infty}^{\infty} h(t)e^{-i\omega t} dt$

このことを図示すれば次のようになる。

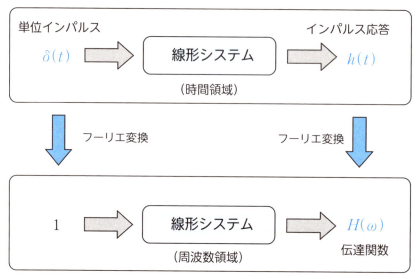

（注）デルタ関数 $\delta(t)$ のフーリエ変換が 1 になることについては付録 7 参照。

ここで、線形システムへの任意の入力 $x(t)$ に対する出力 $y(t)$ は次のようになる。

$$y(t) = x * h(t) = \int_{-\infty}^{\infty} x(\tau) h(t-\tau) d\tau \quad \cdots\cdots ④$$

関数 $x(t)$、$y(t)$ をフーリエ変換して得られる関数を $X(\omega)$、$Y(\omega)$ とすると、畳み込み積分とフーリエ変換の関係②より

$$Y(\omega) = X(\omega) H(\omega) \quad \cdots\cdots ⑤$$

図示すれば次のようになる。

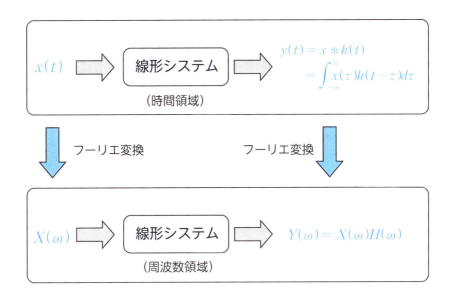

　線形応答理論を時間領域でみると、入力と出力が畳み込み積分という複雑な関係で結ばれているが、フーリエ変換した周波数領域で見ると入力と出力の関係が単純な積になっていることがわかる。積分計算よりも、単純な掛け算のほうが計算は簡単である。フーリエ変換のありがたさがよくわかる。

● ラプラス変換と線形応答理論

　単位インパルス$\delta(t)$を線形システムに入力したとき出力されたインパルス応答を$h(t)$とし、この$h(t)$をラプラス変換した式を$H(s)$とする。このとき、$H(s)$のことをフーリエ変換のときと同様に**伝達関数**という。つまり、

$$\text{伝達関数}\quad H(s) = \int_0^\infty h(t)e^{-st}\,dt$$

このことを図示すれば次のようになる。

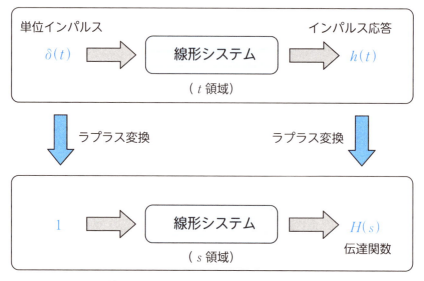

（注）デルタ関数$\delta(t)$のラプラス変換が1になることについては§7-4参照。

ここで、線形システムへの任意の入力$x(t)$に対する出力$y(t)$は次のようになる。ただし、$t<0$のとき$x(t)=0$、$y(t)=0$とする。

$$y(t) = x*h(t) = \int_0^\infty x(\tau)h(t-\tau)d\tau \quad \cdots\cdots ⑥$$

関数$x(t)$、$y(t)$をラプラス変換して得られる関数を$X(s)$、$Y(s)$とすると、畳み込み積分とラプラス変換の関係③より

$$Y(s) = X(s)H(s) \quad \cdots\cdots ⑦$$

図示すれば次のようになる。

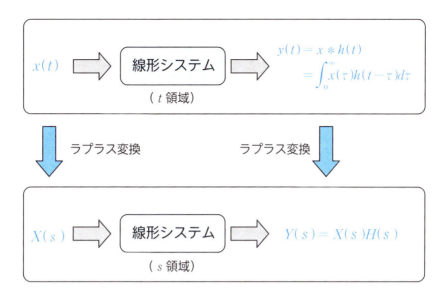

　線形応答理論を t 領域（時間領域）で見ると、入力と出力が畳み込み積分という複雑な関係で結ばれているが、ラプラス変換した s 領域（周波数領域）で見ると入力と出力の関係が単純な積になっていることがわかる。ラプラス変換のありがたさがよくわかる。

● 具体例で出力関数を求めてみよう

　ある線形システムに単位インパルス $\delta(t)$ を入力したら、インパルス応答 $h(t)$ は次のようになった。

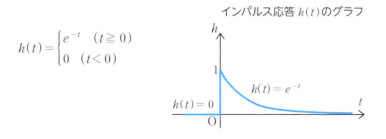

　この線形システムに次の関数 $x(t)$ を入力したときの出力関数 $y(t)$ を求

めてみよう。

$$x = \begin{cases} 2 & (0 \leq t \leq 3) \\ 0 & (t < 0, t > 3) \end{cases}$$

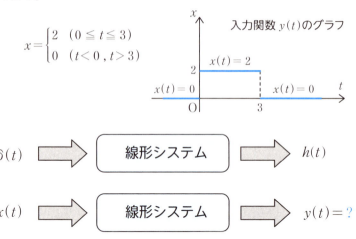

まず、インパルス応答$h(t)$をラプラス変換した$H(s)$を求めてみよう。

$$H(s) = \int_0^\infty h(t)e^{-st}dt = \int_0^\infty e^{-t}e^{-st}dt = \int_0^\infty e^{-(1+s)t}dt$$

$$= \left[\frac{e^{-(1+s)t}}{-(1+s)}\right]_0^\infty = \frac{e^{-(1+s)\infty}}{-(1+s)} - \frac{e^0}{-(1+s)} = \frac{1}{s+1} \quad \cdots\cdots \S 7-4 \text{ 参照}$$

次に、入力関数$x(t)$をラプラス変換した$X(s)$を求めてみよう。

$$X(s) = \int_0^\infty x(t)e^{-st}dt = \int_0^3 2e^{-st}dt = 2\int_0^3 e^{-st}dt$$

$$= 2\left[\frac{e^{-st}}{-s}\right]_0^3 = 2\left(\frac{e^{-3s}}{-s} - \frac{e^0}{-s}\right) = 2\frac{1-e^{-3s}}{s}$$

ここで、求めたい出力関数$y(t)$をラプラス変換した式を$Y(s)$とすると、先に説明したように$X(s)$、$Y(s)$、$H(s)$の間には次の関係がある。

$$Y(s) = X(s)H(s) \quad \cdots\cdots ⑦$$

よって、

$$Y(s) = X(s)H(s) = 2 \times \frac{1 - e^{-3s}}{s} \times \frac{1}{s+1} = 2 \times \frac{1 - e^{-3s}}{s(s+1)}$$

$$= 2\left(\frac{1}{s} - \frac{1}{s+1}\right)(1 - e^{-3s}) = 2\left(\frac{1}{s} - \frac{1}{s+1} - \frac{e^{-3s}}{s} + \frac{e^{-3s}}{s+1}\right) \quad \cdots\cdots \text{⑧}$$

この$Y(s)$を逆ラプラス変換すれば、出力関数$y(t)$を求めることができる。ラプラス変換は1：1の変換なので、ラプラス変換表（§7−4）を逆に見ることにより、

$$\frac{1}{s} \text{の逆ラプラス変換はユニット関数} u(t) = 1 \quad \cdots\cdots \text{⑨}$$

$$\frac{1}{s+1} \text{の逆ラプラス変換は指数関数} e^{-t} \quad \cdots\cdots \text{⑩}$$

また、ラプラス変換の推移則 $L(f(t-t_0)u(t-t_0)) = e^{-st_0}F(s)$ （§7−3）より次の逆ラプラス変換を得る。

$$\frac{e^{-3s}}{s} = e^{-3s}\frac{1}{s} \text{の逆ラプラス変換は} \quad u(t-3) = \begin{cases} 1 & (t \geqq 3) \\ 0 & (t < 3) \end{cases} \quad \cdots\cdots \text{⑪}$$

（注）　$L(f(t-t_0)u(t-t_0)) = e^{-st_0}F(s)$

ただし、$u(t)$はユニット関数 $\cdots\cdots$ §7−3

$e^{-st_0}F(s) = e^{-3s}\dfrac{1}{s}$ のとき、$t_0 = 3$、$F(s) = \dfrac{1}{s}$ である。 よって　$f(t) = u(t)$ となり、$e^{-3s}\dfrac{1}{s}$ は $f(t-3)u(t-3) = u(t-3)u(t-3) = u(t-3)$ をラプラス変換したものであることがわかる。

$$\frac{e^{-3s}}{s+1} = e^{-3s}\frac{1}{s+1} \text{の逆ラプラス変換は}$$

$$e^{-(t-3)}u(t-3) = \begin{cases} e^{-(t-3)} & (t \geqq 3) \\ 0 & (t < 3) \end{cases} \quad \cdots\cdots \text{⑫}$$

第9章

フーリエ変換やラプラス変換を応用してみよう

（注） $L(f(t-t_0)u(t-t_0)) = e^{-st_0}F(s)$ ただし、$u(t)$はユニット関数……§7-3

$e^{-st_0}F(s) = e^{-3s}\dfrac{1}{s+1}$ のとき、$t_0 = 3$、$F(s) = \dfrac{1}{s+1}$

よって $f(t) = e^{-t}$ となり、$e^{-3s}\dfrac{1}{s}$ は $f(t-3)u(t-3) = e^{-(t-3)}u(t-3)$ をラプラス変換したものであることがわかる。

よって、⑧と⑨⑩⑪⑫、それに、ラプラス変換の線形性より

$$y(t) = \begin{cases} 0 & (t < 0) \\ 2 - 2e^{-t} & (0 \leq t < 3) \\ 2e^{-t+3} - 2e^{-t} & (3 \leq t) \end{cases}$$

なお、出力関数 $y(t)$ のグラフは次のようになる。

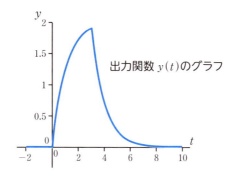

出力関数 $y(t)$ のグラフ

9-5 画像圧縮 JPEG を体験してみよう

JPEG の基本原理は離散コサイン変換して得られる DCT 係数（§8-3）を圧縮（一部省略）することにある。この原理を実際に体験してみよう。

以下で紹介するのは JPEG そのものではない。あくまでも画像の圧縮を実感するための JPEG の疑似体験である。実際の JPEG ではもう少していねいな処理が施される。

（注）**JPEG**（ジェイペグ）は Joint Photographic Experts Group の頭文字で、これは画像通信の標準化活動を行なっている共同活動グループの名前である。この活動グループ名がそのまま画像の圧縮符号化方式の名称として使われるようになった。

● ブロック化

多数の画素からなる画像全体を一挙に離散コサイン変換（DCT）を行なうことは理論的には可能だが、その場合、非常に多くの計算処理が必要になる。そこで、画像全体をいくつかのブロックに分割してからブロックごとに **DCT 処理**を行なう。ただし、ブロックサイズが小さすぎると圧縮効果が下がるので JPEG と呼ばれる圧縮方式では $8 \times 8 = 64$ 画素を DCT 処理の対象にすることが多い。

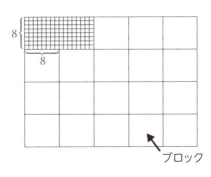

● DCT 処理

　JPEGでは、各ブロック（2次元）の画素データ（明暗などの画素値）$f(x, y)$を次の式で離散コサイン変換する。ただし、ここでは、$8 \times 8 = 64$画素データを処理対象とする。

（注）DCT処理の対象となる画素データは2次元なので§8-3で紹介した式（1次元）とは異なっている。

$$F(u, v) = \frac{2c(u)c(v)}{8} \sum_{x=0}^{7} \sum_{y=0}^{7} f(x, y) \left\{ \cos \frac{(2x+1)u}{2 \times 8} \pi \right\} \left\{ \cos \frac{(2y+1)v}{2 \times 8} \pi \right\}$$

……①

$$\text{ただし、} c(0) = \frac{1}{\sqrt{2}} \text{、} c(1) = c(2) = c(3) = \cdots = c(7) = 1$$

また、逆離散コサイン変換は次の式による。

$$f(x, y) = \frac{2}{8} \sum_{u=0}^{7} \sum_{v=0}^{7} c(u)c(v) F(u, v) \left\{ \cos \frac{(2x+1)u}{2 \times 8} \pi \right\} \left\{ \cos \frac{(2y+1)v}{2 \times 8} \pi \right\}$$

……②

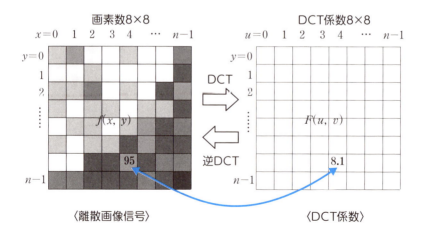

●具体的な画素データで JPEG 疑似体験

実際に下図の $8 \times 8 = 64$ 画素（ここでは、一つの画素を正方形で表示）のデータを圧縮し、それを解凍してみよう。

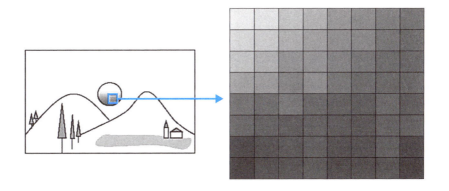

(1) まず、上記の画像データの画素ごとの明るさの度合い $f(x, y)$ を測定する。明るさの度合いは $0 \sim 255$ の整数で表す。明るいほど数値は大きくなる。

	$x=0$	1	2	3	4	5	6	7
$y=0$	220	215	200	190	170	160	150	140
1	210	205	190	180	165	160	145	135
2	200	190	170	170	155	145	135	130
3	180	175	155	165	145	135	130	130
4	140	135	145	130	125	120	130	120
5	130	125	120	125	120	115	125	125
6	100	110	115	120	110	110	120	100
7	90	105	110	115	100	105	110	90

(2) 離散コサイン変換①を用いて DCT 係数 $F(u, v)$ を算出する。

たとえば、
$F(2, 1) = 12.9$ となっているが、これは次の計算に

	$u=0$	1	2	3	4	5	6	7
$v=0$	1136	102.5	-4	-0.5	-4.4	13	-11.2	-6.2
1	218	89.1	12.9	11.5	8.8	-8.3	5.1	-4.8
2	1.3	4.6	-14.1	-0.5	-12.6	1.9	-1.3	-2.9
3	3.3	-13.3	7.3	-4.1	0	1	2.6	8.2
4	-3.1	3.7	-3.1	-6	-3.1	2.2	0.6	0.6
5	9	4.9	-1.7	0.7	6.2	0	-5.9	-5.7
6	1.5	2	7.5	1.6	7.2	-1.9	-0.9	-1.8
7	-12.1	-2.6	-3.5	-1.8	-7.4	3.4	2.6	7.6

る。通常の画像では周波数の高い成分は少ないので DCT 係数は左上が大

きく、右下が小さくなる。

$$F(2,\ 1) = \frac{2c(2)c(1)}{8}\sum_{x=0}^{7}\sum_{y=0}^{7}f(x,\ y)\left\{\cos\frac{(2x+1)2}{16}\pi\right\}\left\{\cos\frac{(2y+1)1}{16}\pi\right\}$$

$$= \frac{2\times1\times1}{8}\sum_{x=0}^{7}\left\{\sum_{y=0}^{7}f(x,\ y)\cos\frac{2x+1}{8}\pi\cos\frac{2y+1}{16}\pi\right\}$$

$$= \frac{2}{8}\sum_{x=0}^{7}\cos\frac{2x+1}{8}\left\{\begin{array}{l}f(x,\ 0)\cos\frac{1}{16}\pi+f(x,\ 1)\cos\frac{3}{16}\pi+f(x,\ 2)\cos\frac{5}{16}\pi\\[2mm]+f(x,\ 3)\cos\frac{7}{16}\pi+\cdots+f(x,\ 7)\cos\frac{15}{16}\pi\end{array}\right\}$$

$$= \frac{2}{8}\cos\frac{1}{8}\pi\left\{\begin{array}{l}f(0,\ 0)\cos\frac{1}{16}\pi+f(0,\ 1)\cos\frac{3}{16}\pi+f(0,\ 2)\cos\frac{5}{16}\pi\\[2mm]+f(0,\ 3)\cos\frac{7}{16}\pi+\cdots+f(0,\ 7)\cos\frac{15}{16}\pi\end{array}\right\}$$

$$\quad + \frac{2}{8}\cos\frac{3\pi}{8}\left\{\begin{array}{l}f(1,\ 0)\cos\frac{1}{16}\pi+f(1,\ 1)\cos\frac{3}{16}\pi+f(1,\ 2)\cos\frac{5}{16}\pi\\[2mm]+f(1,\ 3)\cos\frac{7}{16}\pi+\cdots+f(1,\ 7)\cos\frac{15}{16}\pi\end{array}\right\}$$

$$\quad + \cdots\cdots\cdots\cdots\cdots\cdots +$$
$$\quad + \cdots\cdots\cdots\cdots\cdots\cdots +$$

$$\quad + \frac{2}{8}\cos\frac{15}{8}\pi\left\{\begin{array}{l}f(7,\ 0)\cos\frac{1}{16}\pi+f(7,\ 1)\cos\frac{3}{16}\pi+f(7,\ 2)\cos\frac{5}{16}\pi\\[2mm]+f(7,\ 3)\cos\frac{7}{16}\pi+\cdots+f(7,\ 7)\cos\frac{15}{16}\pi\end{array}\right\}$$

$$= 12.9$$

(3) 周波数が低い DCT 係数 $F(u,\ v)$ を採用し他の DCT 係数は割愛する。つまり、0 とみなす。我々は高い周波数に鈍感だからである。これが情報省略で DCT 係数を利用したデータ圧縮である。つまり、(2) の $8\times8=64$ 個の情報を右表の 18 個の情報に圧縮するのである。

	$u=0$	1	2	3	4	5	6	7
$v=0$	1136	102.5	−4	−0.5	−4.4	13	−11.2	−6.2
1	218	89.1	12.9	0	0	0	0	0
2	1.3	4.6	0	0	0	0	0	0
3	3.3	0	0	0	0	0	0	0
4	−3.1	0	0	0	0	0	0	0
5	9	0	0	0	0	0	0	0
6	1.5	0	0	0	0	0	0	0
7	−12.1	0	0	0	0	0	0	0

(4)(3)で圧縮されたDCT係数をもとに逆離散コサイン変換②を用いて$8 \times 8 = 64$個の明るさに関する画素データを得る。つまり、解凍である。

	$x=0$	1	2	3	4	5	6	7
$y=0$	223	216	201	190	168	156	152	140
1	211	206	192	182	162	152	148	137
2	192	188	177	170	152	144	141	131
3	173	170	162	159	145	139	138	129
4	142	141	137	138	127	123	124	115
5	126	127	125	130	122	120	122	113
6	107	110	110	117	111	111	113	105
7	97	100	102	109	104	105	108	100

(1)の画素データの表と、(4)で得た画素データ表を見比べると、よく似ていることがわかる。

数値の表ではピンとこないので、その明度で個々の画素を表示したのが下図である。先の図と比較するとよく似ていることがわかる。

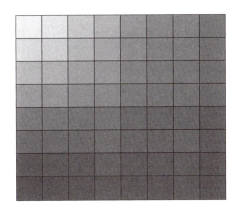

もし、違いがそれほど気にならなければこのような圧縮処理はデータ量がかなり減らせるので実用的である。

（注）コンピュータで扱うファイルで拡張子がjpgとなっているものはJPEG方式で圧縮された画像ファイルであることを表している。

以上がJPEGの基本原理であるが、実際にはレベルシフト、量子化、エントロピーの符号化などの処理が施されることになる。

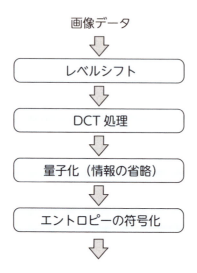

　なお、JPEGの基本はカラーの静止画像の符号化方式の国際標準であるが、動画画像の国際標準符号化方式としてMPEG（Moving Picture Experts Group）がある。この場合もJPEGの場合と同じようにDCT処理、逆DCT処理が使われることになる。

付　録

〈付録1〉　リーマン積分

〈付録2〉　三角関数の合成

〈付録3〉　三角関数の積和公式

〈付録4〉　三角関数の微分・積分

〈付録5〉　関数の内積の定義について

〈付録6〉　畳み込み積分とは

〈付録7〉　デルタ関数 $\delta(x)$ の性質

〈付録8〉　2重積分

〈付録9〉　行列とその計算

〈付録10〉積分の考えからフーリエ変換を導く

付録1 リーマン積分

以下に、リーマンによる積分の厳密な定義を掲載しておこう。

関数$f(x)$が閉区間$[a, b]$で定義されているものとする。いま、$[a, b]$をいくつかの小区間に分ける。すなわち、

$$a = x_0 < x_1 < x_2 < \cdots < x_{n-1} < x_n = b \quad \cdots\cdots ①$$

を満足する$n+1$個の点x_0、x_1、x_2、x_3、…、x_{n-1}、x_nを決めて、$[a, b]$をn個の区間$[x_0, x_1]$、$[x_1, x_2]$、$[x_2, x_3]$、…、$[x_{n-1}, x_n]$に分ける(右図)。ここで、隣り合う区間は端点を共有しているが、各小区間の長さ

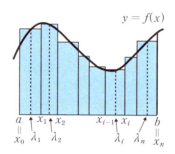

$$x_1 - x_0,\ x_2 - x_1,\ x_3 - x_2,\ \cdots,\ x_n - x_{n-1}$$

は必ずしも等しくない。いま、各小区間$[x_0, x_1]$、$[x_1, x_2]$、$[x_2, x_3]$、…、$[x_{n-1}, x_n]$から、それに属する点λ_1、λ_2、λ_3、…、λ_nをそれぞれ一つずつ選ぶ。すなわち、

$$x_{i-1} \leq \lambda_i \leq x_i \quad (i = 1, 2, 3, \cdots, n)$$

であるような実数λ_iを選ぶ。このとき、次の和

$$\sum_{i=1}^{n} f(\lambda_i) \Delta x_i \quad \cdots\cdots ② \qquad \text{ただし、} \Delta x_i = x_i - x_{i-1}$$

を考える。この分割①を、各小区間$[x_{i-1}, x_i]$の長さ$\Delta x_i = x_i - x_{i-1}$が限りなく小さくなるように細かくしていくとき、$\lambda_i$を小区間$[x_{i-1}, x_i]$からどのように選んだとしても、上記の和②が常に一定の値に近づいていくとき、関数$f(x)$は区間$[a, b]$で**積分可能**であるといい、その一定の値を記号$\int_a^b f(x)dx$で表す。

付録2 三角関数の合成

$y = a\sin\theta$ と $y = b\cos\theta$ を重ね合わせた $a\sin\theta + b\cos\theta$ は、一つの三角関数で表される。それが下記の三角関数の合成の公式である。

$$a\sin\theta + b\cos\theta = \sqrt{a^2+b^2}\sin(\theta+\alpha) \quad \cdots\cdots ①$$

ただし、

$$\sin\alpha = \frac{b}{\sqrt{a^2+b^2}}, \quad \cos\alpha = \frac{a}{\sqrt{a^2+b^2}}$$

下図は三つのグラフ

$$y = 3\sin\theta,\quad y = 4\cos\theta,\quad y = 3\sin\theta + 4\cos\theta$$

を実際にコンピュータで同じ座標平面上に描いたものである。

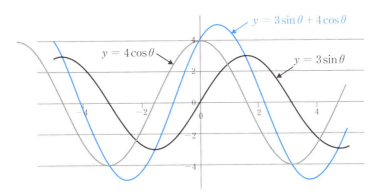

$y = 3\sin\theta + 4\cos\theta$ のグラフ（青）が単純な sin 曲線（または、cos 曲線）になっていることが実感できる。①によると、実際にこのグラフは

$$y = 5\sin(\theta+\alpha) \quad (\alpha は定数)$$

と一つの三角関数で表されるのである。

なぜ①が成立するかは、三角関数の加法定理による。

●①の成立理由

$$\sin(\alpha+\beta) = \sin\alpha\cos\beta + \cos\alpha\sin\beta$$

この定理を使うと次のような式変形ができる。

$$a\sin\theta + b\cos\theta = \sqrt{a^2+b^2}\left(\frac{a}{\sqrt{a^2+b^2}}\sin\theta + \frac{b}{\sqrt{a^2+b^2}}\cos\theta\right)$$

$$= \sqrt{a^2+b^2}(\cos\alpha\sin\theta + \sin\alpha\cos\theta)$$

$$= \sqrt{a^2+b^2}\sin(\theta+\alpha)$$

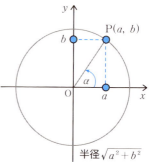

ただし、α は右図の角を表すものとする。
つまり、α は点 $P(a, b)$ と原点 O を結ぶ直線が x 軸となす角である。

〔例〕 $\sin\theta + \sqrt{3}\cos\theta$ を合成して一つの三角関数で表してみよう。

$\sin\theta + \sqrt{3}\cos\theta$ は①において $a=1$、$b=\sqrt{3}$ の場合である。
ここで、

$$\sin\alpha = \frac{b}{\sqrt{a^2+b^2}} = \frac{\sqrt{3}}{2}、\cos\alpha = \frac{a}{\sqrt{a^2+b^2}} = \frac{1}{2}$$

を満たす α は $\pi/3$ ラジアンである。

よって $\sin\theta + \sqrt{3}\cos\theta = 2\sin\left(\theta + \frac{\pi}{3}\right)$

となる。

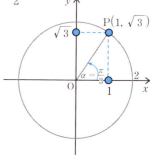

付録 3 三角関数の積和公式

フーリエ解析は三角関数が土台になっているため、三角関数のいろいろな性質を利用する。とくに下記の**三角関数の積を和に変える公式はフーリエ解析の理論を構築する際に使われる大事なもの**である。

〈**三角関数の積和公式**〉……（**積を和に変える公式**）

$$\sin\alpha\cos\beta = \frac{1}{2}\{\sin(\alpha+\beta)+\sin(\alpha-\beta)\}$$

$$\cos\alpha\sin\beta = \frac{1}{2}\{\sin(\alpha+\beta)-\sin(\alpha-\beta)\}$$

$$\cos\alpha\cos\beta = \frac{1}{2}\{\cos(\alpha+\beta)+\cos(\alpha-\beta)\}$$

$$\sin\alpha\sin\beta = -\frac{1}{2}\{\cos(\alpha+\beta)-\cos(\alpha-\beta)\}$$

たとえば、フーリエ解析で使われる次の積分では積和公式が役に立つ。

$$\int_{-\pi}^{\pi}\cos\theta\sin\theta\, d\theta = \int_{-\pi}^{\pi}\frac{1}{2}\{\sin(\theta+\theta)-\sin(\theta-\theta)\}d\theta$$

$$= \frac{1}{2}\int_{-\pi}^{\pi}(\sin 2\theta - 0)d\theta$$

$$= \frac{1}{2}\left[\frac{-\cos 2\theta}{2}\right]_{-\pi}^{\pi} = \frac{1}{2}\left(-\frac{1}{2}+\frac{1}{2}\right) = 0$$

（注）$\int_{-\pi}^{\pi}\cos\theta\sin\theta\, d\theta = 0$ は $\cos\theta\sin\theta$ が奇関数であると考えれば自明である（**§3-6 参照**）。

付録 4 三角関数の微分・積分

フーリエ解析では三角関数の微分・積分はよく使われる。その中で基本的なものをまとめておこう。

● 三角関数の微分

変数 x を実数、i を虚数単位とするとき、次の公式が成立する。

$$\frac{d}{dx}\cos x = -\sin x、\quad \frac{d}{dx}\sin x = \cos x、\quad \frac{d}{dx}e^{ix} = ie^{ix} \quad \cdots\cdots ①$$

最初の二つについては高校の教科書で学ぶことであるが、三番目はそうではない。複素数値をとる関数の微分ということになるが、ここでは深入りすることはやめよう。変数 x は実数で虚数単位 i は定数なので、実関数のときと同様に i を定数とみなして次のように計算すればよい。

$$\frac{d}{dx}e^{ix} = \frac{d}{dx}(\cos x + i\sin x) = -\sin x + i\cos x = i(\cos x + i\sin x) = ie^{ix}$$

● 三角関数の積分

変数 x を実数、i を虚数単位とするとき次の公式が成立する。

$$\int \cos x\,dx = \sin x + C、\quad \int \sin x\,dx = -\cos x + C、\quad \int e^{ix}\,dx = \frac{1}{i}e^{ix} + C$$

最初の二つについては高校の教科書で学ぶことである。三番目はそうではないが、①より成立することがわかる。

〔例〕 n、m は整数で $n \pm m \neq 0$ とする。このとき、

$$\int_0^T \cos\frac{2n\pi x}{T}\sin\frac{2m\pi x}{T}\,dx$$

$$= \int_0^T \frac{1}{2}\left\{\sin\left(\frac{2n\pi x}{T} + \frac{2m\pi x}{T}\right) - \sin\left(\frac{2n\pi x}{T} - \frac{2m\pi x}{T}\right)\right\}dx$$

$$= \frac{1}{2}\int_0^T \left\{\sin\frac{2\pi(n+m)x}{T} - \sin\frac{2\pi(n-m)x}{T}\right\}dx$$

ここで、

$$\frac{1}{2}\int_0^T \left\{\sin\frac{2\pi(n+m)x}{T}\right\}dx = \frac{1}{2}\left\{\frac{T}{2\pi(n+m)}\left[-\cos\frac{2\pi(n+m)x}{T}\right]_0^T\right\}$$

$$= \frac{T}{4\pi(n+m)}\left\{(-\cos 2\pi(n+m))+\cos 0\right\} = \frac{T}{4\pi(n+m)}(-1+1) = 0$$

同様にして、$\dfrac{1}{2}\displaystyle\int_0^T \left\{\sin\dfrac{2\pi(n-m)x}{T}\right\}dx = 0$

よって、$\displaystyle\int_0^T \cos\frac{2n\pi x}{T}\sin\frac{2m\pi x}{T}dx = 0$ となる。

このように計算することで、自然数 m、n について次の式が成立する。

$$\int_0^T \cos\frac{2n\pi x}{T}\cos\frac{2m\pi x}{T}dx = \frac{T}{2}\delta_{mn} \qquad \int_0^T \sin\frac{2n\pi x}{T}\sin\frac{2m\pi x}{T}dx = \frac{T}{2}\delta_{mn}$$

$$\int_0^T \cos\frac{2n\pi x}{T}\sin\frac{2m\pi x}{T}dx = 0$$

ただし、δ_{mn} は $n = m$ のとき $\delta_{mn} = 1$、$n \neq m$ のとき $\delta_{mn} = 0$ を意味する。

（注）δ_{mn} を**クロネッカーのデルタ**という。

〔例〕n、m は整数で $m + n \neq 0$ のとき、

$$\int_0^T e^{\frac{2n\pi it}{T}} e^{\frac{2m\pi it}{T}}dt = \int_0^T e^{\frac{2i(n+m)\pi t}{T}}dt = \frac{T}{2i(n+m)\pi}\left[e^{\frac{2i(n+m)\pi t}{T}}\right]_0^T$$

$$= \frac{T}{2i(n+m)\pi}\left\{e^{2(n+m)\pi i} - e^0\right\}$$

$$= \frac{T}{2i(n+m)\pi}\left\{\cos 2(n+m)\pi + i\sin 2(n+m)\pi - 1\right\}$$

$$= \frac{T}{2i(n+m)\pi}(1 + 0 - 1) = 0$$

なお、$m + n = 0$ のときは

$$\int_0^T e^{\frac{2n\pi it}{T}} e^{\frac{2m\pi it}{T}}dt = \int_0^T e^{\frac{2i(n+m)\pi t}{T}}dt = \int_0^T e^0 dt = [t]_0^T = T$$

付録5 関数の内積の定義について

ここでは、区間 $a \leq x \leq b$ で定義された関数から構成されるベクトル空間（関数空間）の二つの要素 $f(x)$ と $g(x)$ の内積が $\int_a^b f(x)\overline{g(x)}dx$ と定義された理由について調べてみよう。

● 成分表示されたベクトルの内積

二つのベクトル $\vec{a}$ と $\vec{b}$ のなす角を θ とするとき、$|\vec{a}||\vec{b}|\cos\theta$ を $\vec{a}$ と $\vec{b}$ の**内積**と呼び、$\vec{a}\cdot\vec{b}$ と書いた。つまり、

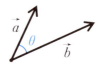

$$\vec{a}\cdot\vec{b} = |\vec{a}||\vec{b}|\cos\theta \quad \cdots\cdots ①$$

である。

二つのベクトルが成分表示されていれば三角形の余弦定理をもちいることによって、①は次のように書けることがわかる。

$\vec{a} = (a_x, a_y)$、$\vec{b} = (b_x, b_y)$ のとき $\vec{a}\cdot\vec{b} = a_x b_x + a_y b_y$
$\vec{a} = (a_x, a_y, a_z)$、$\vec{b} = (b_x, b_y, b_z)$ のとき $\vec{a}\cdot\vec{b} = a_x b_x + a_y b_y + a_z b_z$

このことから、n 次元の数ベクトル $\vec{a} = (a_1, u_2, u_3, \cdots, a_n)$
$\vec{b} = (b_1, b_2, b_3, \cdots, b_n)$ の内積はつぎの定義が妥当であることがわかる。

$$\vec{a}\cdot\vec{b} = a_1 b_1 + a_2 b_2 + a_3 b_3 + \cdots + a_n b_n = \sum_{j=1}^n a_j b_j \quad \cdots\cdots ②$$

● 関数のグラフは無限次元の数ベクトルの図示とみなす

区間 $a \leq x \leq b$ で定義された関数 $f(x)$ と $g(x)$ を考え、この区間を n 等分した分割点を左から $x_0, x_1, x_2, x_3, \cdots, x_j, \cdots, x_n$ とする。すると、これらの点における関数 $f(x)$ の関数値は

$$f(x_0), f(x_1), f(x_2), f(x_3), \cdots, f(x_j), \cdots, f(x_n)$$

と書ける。そこで、次の n 次元数ベクトルを考えることにする。

$$\vec{f_n} = (f(x_1), f(x_2), f(x_3), \cdots, f(x_j), \cdots, f(x_n))$$

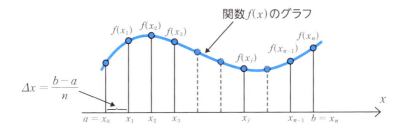

同様に、関数 $g(x)$ についても、次の n 次元数ベクトルを考えることにする。

$$\vec{g_n} = (g(x_1), g(x_2), g(x_3), \cdots, g(x_j), \cdots, g(x_n))$$

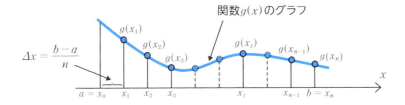

これら二つのベクトル $\vec{f_n}$、$\vec{g_n}$ の内積は②より次のようになる。

$$\vec{f_n} \cdot \vec{g_n} = f(x_1)g(x_1) + f(x_2)g(x_2) + f(x_3)g(x_3)$$
$$+ \cdots + f(x_j)g(x_j) + \cdots + f(x_n)g(x_n) \quad \cdots\cdots ③$$

この③の内積の値は下図において高さが

$$f(x_j)g(x_j) \ (j=1, 2, 3, \cdots, n)$$

の棒の高さの和と考えられる。ただし、$f(x_j)g(x_j)<0$の時は高さは負と考える。

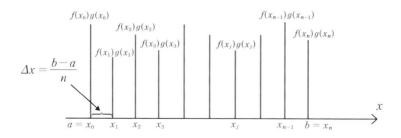

しかし、③の値は関数$f(x)$、$g(x)$の関数値をすべて反映しているわけではない。つまり、幅が$\Delta x=\dfrac{b-a}{n}$である各小区間の右端における関数値しか反映されていない。そこで、各小区間における関数値を右端における関数値で代表させたと考えて③の各項にΔxを掛けて間を埋めた次の④を考えることにする。

$$f(x_1)g(x_1)\Delta x+f(x_2)g(x_2)\Delta x+f(x_3)g(x_3)\Delta x$$
$$+\cdots+f(x_j)g(x_j)\Delta x+\cdots+f(x_n)g(x_n)\Delta x=\sum_{j=1}^{n}f(x_j)g(x_j)\Delta x \quad \cdots\cdots ④$$

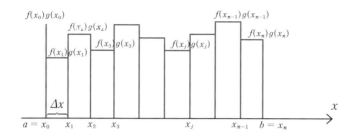

ここで、分割を細かくすれば、より正確に関数$f(x)$、$g(x)$の情報が反映されることになる。

そこで、$\displaystyle\lim_{n\to\infty}\sum_{j=1}^{n}f(x_j)g(x_j)\Delta x$ をもって関数 $f(x)$ と $g(x)$ の内積と定義する。この極限計算は定積分の定義（§2-2）より

$$\lim_{n\to\infty}\sum_{j=1}^{n}f(x_j)g(x_j)\Delta x=\int_a^b f(x)g(x)dx$$

と書ける。したがって、内積の定義は次のようになる。

$$関数 f(x) と g(x) の内積 =\int_a^b f(x)g(x)dx \quad \cdots\cdots ⑤$$

しかし、$f(x)$、$g(x)$ が実数値をとる関数であれば内積の定義は⑤でよいが、複素数値をとる場合には⑤だと不都合が生じる。§5-9と重複するが、たとえば、$f(x)=g(x)=e^{ix}$ $(0\leqq x\leqq 2\pi)$ の場合を調べてみよう。

$$\int_0^{2\pi}e^{ix}e^{ix}dx=\int_0^{2\pi}e^{2ix}dx=\left[\frac{e^{2ix}}{2i}\right]_0^{2\pi}=\frac{1}{2i}(e^{4\pi i}-e^0)$$
$$=\frac{1}{2i}(\cos4\pi+i\sin4\pi-1)=0$$

つまり、同じベクトル同士の内積（これは自分自身の大きさ）が0になってしまう。これは、実数の世界のベクトルではあり得ないことである。そこで、改めて $f(x)$ と $g(x)$ の内積を $\displaystyle\int_a^b f(x)\overline{g(x)}dx$ と定義する。

すると、$\displaystyle\int_0^{2\pi}f(x)\overline{g(x)}dx=\int_0^{2\pi}e^{ix}e^{-ix}dx=\int_0^{2\pi}e^0 dx=[x]_0^{2\pi}=2\pi\neq0$

ここで $f(x)$ と $g(x)$ がともに実数関数の場合には $g(x)=\overline{g(x)}$ となるので⑤の定義を含んでいる。

付録

付録 6　畳み込み積分とは

フーリエ解析では「畳み込み積分」という考え方がよく使われる。そこで、この積分について調べておくことにしよう。

二つの関数 $f(t)$、$g(t)$ をもとに次の積分を考える。

$$\int_{-\infty}^{\infty} f(x)g(t-x)dx$$

この積分を $f(x)$、$g(x)$ の**畳み込み積分**（または、**コンボリューション積分、合成積**）といい、$f*g(t)$ と書くことにする。つまり、

$$f*g(t) = \int_{-\infty}^{\infty} f(x)g(t-x)dx \quad \cdots\cdots ①$$

二つの関数 $f(t)$、$g(t)$ の畳み込み積分は①で定義されたが、この積分の意味するところはピンとこない。そこで、グラフを補助にして①の計算の理解を深めてみよう。

●関数 $g(t-x)$ はどんな関数か

①の式にある x を変数とする関数 $y = g(t-x)$ はどんな関数なのだろうか。そこで、これを $y = g(x)$ をもとに調べてみることにする。

(1) $y = g(-x)$ のグラフは $y = g(x)$ のグラフと y 軸対称である。

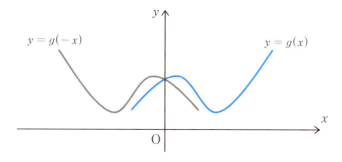

(2) $y=g(x-t)$ のグラフは $y=g(x)$ のグラフを x 軸方向に t だけ平行移動したものである。

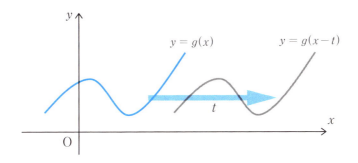

(1)、(2) より次のことがわかる。

$y=g(t-x)$ は $y=g(-(x-t))$ と書ける。したがって $y=g(t-x)$ のグラフは $y=g(x)$ のグラフを y 軸に関して対称に折り返し、それを t だけ x 軸方向に平行移動したものである。

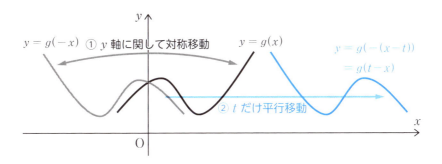

なお、$y=g(x)$ と $y=g(t-x)$ のグラフは直線 $x=\dfrac{t}{2}$ に関して対称の位置にある。したがって、$y=g(t-x)$ のグラフは $y=g(x)$ のグラフを直線 $x=\dfrac{t}{2}$ に関して対称に折り返したものであるともいえる。

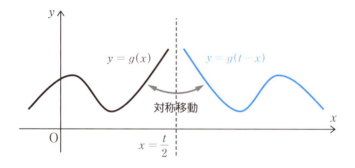

〔例〕 $y=g(x)=x^3$ のグラフと $y=g(t-x)=(t-x)^3=-(x-t)^3$ のグラフ

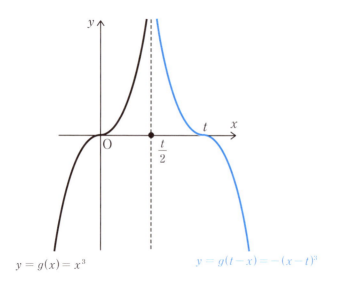

● 畳み込み積分を体験しよう

二つの関数 $f(t)$、$g(t)$ に対して畳み込み積分 $f*g(t)$ は次の式で定義された。

$$f*g(t)=\int_{-\infty}^{\infty} f(x)g(t-x)dx \quad \cdots\cdots ①$$

①により t が決まれば x の関数 $f(x)g(t-x)$ が決まるのでこれを x について積分したものが①の t における値である。

〔例〕次の二つの関数 $f(t)$、$g(t)$ に対して畳み込み積分 $f*g(t)$ を求めてみよう。

$$f(t) = \begin{cases} 1 & (0 \leq t \leq 2) \\ 0 & (t<0,\ t>2) \end{cases} \qquad g(t) = \begin{cases} 3 & (-2 \leq t \leq 0) \\ 0 & (t<-2,\ t>0) \end{cases}$$

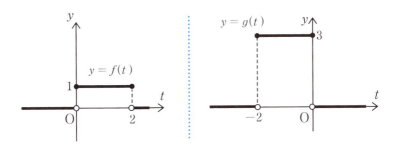

まずは、①の被積分関数 $f(x)g(t-x)$ を構成する $f(x)$ と $g(t-x)$ についてそのグラフを左右に並べてみよう。

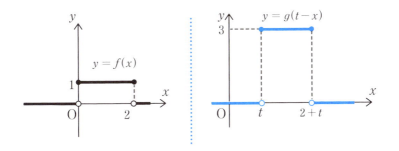

（注）$y = g(t-x)$ のグラフは、$y = g(x)$ のグラフを y 軸に関して対称移動したものを x 軸方向に t だけ平行移動したものである。

(1) $2+t<0$ のとき、つまり、$t<-2$ のとき

このとき、$f(x)g(t-x)=0$

ゆえに、$f*g(t)=\int_{-\infty}^{\infty}f(x)g(t-x)dx=\int_{-\infty}^{\infty}0dx=0$

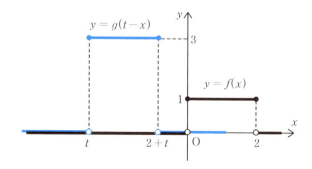

(2) $2+t=0$ のとき、つまり、$t=-2$ のとき

$f(x)g(t-x)=0 \ (x\neq 0)$、$f(x)g(t-x)=3 \ (x=0)$

ゆえに、$f*g(t)=\int_{-\infty}^{\infty}f(x)g(t-x)dx=0$

(3) $0<2+t<2$ のとき、つまり、$-2<t<0$ のとき

$f(x)g(t-x)=0 \ (x<0, x>2+t)$

$f(x)g(t-x)=1\times 3=3 \ (0\leq x\leq 2+t)$

ゆえに、$f*g(t)=\int_{-\infty}^{\infty}f(x)g(t-x)dx=\int_{0}^{2+t}3dx=3(2+t)$

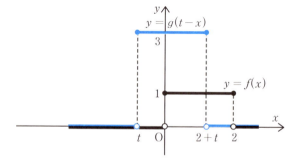

(4) $2+t=2$ のとき、つまり、$t=0$ のとき

$$f(x)g(t-x)=0 \ (x<0, \ x>2)、 f(x)g(t-x)=3 \ (0\leq x \leq 2)$$

ゆえに、$f*g(t) = \displaystyle\int_{-\infty}^{\infty} f(x)g(t-x)dx = \int_0^2 3dx = 6$

(5) $0<t<2$ のとき

$f(x)g(t-x)=0 \ (x<t, x>2)$

$f(x)g(t-x)=1\times 3=3 \ (t\leq x \leq 2)$

ゆえに、

$f*g(t) = \displaystyle\int_{-\infty}^{\infty} f(x)g(t-x)dx$

$= \displaystyle\int_t^2 3dx = 3(2-t)$

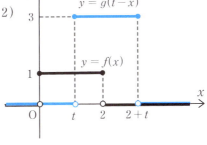

(6) $t=2$ のとき

$$f(x)g(t-x)=0 \ (x\neq 2)、 f(x)g(t-x)=3 \ (x=2)$$

ゆえに、$f*g(t) = \displaystyle\int_{-\infty}^{\infty} f(x)g(t-x)dx = 0$

(7) $2<t$ のとき

$$f(x)g(t-x)=0$$

ゆえに、

$f*g(t) = \displaystyle\int_{-\infty}^{\infty} f(x)g(t-x)dx$

$= \displaystyle\int_{-\infty}^{\infty} 0dx = 0$

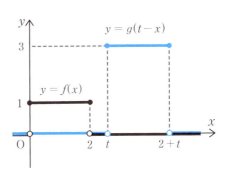

(1)〜(7) より

$f*g(t)=0 \quad (t\leq -2,\ t\geq 2)$

$f*g(t)=3(2+t) \quad (-2<t\leq 0)$

$f*g(t)=3(2-t) \quad (0<t<2)$

$y=f*g(t)$ のグラフは

右図のようになる。

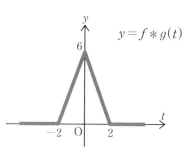

●畳み込み積分の性質

二つの関数 $f(t)$、$g(t)$ に対して畳み込み積分 $f*g(t)$ は次の式で定義された。

$$f*g(t)=\int_{-\infty}^{\infty}f(x)g(t-x)dx \quad \cdots\cdots ①$$

このことから、$f*g(t)=g*f(t)$ が成立する。

この理由を調べてみよう。

畳み込み積分の定義 $f*g(t)=\int_{-\infty}^{\infty}f(x)g(t-x)dx$ より

$$g*f(t)=\int_{-\infty}^{\infty}g(x)f(t-x)dx$$

ここで、$u=t-x$ と置換すると $x=t-u$、$dx=-du$ より

$$\begin{aligned}g*f(t)&=\int_{-\infty}^{\infty}g(x)f(t-x)dx\\&=\int_{\infty}^{-\infty}g(t-u)f(u)(-du)\\&=\int_{-\infty}^{\infty}f(u)g(t-u)du\\&=\int_{-\infty}^{\infty}f(x)g(t-x)dx\\&=f*g(t)\end{aligned}$$

x	$-\infty \to \infty$
u	$\infty \to -\infty$

積分変数名を u から x に書き換える

つまり、$f*g(t)=g*f(t)$ となる。

●畳み込み積分のフーリエ変換

二つの関数 $f(t)$、$g(t)$ をフーリエ変換した関数をそれぞれ $F(\omega)$、$G(\omega)$ とする。つまり、$F(\omega) = \mathbf{F}(f(t))$、$G(\omega) = \mathbf{F}(g(t))$

このとき、畳み込み積分に関して次の性質がある。

$$\mathbf{F}(f*g(t)) = F(\omega)G(\omega)$$

この理由を調べてみよう。

まずは、関数 $f(t)$ のフーリエ変換の定義を確認する。

$$F(\omega) = \mathbf{F}(f(t)) = \int_{-\infty}^{\infty} f(t)e^{-i\omega t}\,dt$$

よって、

$$
\begin{aligned}
\mathbf{F}(f*g(t)) &= \int_{-\infty}^{\infty} f*g(t)e^{-i\omega t}\,dt \\
&= \int_{-\infty}^{\infty}\left(\int_{-\infty}^{\infty} f(x)g(t-x)dx\right)e^{-i\omega t}\,dt \\
&= \int_{-\infty}^{\infty} f(x)\left(\int_{-\infty}^{\infty} g(t-x)e^{-i\omega t}\,dt\right)dx \\
&= \int_{-\infty}^{\infty} f(x)\left(\int_{-\infty}^{\infty} g(u)e^{-i\omega(u+x)}\,du\right)dx \\
&= \int_{-\infty}^{\infty} f(x)\left(e^{-i\omega x}\int_{-\infty}^{\infty} g(u)e^{-i\omega u}\,du\right)dx \\
&= \left(\int_{-\infty}^{\infty} f(x)e^{-i\omega x}\,dx\right)\left(\int_{-\infty}^{\infty} g(u)e^{-i\omega u}\,du\right) \\
&= F(\omega)G(\omega)
\end{aligned}
$$

$u = t - x$ と置換

$e^{-i\omega(u+x)} = e^{-i\omega u}\,e^{-i\omega x}$

付録

（注）2重積分においては積分の順序を変更できる（付録8）。

$$\int_{a}^{b}\left(\int_{c}^{d} f(x,\,y)dy\right)dx = \int_{c}^{d}\left(\int_{a}^{b} f(x,\,y)dx\right)dy$$

とくに、$f(x,\,y) = g(x)h(y)$ のとき、

$$\int_{a}^{b}\left(\int_{c}^{d} g(x)h(y)dy\right)dx = \int_{c}^{d}\left(\int_{a}^{b} g(x)h(y)dx\right)dy = \left(\int_{a}^{b} g(x)dx\right)\left(\int_{c}^{d} h(y)dy\right)$$

●畳み込み積分のラプラス変換

二つの関数 $f(t)$、$g(t)$ をラプラス変換した関数をそれぞれ $F(s)$、$G(s)$ とする。つまり、$F(s)=\mathrm{L}(f(t))$、$G(s)=\mathrm{L}(g(t))$

このとき、畳み込み積分に関して次の性質がある。

$$\mathrm{L}(f*g(t))=F(s)G(s)$$

（注）ラプラス変換なので「$t<0$のとき $f(t)=0$、$g(t)=0$」を仮定。

この理由を調べてみよう。

$$\mathrm{L}(f*g(t))=\int_0^\infty f*g(t)e^{-st}\,dt \qquad \longleftarrow \text{ラプラス変換の定義}$$

$$=\int_0^\infty\left(\int_{-\infty}^\infty f(x)g(t-x)dx\right)e^{-st}\,dt \quad \text{2重積分では積分の順序を変更できる}$$

$$=\int_{-\infty}^\infty f(x)\left(\int_0^\infty g(t-x)e^{-st}\,dt\right)dx \quad \begin{array}{l}t-x<0\ \text{つまり}\ t<x\\ \text{のとき}\ g(t-x)=0\end{array}$$

$$=\int_{-\infty}^\infty f(x)\left(\int_x^\infty g(t-x)e^{-st}\,dt\right)dx \quad u=t-x\text{と置換}$$

$$=\int_{-\infty}^\infty f(x)\left(\int_0^\infty g(u)e^{-s(u+x)}\,du\right)dx \quad e^{-s(u+x)}=e^{-su}e^{-sx}$$

$$=\int_{-\infty}^\infty f(x)\left(e^{-sx}\int_0^\infty g(u)e^{-su}\,du\right)dx$$

$$=\left(\int_{-\infty}^\infty f(x)e^{-sx}\,dx\right)\left(\int_0^\infty g(u)e^{-su}\,du\right) \quad \begin{array}{l}x<0\text{のとき}\\ f(x)=0\end{array}$$

$$=\left(\int_0^\infty f(x)e^{-sx}\,dx\right)\left(\int_0^\infty g(u)e^{-su}\,du\right)$$

$$=F(s)G(s)$$

付録7 デルタ関数 $\delta(x)$ の性質

デルタ関数 $\delta(x)$ は次の①②を満たす特殊な関数として定義された（§6−2）。

$$\delta(x) = 0 \quad (x \neq 0) \quad \cdots\cdots ①$$

$$\int_{-\infty}^{\infty} \delta(x)dx = 1 \quad \cdots\cdots ②$$

また、この定義からデルタ関数 $\delta(x)$ は次の性質をもつことを紹介した。

$$\text{任意の関数 } g(x) \text{ に対し} \int_{-\infty}^{\infty} g(x)\delta(x)dx = g(0) \quad \cdots\cdots ③$$

この他にもデルタ関数 $\delta(x)$ はいろいろな性質がある。

(1) $\delta(x)$ は偶関数
(2) $\delta(x-x_0) = 0 \quad (x \neq x_0)$
(3) $\delta(x) = \dfrac{1}{2\pi}\int_{-\infty}^{\infty} e^{ikx} dk$
(4) $\int_{-\infty}^{\infty} g(x)\delta(x-x_0)dx = g(x_0)$

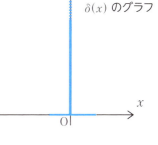

$\delta(x)$ のグラフ

(1) の成立理由

①より $\delta(-x) = \delta(x)$ が成立する。

したがって $\delta(x)$ は偶関数である。

つまり、$y = \delta(x)$ のグラフは縦軸対称である。

(2) の成立理由

$$\delta(x) = 0 \quad (x \neq 0) \cdots\cdots ①$$

であるので、①の x に $x - x_0$ を代入すると次の式が成立する。

$$\delta(x-x_0)=0 \quad (x \neq x_0)$$

（注）$y=\delta(x-x_0)$ のグラフは $y=\delta(x)$ の
グラフを x 軸方向に x_0 だけ平行移動したも
のである。

(3) の成立理由

③、つまり、$\int_{-\infty}^{\infty} g(x)\delta(x)dx = g(0)$

において、$g(x) = e^{-i\omega x}$ とすると、

$$\int_{-\infty}^{\infty} e^{-i\omega x}\delta(x)dx = e^{-i\omega \times 0} = e^0 = 1 \quad \text{よって、} \int_{-\infty}^{\infty} \delta(x)e^{-i\omega x}dx = 1$$

これは、デルタ関数 $\delta(x)$ のフーリエ変換 $F(\omega)$ が1であること、つまり、デルタ関数 $\delta(x)$ は全周波数成分をもち、その振幅は一定であることがわかる。

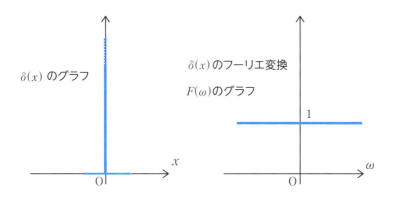

ここで、$\delta(x)$ のフーリエ変換 $F(\omega) = 1$ の逆フーリエ変換を考えると

$$\delta(x) = \frac{1}{2\pi}\int_{-\infty}^{\infty} 1 \times e^{i\omega x}dx = \frac{1}{2\pi}\int_{-\infty}^{\infty} e^{i\omega x}dx$$

となることがわかる。

(4) の成立理由

(2) の「$\delta(x-x_0)=0 \quad (x \neq x_0)$」より次の等式が成立する。

$$g(x)\delta(x-x_0) = g(x_0)\delta(x-x_0) \cdots\cdots ④$$

なぜならば

$x \neq x_0$ のとき $g(x)\delta(x-x_0) = g(x) \times 0 = 0$

$\qquad g(x_0)\delta(x-x_0) = g(x_0) \times 0 = 0 \quad$ よって④は成立

$x = x_0$ のとき $g(x)\delta(x-x_0) = g(x_0)\delta(0)$

$\qquad g(x_0)\delta(x-x_0) = g(x_0)\delta(0) \quad$ よって④は成立

また、②の $\int_{-\infty}^{\infty} \delta(x)dx = 1$ において、$x = t - x_0$ と置換すると、$dx = dt$ より

$$\int_{-\infty}^{\infty} \delta(t-x_0)dt = 1 \quad よって \quad \int_{-\infty}^{\infty} \delta(x-x_0)dx = 1 \quad \cdots\cdots ⑤$$

④⑤より

$$\int_{-\infty}^{\infty} g(x)\delta(x-x_0)dx = \int_{-\infty}^{\infty} g(x_0)\delta(x-x_0)dx = g(x_0)\int_{-\infty}^{\infty} \delta(x-x_0)dx$$

$$= g(x_0) \times 1 = g(x_0)$$

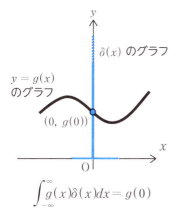

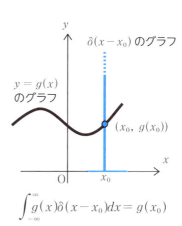

付録8 2重積分

変数が一つである関数 $f(x)$ の積分 $\int_a^b f(x)dx$ は、分割を限りなく細かくしたときの左下図の長方形の面積の和の極限値であった。つまり、

$$\int_a^b f(x)dx = \lim_{n\to\infty}\sum_{i=1}^{n} f(x_i)\Delta x$$
$$= \lim_{n\to\infty}(f(x_1)\Delta x + f(x_2)\Delta x + \cdots + f(x_n)\Delta x)$$

これから想像すると、変数が x と y の二つである2変数関数 $z=f(x, y)$ は曲面を表すので、その積分は分割を限りなく細かくしたときの右下図のような直方体の体積の和の極限値と思われる。

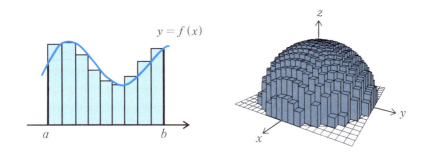

関数 $z=f(x, y)$ が領域 D ($a \leqq x \leqq b$, $c \leqq y \leqq d$) で定義されているとする。このとき、x と y の値が決まれば z が決まるので、xyz 座標空間において点 $P(x, y, z)$ が決まることになる。x と y を領域 D で変化させると、それに応じて点 $P(x, y, z)$ が変

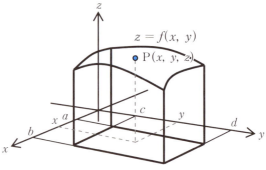

化し、このような点Pの集合として曲面（青い網掛け部分）が描かれる（前ページ図）。ただし、ここでは領域 D において $z = f(x, y) \geq 0$ として考えている。

一変数関数 $f(x)$ の積分では微小長方形の面積 $f(x)\Delta x$ の総和の極限を考えたので、2変数関数 $f(x, y)$ の場合は微小直方体の体積

$$f(x, y)\Delta x\Delta y$$

の総和の極限を考えることにする。つまり、右図のように、区間 $a \leq x \leq b$ を n 分割した際の一つの小区間の

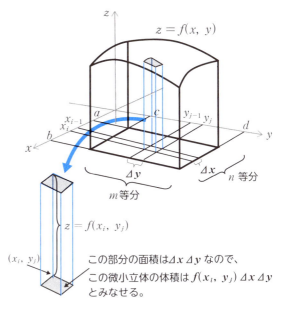

幅を Δx、区間 $c \leq y \leq d$ を m 分割した際の一つの小区間の幅を Δy としてみる。このときできる nm 個の微小直方体 $f(x_i, y_j)\Delta x\Delta y$ の和の極限

$$\lim_{\substack{n \to \infty \\ m \to \infty}} \sum_{i,j} f(x_i, y_j)\Delta x\Delta y \quad \cdots\cdots ①$$

を考えるのである。①が極限値をもてば、その値を

$$\iint_D f(x, y)dxdy$$

と書くことにし、これを **2重積分** と呼ぶことにする。つまり、2変数関数 $z = f(x, y)$ の領域 D における積分を

$$\iint_D f(x, y)dxdy = \iint_D f(x, y)dydx = \lim_{\substack{n \to \infty \\ m \to \infty}} \sum_{i,j} f(x_i, y_j)\Delta x\Delta y \quad \cdots\cdots ②$$

と定義するのである。

なお、$z = f(x, y) \geqq 0$ のとき、2重積分②の値は、関数 $z = f(x, y)$ と領域 $D(a \leqq x \leqq b, c \leqq y \leqq d)$ によって挟まれた立体の体積 V を表す。

●2重積分の計算

2重積分①の値は $z = f(x, y) \geqq 0$ のとき、関数 $z = f(x, y)$ と領域 $D(a \leqq x \leqq b, c \leqq y \leqq d)$ によって挟まれた立体の体積 V のことであるが、この V は次の手順で求めることもできる。

つまり、この体積 V は次のように積分を2回行なうことで求めることができる。

まず、$\int_c^d f(x, y)dy$ を計算する。これは、x を定数とみなし、変数 y について $f(x, y)$ を積分したもので、右

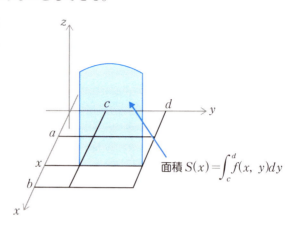

図の青い線で囲まれた図形の面積 $S(x)$ を求めたことになる。つまり、立体の断面積である。

次に、この断面積 $S(x)$ を a から b まで積分してみる。すると、これは立体の体積 V を求めたことになる。つまり、

$$V = \int_a^b S(x)dx = \int_a^b \left\{ \int_c^d f(x, y)dy \right\} dx$$

なお、①も $z = f(x, y) \geqq 0$ のとき、体積 V の計算をしているので、①②より、次の式が成立することになる。

$$\iint_D f(x, y)dxdy = \iint_D f(x, y)dydx = \int_a^b \left\{ \int_c^d f(x, y)dy \right\} dx$$

もちろん、x と y の見方を変えて考えれば、①の計算は次の③のように計算することもできる。

$$\iint_D f(x, y)dxdy = \iint_D f(x, y)dydx$$
$$= \int_c^d \left\{ \int_a^b f(x, y)dx \right\} dy \quad \cdots\cdots ③$$

ここで、$\int_a^b f(x, y)dx$ は変数 y を定数とみなして、変数 x について積分したもので、右図の青い線で囲まれた図形の面積 $S(y)$、つまり立体の断面積を表している。

（注）以上の説明では、領域 D で $z = f(x, y) \geq 0$ と仮定したが、負の場合には体積に $-$（マイナス）がついたものと考えればよい。

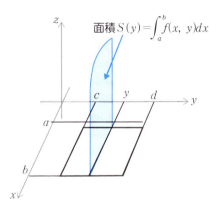

面積 $S(y) = \int_a^b f(x, y)dx$

〔例〕曲面 $z = xy^2$ と xy 平面、平面 $x=1$、平面 $y=1$ で囲まれた立体の体積 V を求めてみよう。

$$V = \iint_D xy^2 dxdy$$
$$= \int_0^1 \left\{ \int_0^1 xy^2 dy \right\} dx$$
$$= \frac{1}{3}\int_0^1 xdx = \frac{1}{6}$$

● $f(x, y) = g(x)h(y)$ の場合の 2 重積分の計算

関数 $f(x, y)$ が変数分離形の場合、つまり、$f(x, y) = g(x)h(y)$ と書ける場合、2 重積分の計算は次のようになる。

$$\iint_D f(x, y)dxdy = \int_a^b \left(\int_c^d f(x, y)dy\right)dx = \int_a^b \left(\int_c^d g(x)h(y)dy\right)dx$$

$$= \int_a^b g(x)\left(\int_c^d h(y)dy\right)dx = \left(\int_c^d h(y)dy\right)\left(\int_a^b g(x)dx\right)$$

2 重積分

2 変数関数 $z = f(x, y)$ に対して、$\displaystyle\lim_{\substack{n \to \infty \\ m \to \infty}} \sum_{i,j} f(x_i, y_j) \Delta x \Delta y$ の値を

$\iint_D f(x, y)dxdy$ または $\iint_D f(x, y)dydx$ と書く。

つまり、$\displaystyle\iint_D f(x, y)dxdy = \iint_D f(x, y)dydx = \lim_{\substack{n \to \infty \\ m \to \infty}} \sum_{i,j} f(x_i, y_j) \Delta x \Delta y$

これは $z = f(x, y) \geqq 0$ のとき、図形的には下図の立体の体積を表す。実際の計算は積分計算を 2 回行なえばよい。

$$\iint_D f(x, y)dxdy$$
$$= \iint_D f(x, y)dydx$$
$$= \int_a^b \left(\int_c^d f(x, y)dy\right)dx$$
$$= \int_c^d \left(\int_a^b f(x, y)dx\right)dy$$

付録 9 行列とその計算

　数を長方形状に並べてカッコ（　）でくくったものを**行列**という。また、行数が m、列数が n であれば、この行列を $m \times n$ **行列**という。ここで「行」とは横の並び、「列」とは縦の並びを意味する。また、行列の i 行 j 列目の数をこの行列 **ij 成分**という。なお、通常、行列に一文字で名前を付けるときにはアルファベットの大文字を使う。

〔例〕　2×3 行列 $A = \begin{pmatrix} 2 & -3 & 5 \\ -7 & 1 & 8 \end{pmatrix}$、$2 \times 2$ 行列 $B = \begin{pmatrix} a & b \\ c & d \end{pmatrix}$

行 $\begin{pmatrix} 2 & -3 & 5 \\ -7 & 1 & 8 \end{pmatrix}$　　　列 $\begin{pmatrix} 2 & -3 & 5 \\ -7 & 1 & 8 \end{pmatrix}$

●行列のあいだの計算規則は次の定義による

　行列の加法減法乗法などを次のように定義する。例を見ながら理解しよう。

（イ）k 倍：行列の k 倍は各成分を k 倍

〔例〕 $3\begin{pmatrix} a & b & c \\ d & e & f \end{pmatrix} = \begin{pmatrix} 3a & 3b & 3c \\ 3d & 3e & 3f \end{pmatrix}$

（ロ）加法：対応する成分同士の和

〔例〕 $\begin{pmatrix} a & b & c \\ d & e & f \end{pmatrix} + \begin{pmatrix} p & q & r \\ s & t & u \end{pmatrix} = \begin{pmatrix} a+p & b+q & c+r \\ d+s & e+t & f+u \end{pmatrix}$

（ハ）減法：対応する成分同士の差

〔例〕 $\begin{pmatrix} a & b & c \\ d & e & f \end{pmatrix} - \begin{pmatrix} p & q & r \\ s & t & u \end{pmatrix} = \begin{pmatrix} a-p & b-q & c-r \\ d-s & e-t & f-u \end{pmatrix}$

（ニ）乗法：$m \times n$ 行列 A と $n \times l$ 行列 B の積の行列 C は $m \times l$ 行列で、その ij 成分は行列 A の第 i 行ベクトルと行列 B の第 j 列ベクトルの内積

とする。

〔例〕

$$\begin{pmatrix} a & b & c \\ d & e & f \end{pmatrix}\begin{pmatrix} p & q \\ r & s \\ t & u \end{pmatrix} = \begin{pmatrix} ap+br+ct & aq+bs+cu \\ dp+er+ft & dq+es+fu \end{pmatrix}$$

上記の掛け算を $AB=C$ と書けば、たとえば C の 1×2 成分は A の第 1

行ベクトル $(a \quad b \quad c)$ と B の第 2 列ベクトル $\begin{pmatrix} q \\ s \\ u \end{pmatrix}$ の内積（対応する成分同

士の積の和）、つまり、$aq+bs+cu$ になっている。

$$\begin{pmatrix} a & b & c \\ d & e & f \end{pmatrix}\begin{pmatrix} p & q \\ r & s \\ t & u \end{pmatrix} = \begin{pmatrix} ap+br+ct & aq+bs+cu \\ dp+er+ft & dq+es+fu \end{pmatrix}$$

ここで、注意したいのは、A の列数と B の行数が等しくないと、積 AB が計算できないことである。また、AB も BA も計算できたとしても、AB と BA は必ずしも等しくない。つまり、**積に関して交換法則が成り立たない**。なお、乗法に関する分配法則、結合法則は成り立つ。

つまり、

$$A(B+C)=AB+AC、(A+B)C=AC+BC、(AB)C=A(BC)$$

●特殊な行列を知っておこう

零行列：すべての成分が 0 である行列

例　$O=\begin{pmatrix} 0 & 0 & 0 \\ 0 & 0 & 0 \end{pmatrix}$

（注）零行列は O と書き、数の世界の 0 に相当する。

正方行列：行の数と列の数が等しい行列

$$\begin{pmatrix} a & b \\ c & d \end{pmatrix}$$

（注）行の数と列の数が n の場合、**n 次の正方行列**という。

単位行列：ii 成分 $(i = 1, 2, 3, \cdots)$ が 1 、他の成分が 0 である正方行列

$$例 \quad E = \begin{pmatrix} 1 & 0 \\ 0 & 1 \end{pmatrix}$$

（注）単位行列は E と書き、数の世界の 1 に相当する。

使ってみよう

(1) $A = \begin{pmatrix} 1 & 0 \\ 1 & 0 \end{pmatrix}$、$B = \begin{pmatrix} 0 & 0 \\ 1 & 0 \end{pmatrix}$ のとき

$$AB = \begin{pmatrix} 1 & 0 \\ 1 & 0 \end{pmatrix}\begin{pmatrix} 0 & 0 \\ 1 & 0 \end{pmatrix} = \begin{pmatrix} 0 & 0 \\ 0 & 0 \end{pmatrix} \quad BA = \begin{pmatrix} 0 & 0 \\ 1 & 0 \end{pmatrix}\begin{pmatrix} 1 & 0 \\ 1 & 0 \end{pmatrix} = \begin{pmatrix} 0 & 0 \\ 1 & 0 \end{pmatrix}$$

この例から次のことがいえる。

　　「$AB = O$ でも $A = O$ または $B = O$ とは限らない」

なお、「$A \neq O$、$B \neq O$、$AB = O$」である A、B を**零因子**という。

(2) 連立方程式 $\begin{cases} ax + by = s \\ cx + dy = t \end{cases}$ は行列を使うと $\begin{pmatrix} a & b \\ c & d \end{pmatrix}\begin{pmatrix} x \\ y \end{pmatrix} = \begin{pmatrix} s \\ t \end{pmatrix}$ と書ける。

　　ここで、$A = \begin{pmatrix} a & b \\ c & d \end{pmatrix}$、$X = \begin{pmatrix} x \\ y \end{pmatrix}$、$B = \begin{pmatrix} s \\ t \end{pmatrix}$ と置けば $AX = B$ と書ける。

　　このように、行列を使うと、連立方程式は、まさしく、1 次方程式とみなせるようになる。

付録

付録 10 積分の考えからフーリエ変換を導く

下記は定義域が実数全体である関数 $f(t)$ について、その周波数情報を求めるフーリエ変換とこれを元に戻す逆フーリエ変換の公式である。

フーリエ変換 $\quad F(\omega) = \displaystyle\int_{-\infty}^{\infty} f(t) e^{-i\omega t} dt$

逆フーリエ変換 $\quad f(t) = \dfrac{1}{2\pi} \displaystyle\int_{-\infty}^{\infty} F(\omega) e^{i\omega t} d\omega$

これらの公式は §6−2 で関数空間の基底の考え方から導いたが、ここでは、積分の考えから導いてみよう。ただ、少し難しいかもしれない。

有限区間 $-\dfrac{T}{2} \leqq t \leqq \dfrac{T}{2}$ で定義された関数 $f(t)$ の複素フーリエ級数展開は次のようになる（§5−8）。

$$f(t) = \cdots + c_{-n} e^{-in\omega_0 t} + \cdots + c_{-3} e^{-3i\omega_0 t} + c_{-2} e^{-2i\omega_0 t} + c_{-1} e^{-i\omega_0 t}$$

$$+ c_0 + c_1 e^{i\omega_0 t} + c_2 e^{2i\omega_0 t} + c_3 e^{3i\omega_0 t} + \cdots + c_n e^{in\omega_0 t} + \cdots$$

$$\text{ただし、} c_n = \dfrac{1}{T} \int_{-\frac{T}{2}}^{\frac{T}{2}} f(t) e^{-in\omega_0 t} dt \text{、} \omega_0 = \dfrac{2\pi}{T}$$

つまり、複素フーリエ級数展開は関数 $f(t)$ を角周波数が $n\omega_0$（n は整数）の複素正弦波 $e^{in\omega_0 t}$ の無限の和で表したものである。

●フーリエ変換は複素フーリエ級数の T を ∞ にしたものと考える

それでは、この周期 T が無限に大きくなっていったら複素フーリエ級数はどうなるのだろうか。まずは、この複素フーリエ級数を Σ を用いて表現すると次のようになる。

$$f(t) = \sum_{n=-\infty}^{\infty} c_n e^{in\omega_0 t} \quad \cdots\cdots ①$$

ここで $\omega_n = n\omega_0$ とすると、c_n は角周波数が ω_n の正弦波 $e^{i\omega_n t}$ の係数と

296　　10 積分の考えからフーリエ変換を導く

なる。また、$\omega_0 = \dfrac{2\pi}{T}$ は T が無限に大きくなると 0 に限りなく近づくのでこれを $\Delta\omega$ と書くことにする。つまり $\Delta\omega = \omega_0 = \dfrac{2\pi}{T}$ である。

ω_n と $\Delta\omega$ とを用いて①を書き換えると

$$f(t) = \left(\sum_{n=-\infty}^{\infty} c_n e^{i\omega_n t} \Delta\omega \right) \dfrac{1}{\Delta\omega} \quad \cdots\cdots ②$$

②式の右辺の（ ）内の式 $\displaystyle\sum_{n=-\infty}^{\infty} c_n e^{i\omega_n t} \Delta\omega$ は図形的には下図の無限個の長方形の面積の和を表す。

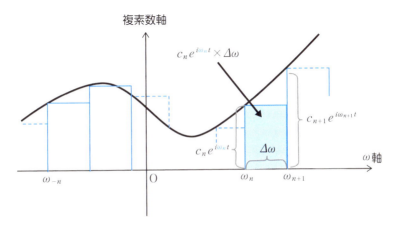

（注）上図の各長方形は、横幅 $\Delta\omega$ は実数だが高さ $c_n e^{i\omega_n t}$ は複素数なので、通常の面積とは異なる。

（注）上図の縦軸は複素数軸となっているが、複素数を図形的に表現するには2次元の平面が必要である。したがって、この図はあくまでもイメージ図である。

ここで、$\omega_n = n\omega_0$、$\omega_0 = \dfrac{2\pi}{T}$、$\Delta\omega = \omega_0$ より c_n は次のように書ける。

$$c_n = \dfrac{1}{T} \int_{-\frac{T}{2}}^{\frac{T}{2}} f(t) e^{-in\omega_0 t} dt = \dfrac{\Delta\omega}{2\pi} \int_{-\frac{T}{2}}^{\frac{T}{2}} f(t) e^{-i\omega_n t} dt = \dfrac{\Delta\omega}{2\pi} \int_{-\frac{T}{2}}^{\frac{T}{2}} f(y) e^{-i\omega_n y} dy$$

（注）以下の処理で混乱が起きないように c_n の積分変数を t から y に書き換えている。

よって、②より

$$f(t) = \left(\sum_{n=-\infty}^{\infty} c_n e^{i\omega_n t} \Delta\omega \right) \frac{1}{\Delta\omega} = \left\{ \sum_{n=-\infty}^{\infty} \left(\frac{\Delta\omega}{2\pi} \int_{-\frac{T}{2}}^{\frac{T}{2}} f(y) e^{-i\omega_n y} dy \right) e^{i\omega_n t} \Delta\omega \right\} \frac{1}{\Delta\omega}$$

$$= \frac{1}{2\pi} \sum_{n=-\infty}^{\infty} \left\{ \int_{-\frac{T}{2}}^{\frac{T}{2}} f(y) e^{-i\omega_n y} dy \right\} e^{i\omega_n t} \Delta\omega$$

ここで、$T \to \infty$ とすると $\Delta\omega = \omega_0 = \dfrac{2\pi}{T} \to 0$

よって、積分の定義（§2-2）より

$$f(t) = \frac{1}{2\pi} \int_{-\infty}^{\infty} \left\{ \int_{-\infty}^{\infty} f(y) e^{-i\omega y} dy \right\} e^{i\omega y} d\omega \quad \cdots\cdots ③$$

つまり、$T \to \infty$ とすることによって、トビトビの角周波数 $\omega_n = n\omega_0$ が連続量の角周波数 ω に変身したことになる。

●フーリエ変換と逆フーリエ変換

③における中括弧内の関数 $\displaystyle\int_{-\infty}^{\infty} f(y) e^{-i\omega y} dy = \int_{-\infty}^{\infty} f(t) e^{-i\omega t} dt$ は複素フーリエ級数の

$$c_n = \frac{1}{T} \int_{-\frac{T}{2}}^{\frac{T}{2}} f(t) e^{-in\omega_0 t} dt$$

に相当すると考えられる。これは角周波数 ω の関数なので、これに $F(\omega)$ と名前を付けてフーリエ変換と呼ぶことにする。つまり、

フーリエ変換 $\quad F(\omega) = \displaystyle\int_{-\infty}^{\infty} f(t) e^{-i\omega t} dt$

すると③は次のように書き換えることができる。

$$f(t) = \frac{1}{2\pi} \int_{-\infty}^{\infty} \left\{ \int_{-\infty}^{\infty} f(t) e^{-i\omega t} dt \right\} e^{i\omega t} d\omega = \frac{1}{2\pi} \int_{-\infty}^{\infty} F(\omega) e^{i\omega t} d\omega$$

これは複素フーリエ級数の Σ を積分で表現したものである。この式により、関数 $f(t)$ をフーリエ変換して得た周波数領域の関数 $F(\omega)$ を時間（空間）領域の世界に戻すことになる。そのため逆フーリエ変換と呼ばれてい

る。つまり、

$$\text{逆フーリエ変換} \quad f(t) = \frac{1}{2\pi}\int_{-\infty}^{\infty} F(\omega)e^{i\omega t}\,d\omega$$

付
録

〈エピローグ〉橋渡しの最後に

多くの人々は高校数学で初めて三角関数を学ぶことになる。そのときは、「大学入試で三角関数が出題されるから」という理由で、ただただ、ガムシャラに学んだのではないだろうか。考えてみると、大学入試という関門は、勉強の動機付けとして実に凄いものがある。

本書を読まれた方は、高校生の時に学んだ三角関数の考え方やいろいろな知識が、このフーリエ解析の理論でフル活用されていることを実感されたことだろう。

さらに、**「いろいろな関数が単純な三角関数の和で表される」というフーリエの考え**に触れ、三角関数の重要な役割を、驚くとともにあらためて認識されたのではないだろうか。

また、フーリエ解析を学ぶことによって、読者の物事の見方が大きく変わったかもしれない。というのも、さまざまな現象を三角関数の和で表すことによって、周波数の観点から物事を見ることができるようになったからである。

このことによって、我々の生活の隅々に家電製品など、フーリエ解析の応用の産物が行き渡り、快適な生活がおくれるようになったのである。**フーリエ解析なくして現代の文明の成立は困難**である。

本書は、フーリエ解析の初歩的な考え方とその典型的な使い方を、高校数学をベースに解説した専門数学への橋渡し書である。もちろん、難しい部分もあったと思うが、これを機に、フーリエ解析のより深い学び・発展を試みていただきたい。きっとスムーズに専門数学の学びが実現できることと思う。

2019 年 5 月

涌井 良幸

索　引

数字・アルファベット

2 重積分 …………………………… 289
DCT 係数 …………………………… 217
DCT 処理 ………………… 259, 260
e …………………………………… 46
i …………………………………… 74
ij 成分 …………………………… 293
JPEG ……………………… 19, 259
k …………………………………… 65
$m \times n$ 行列 …………………… 293
MPEG ……………………………… 264
n 階微分方程式 ………………… 230
n 次の正方行列 ………………… 294
s 関数 …………………………… 177
s 空間 …………………………… 180
s 領域 …………………………… 180
T …………………………………… 66
t 関数 …………………………… 177
t 空間 …………………………… 180
t 領域 …………………………… 180

あ

一次結合 …………………………… 61
一般解 …………………… 231, 232
インパルス応答 …………………… 250
インパルス応答関数 ……………… 250
裏関数 …………………………… 178
オイラーの公式 ……… 78, 79, 137
応答システム ……………………… 247

表関数 …………………………… 178

か

階数 …………………… 230, 232
ガウシアン ………………………… 240
ガウス型関数 ……………………… 240
ガウス平面 ………………………… 77
角周波数 …………………………… 68
角振動数 …………………………… 68
片側ラプラス変換 ………………… 177
関数 ………………………………… 42
関数 $f(t)$ のスペクトル ………… 165
奇関数 …………………… 80, 134
基底 …………………… 91, 135
起点 ………………………………… 85
ギブス現象 ………………………… 29
基本周期 …………………………… 60
基本ベクトル ……………………… 85
基本ベクトル表示 ………………… 87
逆フーリエ変換
　………… 151, 164, 179, 296, 299
逆ベクトル ………………………… 93
逆ラプラス変換 ……… 179, 181, 182
逆離散コサイン変換 ……………… 223
逆離散フーリエ変換 ……………… 207
級数 ……………………………… 107
共役な複素数 ……………………… 76
行列 …………………… 205, 293
虚数単位 …………………………… 74

偶関数	80, 134	振動数	66
矩形波	35	振幅	69
クロネッカーのデルタ	271	随伴行列	206
原関数	177	数値積分	109
広義積分	51	数ベクトル	88
合成関数	45	スカラー	84
合成積	276	スカラー積	94
弧度法	59	スペクトル	143
コンボリューション積分	276	正規直交基底	91

さ

三角関数	58	正弦波	14, 24, 56, 68
三角関数の積和公式	269	成分表示	87
三角波	30	正方行列	294
三角比	57	積分可能	47, 129, 266
サンプリング	199	積分経路	181, 183
サンプリング周期	199	絶対可積分	172, 174
サンプリング周波数	199	絶対値	85
始点	85	零因子	295
時不変システム	248	零行列	294
周期	60, 66	零ベクトル	93
周期 T の周期関数	63, 125	線形応答理論	17, 247, 250
周期関数	60	線形結合	61
周期的拡張	62, 128	線形システム	248
従属変数	42	線形微分方程式	241
終点	85	線積分	183
周波数	66	像関数	177
常微分方程式	232		

た

初期条件	231	畳み込み積分	248, 276
		単位インパルス	250

303

単位インパルス関数·················250
単位行列····················295
値域·······················42
超関数·················159, 162
直交·······················103
直交基底··············91, 135, 136
定義域·······················42
定積分·······················48
デルタ関数·················159
伝達関数················251, 253
転置行列················206, 218
導関数·······················45
特殊解·················231, 232
独立変数·······················42
度数法·······················59

な

内積················94, 100, 272
任意関数·················232
ネイピアの数·················46
のこぎり波·················27

は

波数·······················65
波長·······················64
微分可能·······················43
微分係数················43, 44
微分する·······················45
微分方程式·················230

標本化·················199
フーリエ解析·············14, 56
フーリエ級数·················106
フーリエ級数展開·················106
フーリエ係数·················106
フーリエ正弦級数·················133
フーリエ変換
········ 151, 164, 174, 179, 296, 298
フーリエ変換の畳み込み定理····249
フーリエ余弦級数·················131
複素指数関数·················137
複素数················75, 184
複素数の軸·················184
複素正弦波·················141
複素フーリエ級数··········141, 150
複素平面·······················77
複素領域·················180
ベクトル··············84, 89, 97
ベクトルが直交·················96
ベクトル空間·············89, 97
ヘビサイドの単位階段関数·······174
変数分離形·················234
変数分離法·················234
偏導関数·················231
偏微分方程式·················232
補助方程式·················241

ま

無限の和·················152

や

ユニット関数 …………………… 174, 188

ら

ラジアン ……………………………59
ラプラス変換 …………177, 179, 182
ラプラス変換の畳み込み定理 …… 250
リーマン積分 …………………………49
離散コサイン変換 ………… 217, 223
離散スペクトル …………………… 166
離散フーリエ変換 ………198, 207, 208
両側ラプラス変換 ………………… 177
連続スペクトル …………………… 166

＜参考文献＞

本書を執筆するにあたり以下の文献を参考にしました。

大石進一『理工系の数学入門コース 6　フーリエ解析』（岩波書店）

福田礼次郎『理工系の基礎数学 6　フーリエ解析』（岩波書店）

植之原裕行・宮本智之『スタンダード 工学系のフーリエ解析・ラ
　プラス変換』（講談社）

木村英紀『フーリエ‐ラプラス解析』（岩波書店）

船越満明『キーポイント フーリエ解析』（岩波書店）

小暮陽三『なっとくする フーリエ変換』（講談社）

村上伸一『画像処理工学』（東京電機大学出版局）

越智宏・黒田英夫『JPEG&MPEG 図解でわかる画像圧縮技術』
　（日本実業出版社）

涌井 良幸（わくい・よしゆき）

1950年、東京都生まれ。東京教育大学（現・筑波大学）数学科を卒業後、高等学校の教職に就く。現在はコンピュータを活用した教育法や統計学の研究を行なっている。
【著書】『多変量解析がわかった』『道具としてのベイズ統計』（日本実業出版社）、『統計学図鑑』（技術評論社）、『「数学」の公式・定理・決まりごとがまとめてわかる事典』『高校生からわかるベクトル解析』『高校生からわかる複素解析』『高校生からわかる統計解析』（ベレ出版）ほか。

●── カバーデザイン　三枝 未央
●── DTP・本文図版　あおく企画
●── 本文イラスト　　あおく企画・角愼作

高校生からわかるフーリエ解析

| 2019年 6月 25日 | 初版発行 |
| 2022年 7月 16日 | 第3刷発行 |

著者	涌井 良幸
発行者	内田 真介
発行・発売	ベレ出版 〒162-0832　東京都新宿区岩戸町12 レベッカビル TEL.03-5225-4790　FAX.03-5225-4795 ホームページ　　https://www.beret.co.jp/
印刷	モリモト印刷株式会社
製本	根本製本株式会社

落丁本・乱丁本は小社編集部あてにお送りください。送料小社負担にてお取り替えします。
本書の無断複写は著作権法上での例外を除き禁じられています。購入者以外の第三者による本書のいかなる電子複製も一切認められておりません。

©Yoshiyuki Wakui 2019. Printed in Japan
ISBN 978-4-86064-584-7 C0041　　　　　　　　　編集担当　坂東一郎

基礎教養を身につける入門書

高校生からわかる 応用数学シリーズ

高校生からわかる
ベクトル解析

涌井 良幸 著

本体価格 2000 円
ISBN978-4-86064-531-1

- 第0章 ベクトル解析を学ぶ前に
- 第1章 まずは、ベクトルの基本
- 第2章 いろいろな座標と図形のベクトル方程式
- 第3章 ベクトルを「微分・積分する」って？
- 第4章 線積分とは線に沿った積分
- 第5章 面積分とは曲面に沿った積分
- 第6章 勾配 grad、発散 div、回転 rot
- 第7章 「場の積分」を理解する
- 第8章 曲線の曲がり具合と捩れ具合

高校生からわかる
複素解析

涌井 良幸 著

本体価格 2000 円
ISBN978-4-86064-559-5

- プロローグ 複素解析を学ぶ前に
- 第1章 複素数と複素関数
- 第2章 いろいろな複素関数
- 第3章 実関数の微分・積分
- 第4章 複素関数の微分
- 第5章 複素関数の積分
- 第6章 複素関数の級数展開